土建类高职高专创新型规划教材

房屋建筑学
（第2版）

主　编　于　丽
副主编　顾玉萍
参　编　（以拼音为序）
　　　　蔡海勇　陈　佳　郭　莉
　　　　马自翔　申启飞　王宏俊
　　　　王凌艳　徐　昕

东南大学出版社
·南京·

内 容 提 要

本书根据高职高专土建专业教学的要求而编写。全书共 16 章,内容主要包括民用建筑设计原理、民用建筑设计构造、工业建筑设计原理、工业建筑设计构造等。介绍了最新建筑规范和规程对建筑设计和构造的要求,增加了新材料、新技术、新构造的内容。为了便于教学,每章有本章提要及复习思考题,并附有课程设计及房建课程设计任务书。

本书内容新颖,具有系统性、知识性、实用性特点,可作为高职高专院校建筑工程类各专业教材,也可作为土建工程技术人员的培训教材或参考书。

图书在版编目(CIP)数据

房屋建筑学/于丽主编. —2 版. —南京:东南大学出版社,2014.1(2016.1 重印)
 ISBN 978-7-5641-4412-8

Ⅰ.①房… Ⅱ.①于… Ⅲ.①房屋建筑学
Ⅳ.①TU22

中国版本图书馆 CIP 数据核字(2013)第 169237 号

房屋建筑学(第 2 版)

出版发行:东南大学出版社
社　　址:南京市四牌楼 2 号　邮编:210096
出 版 人:江建中
责任编辑:史建农　戴坚敏
网　　址:http://www.seupress.com
电子邮箱:press@seupress.com
经　　销:全国各地新华书店
印　　刷:常州市武进第三印刷有限公司
开　　本:787 mm×1 092 mm　1/16
印　　张:22.25
字　　数:541 千字
版　　次:2014 年 1 月第 2 版
印　　次:2016 年 1 月第 3 次印刷
书　　号:ISBN 978-7-5641-4412-8
印　　数:8 001—11 000 册
定　　价:42.00 元

本社图书若有印装质量问题,请直接与营销部联系。电话:025-83791830

高职高专土建系列规划教材编审委员会

顾　问	陈万年
主　任	成　虎
副主任	（以拼音为序）

　　　　方达宪　胡朝斌　庞金昌　史建农
　　　　汤　鸿　杨建华　余培明　张珂峰

秘书长	戴坚敏
委　员	（以拼音为序）

　　　　党玲博　董丽君　付立彬　顾玉萍
　　　　李红霞　李　芸　刘　颖　马　贻
　　　　漆玲玲　王凤波　王宏俊　王　辉
　　　　吴冰琪　吴龙生　吴志红　夏正兵
　　　　项　林　徐士云　徐玉芬　于　丽
　　　　于习法　张成国　张　会　张小娜
　　　　张晓岩　朱祥亮　朱学佳　左　杰

序

东南大学出版社以国家2010年要制定、颁布和启动实施教育规划纲要为契机，联合国内部分高职高专院校于2009年5月在东南大学召开了高职高专土建类系列规划教材编写会议，并推荐产生教材编写委员会成员。会上，大家达成共识，认为高职高专教育最核心的使命是提高人才培养质量，而提高人才培养质量要从教师的质量和教材的质量两个角度着手。在教材建设上，大会认为高职高专的教材要与实际相结合，要把实践做好，把握好过程，不能通用性太强，专业性不够；要对人才的培养有清晰的认识；要弄清高职院校服务经济社会发展的特色类型与标准。这是我们这次会议讨论教材建设的逻辑起点。同时，对于高职高专院校而言，教材建设的目标定位就是要凸显技能，摒弃纯理论化，使高职高专培养的学生更加符合社会的需要。紧接着在10月份，编写委员会召开第二次会议，并规划出第一套突出实践性和技能性的实用型优质教材，在这次会议上大家对要编写的高职高专教材的要求达成了如下共识：

一、教材编写应突出"高职、高专"特色

高职高专培养的学生是应用型人才，因而教材的编写一定要注重培养学生的实践能力，对基础理论贯彻"实用为主，必需和够用为度"的教学原则，对基本知识采用广而不深、点到为止的教学方法，将基本技能贯穿教学的始终。在教材的编写中，文字叙述要力求简明扼要、通俗易懂，形式和文字等方面要符合高职教育教和学的需要。要针对高职高专学生抽象思维能力弱的特点，突出表现形式上的直观性和多样性，做到图文并茂，以激发学生的学习兴趣。

二、教材应具有前瞻性

教材中要以介绍成熟稳定的、在实践中广泛应用的技术和以国家标准为主，同时介绍新技术、新设备，并适当介绍科技发展的趋势，使学生能够适应未来技术进步的需要。要经常与对口企业保持联系，了解生产一线的第一手资料，随时更新教材中已经过时的内容，增加市场迫切需求的新知识，使学生在毕业时能够适合企业的要求。坚决防止出现脱离实际和知识陈旧的问题。在内容安排上，要考虑高职教育的特点。理论的阐述要限于学生掌握技能的需要，不要囿于理论上的推导，要运用形象化的语言使抽象的理论易于为学生认识和掌握。对于实践性内容，要突出操作步骤，要满足学生自学和参考的需要。在内容的选择上，要注意反映生产与社会实践中的实际问题，做到有前瞻性、针对性和科学性。

三、理论讲解要简单实用

将理论讲解简单化，注重讲解理论的来源、出处以及用处，以最通俗的语言告诉学生所学的理论从哪里来用到哪里去，而不是采用繁琐的推导。参与教材编写的人员都具有丰富的课堂教学经验和一定的现场实践经验，能够开展广泛的社会调查，能够做到理论联系实际,并且强化案例教学。

四、教材重视实践与职业挂钩

教材的编写紧密结合职业要求,且站在专业的最前沿,紧密地与生产实际相连,与相关专业的市场接轨,同时,渗透职业素质的培养。在内容上注意与专业理论课衔接和照应,把握两者之间的内在联系,突出各自的侧重点。学完理论课后,辅助一定的实习实训,训练学生实践技能,并且教材的编写内容与职业技能证书考试所要求的有关知识配套,与劳动部门颁发的技能鉴定标准衔接。这样,在学校通过课程教学的同时,可以通过职业技能考试拿到相应专业的技能证书,为就业做准备,使学生的课程学习与技能证书的获得紧密相连,相互融合,学习更具目的性。

在教材编写过程中,由于编著者的水平和知识局限,可能存在一些缺陷,恳请各位读者给予批评斧正,以便我们教材编写委员会重新审定,再版的时候进一步提升教材质量。

本套教材适用于高职高专院校土建类专业,以及各院校成人教育和网络教育,也可作为行业自学的系列教材及相关专业用书。

高职高专土建系列规划教材编审委员会

前　言

本书是东南大学出版社组织的高职高专土木与建筑类创新型规划教材之一。

为适应21世纪建筑业培养实用型人才的需要，根据高职高专土建专业教学大纲的要求，以培养高等技术应用型人才，着重提高学生基本理论和实际工作能力为原则，在总结了近年来房屋建筑学课程教材的基础上编写了本书。

本书分为"建筑设计"和"建筑构造"两部分，在"建筑设计"部分，主要介绍了工业与民用建筑的设计原理与设计方法；在"建筑构造"部分，主要介绍了民用建筑和工业建筑的构造，同时注重新材料、新技术、新构造的介绍。

教材编写中，力求使教材内容与专业岗位的需要紧密结合，与现行规范一致，除增加了大量的图片、详图外，还增加了一些图表和构造范例。为了便于组织教学和学生学习，除了每章节的内容提要及复习题外，还加强了实践性教学内容，相应章节附有课程设计练习，以满足高职学生实用性、针对性教学目的，同时，简洁、易懂的文字也便于学生自学。

参加本书编写的人员均是多年从事房屋建筑学课程教学的高等院校教师。

本书由于丽任主编，负责全书的统稿及定稿工作。

本书的编写参考和借鉴了大量的有关书籍和图片、相关的建筑工程的教学资料以及相关建筑规范，在此一并向原作者致以衷心的感谢。

由于编者水平有限，加之时间仓促，在编写过程中难免存在不当之处，烦请各位同仁批评指正。

编　者

2013年12月

目 录

1 绪论 ... 1
   1.1 建筑的基本概念 ... 2
   1.2 建筑设计的程序、内容、要求与依据 ... 5
   1.3 建筑模数统一协调标准 ... 14

2 民用建筑构造概述 ... 17
   2.1 民用建筑构造组成 ... 17
   2.2 建筑物常用结构体系 ... 19
   2.3 建筑构造的影响因素和设计原则 ... 23
   2.4 定位轴线及标志尺寸 ... 25

3 基础与地下室 ... 27
   3.1 基础 ... 27
   3.2 地下室的防潮与防水 ... 33

4 墙体构造 ... 37
   4.1 墙体概述 ... 37
   4.2 砖墙构造 ... 39
   4.3 砌块墙构造 ... 51
   4.4 隔墙构造 ... 56
   4.5 墙面装修 ... 60
   4.6 墙体节能 ... 67

5 楼梯构造 ... 72
   5.1 楼梯的组成、类型、尺度 ... 72
   5.2 楼梯构造设计 ... 80
   5.3 钢筋混凝土楼梯构造 ... 83
   5.4 楼梯的细部构造 ... 90
   5.5 台阶与坡道构造 ... 94
   5.6 电梯与自动扶梯 ... 98

6 楼板层与地坪层构造 ... 105
   6.1 楼板层与地坪层的构造组成和设计要求 ... 105
   6.2 钢筋混凝土楼板构造 ... 108
   6.3 地面构造 ... 117
   6.4 阳台、雨篷与顶棚构造 ... 122

7 屋顶构造 ... 131
   7.1 概述 ... 131
   7.2 屋顶排水设计 ... 134
   7.3 平屋顶防水构造 ... 139
   7.4 瓦屋面构造 ... 156
   7.5 屋顶的保温与隔热 ... 164

8 门窗构造 ... 173
   8.1 门窗的形式与尺度 ... 173

8.2　木门窗构造 ………………………………………………………………… 176
　　8.3　铝合金及塑料门窗 ………………………………………………………… 182
9　变形缝构造 …………………………………………………………………………… 187
　　9.1　变形缝的作用及分类 ……………………………………………………… 187
　　9.2　伸缩缝 ……………………………………………………………………… 188
　　9.3　沉降缝 ……………………………………………………………………… 192
　　9.4　防震缝 ……………………………………………………………………… 194
10　建筑平面设计 ………………………………………………………………………… 197
　　10.1　平面设计的内容 …………………………………………………………… 197
　　10.2　主要使用房间的设计 ……………………………………………………… 198
　　10.3　辅助房间的设计 …………………………………………………………… 206
　　10.4　交通联系部分设计 ………………………………………………………… 210
　　10.5　建筑平面组合设计 ………………………………………………………… 216
11　建筑剖面设计 ………………………………………………………………………… 223
　　11.1　房间的剖面形状 …………………………………………………………… 223
　　11.2　房间各部分高度的确定 …………………………………………………… 227
　　11.3　建筑层数的确定 …………………………………………………………… 233
　　11.4　建筑空间的组合与利用 …………………………………………………… 237
12　建筑体型及立面设计 ………………………………………………………………… 246
　　12.1　建筑体形和立面设计的要求 ……………………………………………… 246
　　12.3　建筑体型设计 ……………………………………………………………… 248
　　12.4　建筑立面设计 ……………………………………………………………… 252
13　工业建筑概论 ………………………………………………………………………… 257
　　13.1　工业建筑的特点、分类和设计要求 ……………………………………… 257
　　13.2　厂房的结构类型与构件组成 ……………………………………………… 261
　　13.3　厂房的起重运输设备 ……………………………………………………… 264
14　单层工业厂房建筑设计 ……………………………………………………………… 267
　　14.1　厂房的平面设计及柱网选择 ……………………………………………… 267
　　14.2　厂房的剖面形式 …………………………………………………………… 269
　　14.3　单层厂房的定位轴线 ……………………………………………………… 281
15　单层工业厂房构造 …………………………………………………………………… 288
　　15.1　外墙构造 …………………………………………………………………… 288
　　15.2　厂房大门构造 ……………………………………………………………… 295
　　15.3　厂房地面构造 ……………………………………………………………… 300
　　15.4　单层工业厂房天窗构造 …………………………………………………… 302
　　15.5　单层厂房屋面构造 ………………………………………………………… 317
16　课程设计 ……………………………………………………………………………… 328
　　16.1　墙体构造设计 ……………………………………………………………… 328
　　16.2　楼板层构造设计 …………………………………………………………… 330
　　16.3　钢筋混凝土楼梯构造设计 ………………………………………………… 331
　　16.4　屋面排水及节点设计 ……………………………………………………… 332
　　16.5　单层厂房定位轴线布置 …………………………………………………… 333
　　16.6　房屋建筑学课程设计任务书 ……………………………………………… 334
参考文献 …………………………………………………………………………………… 345

1 绪论

本章提要：本章主要讲述建筑的基本概念；建筑物的分类和分级；建筑设计的内容及程序；建筑设计的依据和要求，以及建筑模数统一协调标准等内容。

建筑是人类巨大的创造性劳动的结晶，人类的生存和发展与建筑息息相关。"建筑"一词来源于国外，我国古代称为"营造"、"营建"或"应缮"，因此，今天我们所说的建筑的概念应包含三方面的含义：一是建筑物和构筑物的统称。建筑物是指供人们生产、生活或进行其他活动的空间场所(图1-1)，如居住建筑、公共建筑、工业建筑等；构筑物是指人们一般不直接在其内进行生产和生活的建筑(图1-2)，如烟囱、水塔、桥梁、城墙、堤坝等。二是人们进行建造的行为。如建造房屋、桥梁、堤坝等。三是涵盖了经济与社会科学、文化艺术、工程技术等多领域和多学科的综合学科。

(a) 公共建筑(中央电视台新大楼)　　(b) 居住建筑(某住宅小区)

图1-1　建筑物示例

(a) 万里长城　　(b) 苏通大桥

图1-2　构筑物示例

1.1 建筑的基本概念

1.1.1 建筑构成的要素

任何建筑都包含了与其时代、社会、经济、文化相适应的功能、技术、形象三方面的内容，并且构成了建筑的三个基本要素。

1) 建筑功能

人类建造房屋有着明确的目的性，即要满足不同的使用要求，具体包含以下内容：

（1）满足人体尺度和个体活动所需的空间尺度，这是确定建筑内部各种尺度的重要依据。

（2）满足人生理的舒适要求，即对日照、采光、通风、保温、隔热、隔声、防潮、防水等方面的要求。

（3）满足各类建筑的不同使用要求，即体现不同性质建筑在使用方面的不同特点。这是建造房屋的最主要的目的，起主导作用。

2) 建筑技术

建筑技术是指建造房屋的手段，包含了建筑材料科学、建筑结构技术、建筑施工技术和建筑设备技术等多方面学科技术的综合，是建筑得以实施的基本技术条件。建筑材料是组成房屋的基本元素；结构技术是实现建筑空间和安全稳固的重要保障；建筑设备是满足各种建筑功能要求的技术条件；建筑施工技术是保证建筑得以实现的必要手段。

3) 建筑形象

建筑形象是通过建筑的体形、体量及其空间组合、立面形式、材料色彩与质感和装饰处理等来反映的，应该说，建筑形象是其功能和技术的综合反映。通常，建筑形象的处理应符合传统美学的基本原理，以产生良好的艺术效果和感染力，使人感到庄严宏伟、朴实大方、简洁明快、生动活泼等。当然，现代建筑中也有反传统的风格和流派，以另类的表现手法给人以强烈的视觉冲击和感受。

建筑形象具有社会、时代、民族和地域性，不同的社会和时代，不同的地域和民族都有相应的建筑形象，它反映了社会生产力的水平、时代精神、文化传统、民族风格和建筑文化艺术等特征。

建筑的三要素是相互联系、相互制约、不可分割的，满足建筑的功能是第一位，也是人们进行房屋建造的主要目的。建筑技术是实现建筑功能的技术保证，先进的建筑技术可大力促进新型建筑开发，落后的建筑技术则会制约建筑的发展。而建筑形象则是建筑功能、建筑技术与建筑艺术的综合体现，这便是所谓的"功能、内容决定其形式"。但对于一些如纪念性、象征性等的特殊建筑，建筑形象往往起主导作用，成为重要因素。一个优秀的建筑，应该处理好这三者之间的辩证关系，做到和谐统一。

1.1.2 建筑的分类

1) 按使用性质分类

建筑通常按其使用性质分为民用建筑、农业建筑和工业建筑三大类。

(1) 民用建筑是供人们从事非生产性活动使用的建筑物。民用建筑又分为居住建筑和公共建筑两类,居住建筑包括住宅、公寓、宿舍等;公共建筑是供人们进行各类社会、文化、经济、政治等活动的建筑物,如图书馆、车站、办公楼、电影院、宾馆、医院等。

(2) 农业建筑是指各类供农业生产使用的房屋,如种子库、拖拉机站等。

(3) 工业建筑是供生产使用的建筑物,包括主要生产厂房、辅助生产厂房、动力运输建筑等。

2) 按建筑层数和总高度分类

根据《民用建筑设计通则》(GB 50352-2005)、《高层民用建筑设计防火规范》(GB 5004995,2005年版)和《建筑设计防火规范》(GB 50016-2006)的相关规定,民用建筑按地上层数或高度可按下列方式划定分类:

(1) 居住建筑按层数分类

1~3层为低层建筑;4~6层为多层建筑;7~9层为中高层建筑;10层及10层以上的住宅(包括首层设置商业服务网点的住宅)为高层建筑。

(2) 公共建筑按高度划分

多层建筑:建筑高度≤24m的公共建筑和建筑高度>24m的单层公共建筑。

高层建筑:建筑高度超过24m的公共建筑(不适于单层主体建筑高度超过24m的体育馆、会堂、剧院等公共建筑以及高层建筑中的人民防空地下室)。

超高层建筑:建筑高度超过100m的民用建筑均为超高层建筑。

高层建筑应根据其使用性质、火灾的危险性、疏散情况和扑救难易等进行分类,并应符合规范规定。见表1-1所示。

表1-1 高层建筑的分类

名 称	一类高层	二类高层
居住建筑	19层及以上的普通住宅	10~18层的普通住宅
公共建筑	① 医院 ② 高级旅馆 ③ 建筑高度超过50m或24m以上部分的任一楼层的建筑面积大于1 000m² 的商业楼、展览楼、综合楼、电信楼、财贸金融楼 ④ 建筑高度超过50m或24m以上部分的任一楼层的建筑面积大于1 500m² 的商住楼 ⑤ 中央级和省级(含计划单列市)广播电视楼 ⑥ 网局级和省级(含计划单列市)电力调度楼 ⑦ 省级(含计划单列市)邮政楼、防灾指挥调度楼 ⑧ 藏书超过100万册的图书馆、书库 ⑨ 重要的办公楼、科研楼、档案馆 ⑩ 建筑高度超过50m的教学楼和普通旅馆、办公楼、科研楼、档案馆等	①除一类建筑以外的商业楼、展览楼、综合楼、电信楼、财贸金融楼、商住楼、图书馆、书库 ② 省级以下的邮政楼、防灾指挥调度楼、广播电视楼、电力调度楼 ③ 建筑高度不超过50m的教学楼和普通旅馆、办公楼、科研楼、档案馆等

注:① 在重点文物保护单位和重要风景区附近的建筑物,其高度系指建筑物的最高点,包括电梯间、楼梯间、水箱、烟囱等。

② 在前条所指地区以外的一般地区,其建筑高度平顶房屋按女儿墙高度计算;坡顶房屋按屋檐和屋脊的平均高度计算。屋顶上的附属物,如电梯间、楼梯间、水箱、烟囱等,其总面积不超过屋顶面积的20%、高度不超过4m的不计入高度之内。

③ 消防要求的建筑物高度为建筑物室外地面到其屋顶平面或檐口的高度。

3）按数量和规模分类

（1）大量性建筑

大量性建筑指规模不大但修建数量众多的建筑物，如住宅、办公楼、教学楼、医院等，这一类是人们日常接触最多、分布最广的建筑。

（2）大型性建筑

大型性建筑指规模大、耗资多、影响大但修建数量有限的建筑物，如大型体育馆、歌剧院、国家级会堂、航空港等，这些建筑物虽然为数不多，但由于它的重要性和功能复杂性，对设计和施工要求都比一般建筑物高。

4）按设计使用年限分类

根据《民用建筑设计通则》(GB 50352 - 2005)中的规定，设计使用年限可分为如表 1-2 所示的四个等级。

表 1-2 设计使用年限分类

类　别	设计使用年限(年)	示　例
1	5	临时性建筑
2	25	易于替换结构构件的建筑
3	50	普通建筑和构筑物
4	100	纪念性建筑和特别重要的建筑

5）按耐火等级分类

建筑物是人类生活、娱乐和生产活动的场所。人们在建筑物内从事的各项活动很多是离不开火的，为了保证建筑物的安全，必须采取必要的防火措施，使之具有一定的耐火性，即使发生了火灾也不至于造成太大的损失。通常用耐火等级来表示建筑物所具有的耐火性。

建筑物的耐火等级是由其组成构件的燃烧性能和耐火极限来确定的。多层民用建筑的耐火等级分为四级，高层建筑的耐火等级分为二级。多层建筑物的建筑构件耐火等级和燃烧性能规定见表 1-3 所示。

（1）构件的燃烧性能

不同材料的构件其燃烧性能也不同，一般将构件的燃烧性能分为三类。

① 不燃烧体，即用不燃烧材料做成的建筑构件，如天然石材、金属等。

② 燃烧体，即用可燃或易燃烧的材料做成的建筑构件，如木材、纸板等。

③ 难燃烧体，即用难燃烧的材料做成的建筑构件，或用燃烧材料做成而用不燃烧材料做保护层的建筑构件，如沥青混凝土构件。

（2）构件的耐火极限

采用不同燃烧性能材料制成的建筑构件，其耐火极限也不同。耐火极限是指按建筑构件的时间-温度标准曲线进行耐火试验，从受到火的作用时起，到失去支持能力或完整性被破坏或失去隔火作用时止的这段时间，用小时(h)表示。以下是确定建筑构件的耐火极限的三个条件，只要其中任一条件出现，就可确定已经达到了耐火极限。

① 失去支持能力。失去支持能力是指建筑构件在受到高温作用后材质性能发生改变，使得构件的强度、刚度降低，失去支持能力而破坏。如受到火的作用，钢筋混凝土梁失去支

撑能力,钢筋混凝土柱出现了失稳而导致整体倒塌。

② 完整性被破坏。完整性被破坏是指建筑构件在火灾中受到高温作用,发生爆裂或局部塌落,形成裂缝或孔洞,使火焰穿过构件,引起构件背面可燃物燃烧起火。如耐火等级较低的墙体在火灾中易发生爆裂或局部塌落,火焰穿过裂缝或孔洞,引燃背面可燃物。

③ 失去隔火作用。失去隔火作用指具有分隔作用的建筑构件,在火灾中受到高温作用,背火面温度达到220℃时烤焦背火面的可燃物而起火,构件失去了隔火作用。

表1-3 建筑物构件的燃烧性能和耐火极限　　　　　　　　　　　　　单位:h

构件名称		耐火等级			
		一级	二级	三级	四级
墙	防火墙	不燃烧体3.00	不燃烧体3.00	不燃烧体3.00	不燃烧体3.00
	承重墙	不燃烧体3.00	不燃烧体2.50	不燃烧体2.00	不燃烧体0.50
	非承重外墙	不燃烧体1.00	不燃烧体1.00	不燃烧体0.50	燃烧体
	楼梯间及电梯井道的墙 住宅单元间的墙及分户墙	不燃烧体2.00	不燃烧体2.00	不燃烧体1.50	难燃烧体0.50
	疏散走道两侧的隔墙	不燃烧体1.00	不燃烧体1.00	不燃烧体0.50	难燃烧体0.25
	房间隔墙	不燃烧体0.75	不燃烧体0.50	难燃烧体0.50	难燃烧体0.25
柱		不燃烧体3.00	不燃烧体2.50	不燃烧体2.00	难燃烧体0.50
梁		不燃烧体2.00	不燃烧体1.50	不燃烧体1.00	难燃烧体0.50
楼板		不燃烧体1.50	不燃烧体1.00	不燃烧体0.50	燃烧体
屋顶承重构件		不燃烧体1.50	不燃烧体1.00	燃烧体	燃烧体
疏散楼梯		不燃烧体1.50	不燃烧体1.00	不燃烧体0.50	燃烧体
吊顶(包括吊顶格栅)		不燃烧体0.25	难燃烧体0.25	难燃烧体0.15	燃烧体

注:摘自《建筑设计防火规范》(GB 50016-2006)第5.1.1条。

1.2 建筑设计的程序、内容、要求与依据

建筑设计是建筑工程中的关键环节,它的主要工作包括参与建设项目的决策准备,编制各个阶段的设计文件,配合施工并参与验收和总结的全过程。这些工作一般由设计单位的注册建筑师来承担,其间需要进行可行性研究、场地的选择与勘测、方案设计与技术处理等;同时,还应积极配合施工单位及时处理施工中出现的问题,参与工程的试运转、竣工验收,并对设计项目进行总结和定期回访等。见图1-3所示。

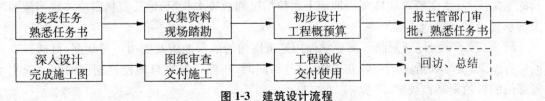

图1-3 建筑设计流程

1.2.1　建筑设计的程序及内容

1) 建筑设计的程序和设计阶段

由于建造房屋是一个较为复杂的物质生产过程，影响房屋设计和建造的因素有很多，因此必须在施工前有一个完整的设计方案，划分必要的设计阶段，综合考虑多种因素，这对提高建筑物的质量是极为重要的。

(1) 设计前的准备工作

① 落实设计任务

建设单位必须具有上级主管部门对建设项目的批文和城市规划管理部门同意设计的批文后方可向建筑设计部门办理委托设计手续。

主管部门的批文是指建设单位的上级主管部门对建设单位提出的拟建报告和计划任务的一个批准文件。该批文表明该项工程已被正式列入建设计划，文件中应包括工程建设项目的性质、内容、用途、总建筑面积、总投资、建筑标准（每平方米造价）以及建筑物使用期限等内容。

城市规划管理部门的批文是经城镇规划主管部门审核同意工程项目用地的批复文件。该文件包括基地范围、地形图及指定用地范围（常称"红线"）、该地段周围道路等规划要求以及城镇建设对该建筑设计的要求（如建筑高度）等内容。

② 熟悉设计任务书

建筑师在具体着手设计前，首先需要认真熟悉设计任务书，以明确建设项目设计的目的、要求和条件，这是做好设计的前提。设计任务书的内容一般有：

a. 建设项目总的要求和建造目的的说明。

b. 建筑物的具体使用要求、建筑面积以及各类用途之间的面积分配。

c. 建设项目的总投资和单方造价说明。

d. 建设基地范围、大小，周围原有建筑、道路、地段环境的描述，并附有地形测量图。

e. 供电、供水、采暖、空调等设备方面的要求，并附有水源、电源接用许可文件。

f. 设计期限和项目的建设进程要求。

设计人员必须认真熟悉设计任务书，在设计过程中必须严格掌握建筑标准、用地范围、面积指标等有关限额。必要时，也可对任务书中的一些内容提出补充或修改意见，但须征得建设单位的同意，涉及用地、造价、使用面积的问题，还须经城市规划部门或主管部门批准。

③ 收集必要的设计原始数据

通常建设单位提出的计划任务，主要是从使用要求、建设规模、造价和建设进度方面考虑的。而建筑的设计和建造还需要收集有关的原始数据和设计资料，并在设计前做好调查研究工作。有关原始数据和设计资料的内容有：

a. 气象、水文、地质资料。气象资料即所在地区的温度、湿度、日照、雨雪、风向、风速以及冻土深度等；水文资料应体现当地地下水位情况和地表水状况；地质资料则应体现当地的土壤承载力和基地地质状况等。

b. 地形、环境、规划限制。需要掌握用地范围内的地形地貌及周边环境状况，可通过查阅原有图纸、文本和近期图片等获得相关资料；同时，还应了解来自城建规划部门和上级主管部门的各项限制性规定，掌握相关批文。

c. 水电等设备管线资料，即基地地下的给水、排水、电缆等管线布置，基地上的架空线等供电线路情况。

d. 技术条件和材料供应状况。了解目前市场材料供应情况和结构施工等所涉及的技术条件和现状水平。

e. 设计规范的要求及有关定额指标，例如学校教室的面积定额，学生宿舍的面积定额，以及建筑用地、用材等定额指标。

④ 设计前的调查研究

为了使设计结果更好地符合要求，设计出更好的作品，或者当现存资料不能满足要求时，往往需要进行现场踏勘和前期调研，实地了解相关情况和背景资料，获得更为直观、准确、真实的信息，这在前面的准备工作中也是非常重要的。其内容一般包括：

a. 建筑物的使用要求。深入访问使用单位中有实践经验的人员，认真调查同类已建房屋的实际使用情况，通过分析和总结，对所设计房屋的使用要求做到"心中有数"。以食堂设计为例，首先需要了解主副食品加工的作业流线，炊事员操作时对建筑布置的要求，明确餐厅的使用要求以及有无兼用功能，掌握使用单位每餐实际用膳人数，主食米、面的比例，以及燃料种类等情况，以确定家具、炊具和设备布置等要求，为具体着手设计做好准备。

b. 所在地区建筑材料供应及结构施工等技术条件。了解预制混凝土制品以及门窗的种类和规格，掌握新型建筑材料的性能、价格以及采用的可能性。结合建筑使用要求和建筑空间组合的特点，了解并分析不同结构方案的选型，当地施工技术和起重、运输等设备条件。

c. 现场踏勘。深入了解基地和周围环境的现状及历史沿革，包括基地的地形、方位、面积和形状等条件，以及基地周围原有建筑、道路、绿化等多方面因素，考虑拟建建筑物的位置和总平面布局的可能性。

d. 当地传统建筑经验和生活习惯。传统建筑中有许多结合当地地理、气候条件的设计布局和创作经验，根据拟建建筑物的具体情况，可以"取其精华"，以资借鉴。同时，在建筑设计中，也要考虑到当地的生活习惯以及人们喜闻乐见的建筑形象。

⑤ 学习有关方针、政策

建筑设计与国家的方针、政策和地方法规联系紧密，是一项涉及面广、政策性很强的技术工作，因此，在设计前学习和了解有关的方针、政策和法律法规是很有必要的，这可以少走弯路，少出差错，使设计顺利进行。

(2) 建筑设计阶段的划分

在我国，建筑设计过程一般分为两个阶段，即初步设计阶段（或扩大初步设计）和施工图设计阶段。而根据工程复杂程度、规模大小和审批要求的不同，对于大型工程或技术复杂项目则需要分三个阶段来设计，即在两阶段中间增加技术设计阶段。在工作中，设计人员为保证成果质量，应将主要设计内容做方案比较，确定更为合理的设计方案；设计中所采用的各种技术条件、数据和其他基础资料要正确可靠；设计所采用的设备、材料和所要求的施工条件要切合实际；设计文件深度要符合建设和生产要求。

① 初步设计阶段

初步设计是建筑设计的第一阶段，它的主要任务是提出设计方案，即在已定的基地范围内，按照设计要求，综合技术和艺术要求，提出设计方案。这一步骤的设计文件要报主管部门审批，作为下一步技术设计和施工图设计的依据。初步设计的图纸和设计文件有：

a. 设计说明书。设计的依据、意图及指导思想；主要结构方案及构造特点；建筑材料及主要设备选用表；主要技术经济指标等。

　　b. 建筑总平面。建筑物在建设用地范围内的位置、标高、道路、绿化以及基地上设施的布置和说明。比例尺为1:500～1:2000。

　　c. 各层平面及主要剖面、立面。建筑物各层平面图包括开间、进深、门窗位置、房间名称、室内部分家具设备的布置等；建筑物主要方向立面图应能准确反映里面造型，标注层高、总高度和其他必要的尺寸；建筑物主要部位和复杂局部的剖面图应能准确表示出建筑内部的空间关系、梁板位置，注明各层标高。常用比例尺为1:100～1:200。

　　d. 透视效果图或模型制作。根据设计任务的需要，辅以必要的建筑透视图或建筑模型，可以较为直观、形象地反映出设计成果。

　　e. 工程概算书。设计概算是初步设计文件中一个主要的组成部分，它应比投资估算更为精确，是确定建设项目投资额、编制基本建设投资计划和签订贷款合同的依据，也是组织主要设备和材料订货、签订建设过程承包合同和进行施工准备的依据。

　　② 技术设计阶段

　　技术设计是针对部分大型项目或复杂工程而增加的一个环节，也是初步设计具体化的阶段，其主要任务是在初步设计的基础上进一步细化设计内容，协调各专业矛盾，解决各种技术问题，为下一步编制施工图打下基础。

　　建筑工种的图纸要标明与具体技术工种有关的详细尺寸，并编制建筑部分的技术说明书；结构工种应有建筑结构布置方案图，并附初步计算说明；设备工种也应提供相应的设备图纸及说明书，以及各技术工种之间矛盾的解决方案等。同时，技术设计阶段还要编制修正总概算，为后期主要设备和材料订货、基建拨款提供依据。

　　③ 施工图设计阶段

　　施工图设计是建筑设计的最后一个阶段，是在前期工作的基础上进一步调整和完善设计内容，根据施工要求和条件，将设计方案具体化和明确化，把工程和设备构成部分的尺寸、布置和主要施工方法以图纸和文字的形式最终定案并明确表达的设计文件。它的主要任务是满足土建和安装工程的施工要求，合理解决施工中的技术措施、用料、做法等问题，最后提交施工单位进行施工。因此，这一阶段要把设计和施工中的各项具体要求反映在图纸上，图纸绘制要认真仔细，反复核对，做到整套图纸完整统一，交代清楚，准确无误。施工图设计的图纸及设计文件有：

　　a. 工程说明书。包括施工图设计依据、设计规模、建筑面积、门窗表、室内装修材料说明和做法等。

　　b. 设计图纸。施工图阶段除建筑专业的平面、立面、剖面等全套图纸外，还应包括结构、水电、暖通等专业的设计施工图。

　　(a) 建筑总平面。标明建筑用地范围、建筑红线位置、场地内建筑物和其他室外设施的布置情况，以及与周围建筑物、道路、环境的相互关系，并附必要的文字说明。常用比例为1:500～1:2000。

　　(b) 各层平面图。在前期成果图要求的基础上，详细标注各细部尺寸、定位轴线及编号、门窗编号、详图索引等。常用比例为1:100～1:200。

　　(c) 各方向立面图。在各个立面图上标注定位轴线、详细尺寸和必要的标高，并注明墙面选用的材料、颜色、尺寸和做法等。常用比例为1:100~1:200。

（d）剖面图。选择建筑物中能清楚反映内外空间关系的部位及较为复杂的部位绘制剖面图，要求标注各部分的标高、尺寸和做法。常用比例为1:100~1:200。

（e）构造节点详图。图纸中不能清楚地表达其构造做法的部位往往需要绘制构造详图，它包括建筑物檐口、墙身、楼梯、门窗、室内外装修以及必要的节点构造等，要求注明其材料的尺寸、详细做法、文字说明等。常用比例为1:1,1:5,1:10,1:20。

c. 工程预算书。这一阶段要求编制设计预算（即施工图预算），较之前的工程预算具有更高的精度。

d. 结构和设备计算书。结构和设备计算书的内容主要包括结构专业的详细计算和各设备工程（如热工、采光、音效等方面）的详细技术处理记载，此文件作为技术文件归档，不予外传。

2）建筑设计的内容

建筑工程设计，是指一个建筑工程项目的全部施工图设计工作，主要包括建筑设计、结构设计和设备设计等部分，它们之间既有分工又相互密切配合。由于建筑设计是建筑功能、工程技术和建筑艺术的综合，因此它必须综合考虑建筑、结构、设备等工种的要求，以及这些工种的相互联系和相互制约。

建筑设计包括总体设计和个体设计两个方面，一般是由建筑师来完成。结构设计主要是根据建筑设计选择切实可行的结构方案，进行结构计算及构件设计、结构布置及构造设计等，一般是由结构工程师来完成。设备设计主要包括给水排水、电气照明、通讯、采暖、空调通风、动力等方面的设计，由有关的设备工程师配合建筑设计来完成。

从图1-4中可以看出，一个工程的实现离不开各个专业的相互协作，各项工作既分工明确，又配合密切。其中由建筑师承担的是建筑专业设计部分，在整个工程设计中起着主导作用，是整个工程设计中的龙头专业，这充分体现出它在各专业中所占据的重要地位。好的建筑设计往往能为以后各专业的设计提供良好的基础；反之，如果没有建筑专业设计，那么其他专业设计也就无从谈起。因此，作为建筑师不但要求掌握本专业的知识技能，具有广泛的文化底蕴和良好的素质修养，同时为了能与其他专业合作，还应了解一定的其他专业知识，这样才能同各个专业及工种密切配合，设计出符合要求的、高质量的建筑作品。

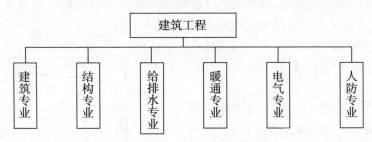

图1-4　建筑工程设计专业构成

1.2.2　建筑设计的要求和依据

1）建筑设计的要求

（1）满足建筑功能要求

满足建筑功能要求,为人们生产和生活活动创造良好的环境,是建筑设计的首要任务。例如设计学校,首先考虑满足教学活动的需要,教室设置应分班合理,采光通风良好,同时还要合理安排教师备课、办公、储藏和厕所等行政管理和辅助用房,并配置良好的体育场和室外活动场地等。

(2) 采用合理的技术措施

正确选用建筑材料,根据建筑空间组合的特点选择合理的结构、施工方案,使房屋坚固耐久、建造方便。例如,近年来我国设计建造的一些覆盖面积较大的体育馆,由于屋顶采用钢网架空间结构和整体提升的施工方法,既节省了建筑物的用钢量,也缩短了施工期限。

(3) 具有良好的经济效果

建造房屋是一个复杂的物质生产过程,需要大量的人力、物力和资金,在房屋的设计和建造中要因地制宜、就地取材,尽量做到节省劳动力,节约建筑材料和资金。设计和建造房屋要有周密的计划和核算,重视经济领域的客观规律,讲究经济效果。房屋设计的使用要求和技术措施要和相应的造价、建筑标准统一起来。

(4) 考虑建筑美观要求

建筑物是社会的物质和文化财富,它在满足使用要求的同时,还需要考虑人们对建筑物在美观方面的要求,考虑建筑物赋予人们在精神上的感受。建筑设计要努力创造具有我国时代精神的建筑空间组合与建筑形象。历史上创造的具有时代印记和特色的各种建筑形象,往往是一个国家、一个民族文化传统宝库中的重要组成部分。

(5) 符合总体规划要求

单体建筑是总体规划中的组成部分,单体建筑应符合总体规划提出的要求。建筑物的设计还要充分考虑和周围环境的关系,如原有建筑的状况、道路的走向、基地面积大小以及绿化等方面和拟建建筑物的关系。新设计的单体建筑,应使所在基地形成协调的室外空间组合和良好的室外环境。

2) 建筑设计的依据

进行一个工程设计需要考虑诸多因素,需要满足以下几个方面的要求:

(1) 满足建筑内部使用功能的要求

建筑物中家具、设备的尺寸,踏步、窗台、栏杆的高度,门洞、走廊、楼梯的宽度和高度,以至各类房间的高度和面积大小,都和人体尺度以及人体活动所需的空间尺度直接或间接相关,因此人体尺度和人体活动所需的空间尺度是确定建筑空间的基本依据之一。我国成年男子和成年女子的平均高度分别为 1 697mm 和 1 586mm。

近年来在建筑设计中日益重视人体工程学的运用。建筑设计中人体工程学的运用,将是确定空间范围,始终以人的生理、心理需求为研究中心,使空间范围的确定具有定量计测的科学依据,最终满足人们居住、生活、工作、学习等不同需要,真正做到合理、舒适、可行(图1-5~图1-7)。

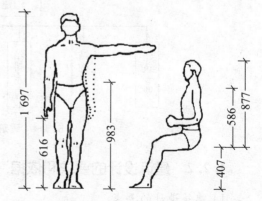

图1-5 中等人体地区的人体各部平均尺寸

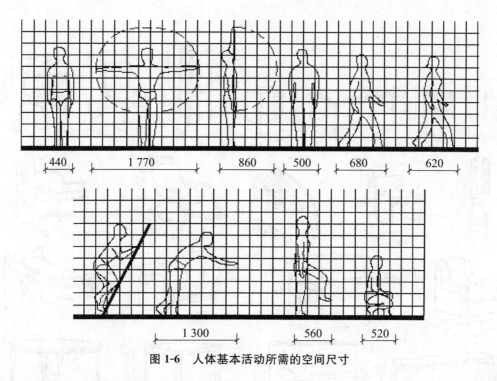

图 1-6 人体基本活动所需的空间尺寸

(2) 满足城市景观和人们的审美需求

作为城市景观的重要构成要素,建筑物的外观造型对构筑美丽的城市环境起到举足轻重的作用,设计建筑时应考虑周边现状,从城市设计的角度入手,使拟建建筑和所处的城市环境相融合,形成良好的城市空间和景观效果。

不同的立面形象和体量关系能产生不同的视觉效果和精神感受,建筑物既有物质功能又有精神功能,因此,除了满足基本的使用功能之外,不同的建筑物还需要营造出适宜的艺术氛围,尽量做到性格鲜明,以满足人们在精神上的需求。例如,纪念堂、历史博物馆、法院等,通常需要创造出庄严而肃穆的效果;而茶室、居室、社区活动中心等则应布置得亲切宜人。

(3) 考虑自然环境因素

建筑物的设计和建造直接受到自然环境条件的影响和制约(如保暖、防寒、避风、防潮、抗震等),这也是决定建筑设计的一个重要方面,关系到建筑物的平面布置、形体组合、立面造型等,主要涉及以下几个方面:

① 气象条件

气象条件主要指建筑物所处地区的温度、湿度、日照、雨雪、风向、风速等气候条件。气候条件对建筑物的设计有较大影响。例如,湿热地区,房屋设计要很好地考虑隔热、通风和遮阳等问题;干冷地区,通常又希望把房屋的体型尽可能设计得紧凑一些,以减少外围护面的散热,以利于室内采暖、保温。日照和主导风向,通常是确定房屋朝向和间距的主要因素;风速是高层建筑、电视塔等设计中考虑结构布置和建筑体型的重要因素;雨雪量的多少对屋顶形式和构造也有一定影响。

风向和风速是城市规划和总平面设计的重要依据。我们一般用风玫瑰图来表示各个地区的各个方向的吹风次数,次数最多的就是主导风向。

图 1-7 常用家具基本尺寸

在设计前,必须要收集当地上述有关的气象资料,以此作为设计的依据(图1-8表示的是全国部分城市的风向情况)。

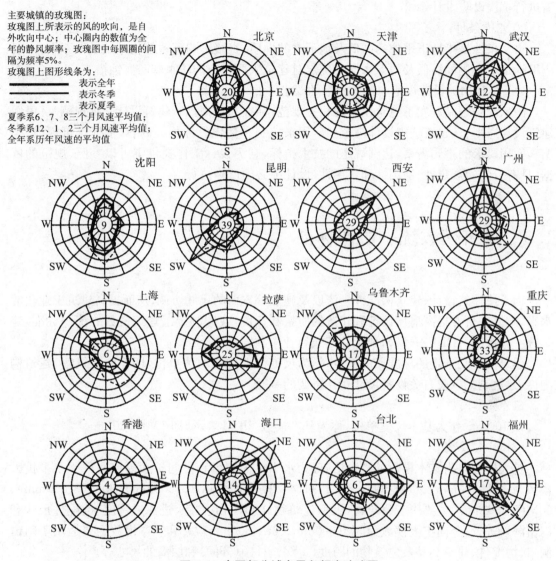

图 1-8　全国部分城市风向频率玫瑰图

② 地形、地质条件

基地地形的平缓或起伏,基地的地质构成、土壤特性和地耐力的大小,对建筑物的平面组合、结构布置和立面造型都有明显的影响。例如,位于山坡地带的建筑物常依山就势采用错层或其他自由的组合方式,既减少了土石方工程量,也有利于形成独特的立面造型;地质条件的分析与工程建设密切相关,它直接影响到建筑物的选址和建造技术要求,而位于地质状况较差和地质条件较为复杂的地区,则需要对建筑物的基础和主体结构部分采取一定构造措施。

地震震级表示一次地震所释放能量的大小。地震烈度表示地面及房屋建筑遭受地震破坏的程度。我国将地震烈度分为12度来表示地震的破坏程度。在烈度6度及6度以下地区,地震对建筑物的损坏影响较小。9度以上的地区,由于地震破坏力过大,除特殊情况外,一般应尽量避免在该地区建造房屋。因此,在抗震设防烈度为6度、7度、8度、9度地区均需进行抗震设防设计。

③ 水文条件

水文条件是指地下水位的高低及地下水的性质,直接影响到建筑物基础及地下室,一般应根据地下水位的高低及地下水性质确定对建筑采取相应的防水和防腐蚀措施。

(4) 符合相关设计规范和技术指标的要求

国家统一编制颁发了建筑设计的相关规范、标准和通则,如《建筑设计防火规范》、《民用建筑设计通则》、《建筑抗震设计规范》等,用来控制和量化设计相关内容,依据建筑规模、类型和使用要求的不同需要,达到规定的技术指标,它为设计工作提供了可以参照、规范的依据,具有较强的规定性、通用性和实用性,设计中必须严格执行。

1.3 建筑模数统一协调标准

为了使建筑设计、建筑构配件生产以及施工等方面的尺寸协调,从而提高建筑工业化的水平,降低造价并提高房屋设计和建造的质量和速度,我国制定了建筑模数的统一标准《建筑统一模数制》(GBJ 2 - 86),要求在建筑行业中共同遵守。

建筑模数是选定的标准尺度单位,作为尺度协调中的增值单位,即作为建筑物、建筑构配件、建筑制品以及有关设备尺寸相互协调的基础。

(1) 基本模数

以100mm作为基本尺度单位,称为基本模数,用M表示,即1M=100mm。

(2) 扩大模数

扩大模数是指基本模数的整数倍,分为水平扩大模数和竖向扩大模数两种。水平扩大模数为3M(300mm)、6M(600mm)、12M(1 200mm)、15M(1 500mm)、30M(3 000mm)、60M(6 000mm),主要用于建筑物(大型建筑物)的开间或柱距、进深或跨度、构配件尺寸和门窗洞口等处;竖向扩大模数为3M(300mm)、6M(600mm),它和基本模数主要适用于门窗洞口、构配件、建筑制品及建筑物的跨度(进深)、柱距(开间)和层高的尺寸等。

(3) 分模数

其基数为1/2M(50mm)、1/5M(20mm)、1/10M(10mm),相对应的还有1/20M(5mm)、1/50M(2mm)、1/100M(1mm)等。其中1/2M、1/5M、1/10M各分模数适用于各种节点构造、构配件的断面以及建筑制品的尺寸等;1/20M、1/50M、1/100M各分模数适用于成材的厚度、直径、缝隙、构造的细小尺寸以及建筑制品的公偏差等。

(4) 模数数列

模数数列是以基本模数、扩大模数、分模数为基础扩展成的一系列尺寸,其幅度应满足规定(见表1-4)。

① 水平基本模数的数列幅度为1M至20M,主要应用于门窗洞口和构配件断面尺寸。

② 竖向基本模数的数列幅度为1M至36M,主要应用于建筑物的层高、门窗洞口和构

配件断面尺寸。

③ 水平扩大模数的数列幅度。3M 时为 3M 至 75M；6M 时为 6M 至 96M；12M 时为 12M 至 120M；15M 时为 15M 至 120M；30M 时为 30M 至 360M；60M 时为 60M 至 360M。必要时幅度不限。水平扩大模数主要应用于建筑物的开间或柱距、进深或跨度、构配件尺寸和门窗洞口尺寸。

④ 竖向扩大模数的数列幅度不受限制，主要应用于建筑物的高度、层高和门窗洞口尺寸。

⑤ 分模数的数列幅度。1/10M 时为 1/10M 至 2M；1/5M 时为 1/5M 至 4M；1/2M 时为 1/2M 至 10M。分模数主要应用于缝隙、构造节点和构配件的断面尺寸。

实行建筑模数制，使得从建筑设计—施工—材料制品的选择等各个环节和部门有了一个可以进行协调的尺度标准，使不同材料、不同形式、不同制作方法的建筑构配件、组合件具有一定的通用性金额互换性，能很好地解决建筑设计标准化的问题，提高了劳动生产率，缩短了工期，降低了造价，实现了工业化大生产。

表 1-4　模数数列　　　　　　　　　　　　　　　　　　　　单位：mm

基本模数	扩大模数						分模数		
1M	3M	6M	12M	15M	30M	60M	1/10M	1/5M	1/2M
100	300	600	1 200	1 500	3 000	6 000	10	20	50
100	300						10		
200	600	600					20	20	
300	900						30		
400	1 200	1 200	1 200				40	40	
500	1 500			1 500			50		50
600	1 800	1 800					60	60	
700	2 100						70		
800	2 400	2 400	2 400				80	80	
900	2 700						90		
1 000	3 000	3 000		3 000	3 000		100	100	100
1 100	3 300						110		
1 200	3 600	3 600	3 600				120	120	
1 300	3 900						130		
1 400	4 200	4 200					140	140	
1 500	4 500			4 500			150		150
1 600	4 800	4 800	4 800				160	160	
1 700	5 100						170		
1 800	5 400	5 400					180	180	
1 900	5 700						190		
2 000	6 000	6 000	6 000	6 000	6 000	6 000	200	200	200
2 100	6 300						220		
2 200	6 600	6 600					240		
2 300	6 900								250
2 400	7 200	7 200					260		

续表 1-4

基本模数	扩大模数						分模数		
1M	3M	6M	12M	15M	30M	60M	1/10M	1/5M	1/2M
2 500	7 500		7 200					280	
2 600		7 800		7 500				300	300
2 700		8 400	8 400					320	
2 800		9 000		9 000	9 000			340	

复习思考题

1. 建筑物包括哪几种类型？
2. 怎样划分建筑物的等级？
3. 建筑设计分哪几个阶段？
4. 建筑设计有何要求？
5. 建筑设计的依据有哪些？
6. 简述建筑设计的阶段划分，以及各阶段所要完成的工作内容和所需提交的成果。
7. 什么是模数？简述模数制的作用。

2 民用建筑构造概述

本章提要：本章主要讲述建筑构造的基本概念；建筑物的基本构造组成及民用建筑的主要结构体系；影响建筑构造的主要因素和建筑构造的设计原则。

建筑构造是一门研究建筑物的组成以及各组成部分的组合原理和构造方法的综合性技术学科。其主要任务是根据建筑物的使用功能、技术经济和艺术造型要求，提供符合适用、安全、经济、美观合理的构造方案作为建筑设计的依据。构造原理研究房屋各个组成部分的原理和构造方法；构造方法研究是在构造原理的指导下，用建筑材料和建筑制品构成构件和配件，以及构配件之间的连接方法。研究对象是建筑物各组成部分的构造方案、构配件组成、节点构造等。

建筑构造设计是在初步设计的基础上根据构造原理和构造方法进行施工图设计，是初步设计的继续和深入。

2.1 民用建筑构造组成

常见的民用建筑，往往因其功能不同，形式也多种多样，但建筑物都由相同的部分组成。一般大量性民用建筑的构造由六大部分组成，即基础、墙体或柱、楼地层、楼梯、屋顶和门窗等。这些组成部分构成了房屋的主体，它们在建筑的不同部位发挥着不同的作用。房屋除了上述几个主要组成部分之外，往往还有其他的构配件和设施，如阳台、雨篷、台阶、散水等，可根据建筑物的要求设置，以保证建筑物可以充分发挥其功能。民用建筑的构造组成如图2-1所示。

2.1.1 基础

基础是房屋底部与地基接触的承重构件，它承受房屋的上部荷载，并把这些荷载传给地基，因此基础要求具有足够的强度和稳定性，并能抵御地下各种因素的侵蚀。

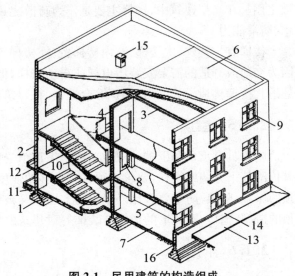

图 2-1 民用建筑的构造组成
1—基础；2—外墙；3—内横墙；4—内纵墙；5—楼板；
6—屋顶；7—地坪；8—门；9—窗；10—楼梯；11—台阶；
12—雨篷；13—散水；14—勒脚；15—通风道；16—防潮层

2.1.2 墙体和柱

墙和柱都是建筑物的竖向承重构件。当建筑为框架结构时,柱为承重构件,墙体为围护构件。当建筑为墙承重结构时,墙体既是承重构件也是围护构件。作为承重构件,柱和墙承受着屋顶和各层楼板的荷载,并把这些荷载传给基础。作为围护构件,外墙起着抵御自然界各种因素对室内环境侵袭的作用;内墙起着分隔房间、创造室内舒适环境的作用。对于墙,还需要具有足够的承载力、稳定性、良好的热工性能和防火、防水、隔声等性能。

2.1.3 楼地层

楼地层分为楼板层和地坪层。楼板层是楼房中沿高度方向水平分隔上下空间的承重构件。

建筑的使用面积主要体现在楼地层上。楼板是重要的结构构件。作为楼板,要求具有足够的强度和刚度来承受其上的家具、设备和人体荷载以及本身自重,并把这些荷载通过墙柱等传给基础,同时还对墙体起着水平支撑的作用。楼板还要求具有防火、隔声、防潮、防水等能力。

地坪是底层房间与土层相接触的部分,它承受底层房间的荷载并将其传给地基层,要求具有坚固、耐磨、防潮、防水等性能。

地层和建筑物室外场地有密切的关系,要处理好地坪与平台、台阶及建筑物沿边场地的关系,使建筑物与场地交接明确,整体和谐。

2.1.4 楼梯

楼梯是建筑中联系上下层的垂直交通设施,供人们上下楼层和发生紧急事故时安全疏散之用。在高层建筑中,楼梯主要是作为疏散之用,要求楼梯具有足够的通行能力,以及防水、防滑能力。

楼梯有主楼梯、次楼梯、室内楼梯、室外楼梯等,楼梯形式多样,功能不一。有些建筑物因为交通或舒适的需要安装了电梯或自动扶梯,但同时也必须有楼梯用作交通和防火疏散通道。楼梯构造设计灵活,知识综合性强,在建筑设计及构造设计中不容忽视。

2.1.5 屋顶

屋顶具有承重和围护的双重功能。屋顶承受着直接作用于建筑物顶部的各种荷载并将其传给其下方墙或梁柱,要求必须具有足够的强度和刚度。由于受阳光照射角度的不同,屋顶的保温、隔热、防水要求比外墙更高。屋顶又被称为建筑的"第五立面",在建筑设计中,屋顶的造型、檐口、女儿墙的形式与装饰等对建筑的体型和立面形象具有较大的影响。

2.1.6 门窗

门主要用作交通联系,窗的作用是采光通风,处在外墙上的门窗是围护结构的一部分,有着多重功能,要充分考虑采光、通风、保温、隔热等问题。因此进行门窗布置时应符合规范的要求,合理确定门窗的宽度、高度、数量、位置和开启方式等。门窗的使用频率高,要求经久耐用,重视安全,选择门窗时也要重视经济与美观。在某些有特殊要求的房间,还应具有隔声、防火等性能。

以上六大部分按受力状况可分为承重结构和围护构件两大部分。

承重结构——由建筑材料按照力学原理和传力规律组成,并能承受一定荷载作用的骨架或体系。例如墙、柱、楼板、楼梯、屋顶、基础等,通常将其称为建筑构件。

围护构件——固定在房屋的外部,抵抗自然界风霜雨雪的侵袭、太阳光的辐射热、噪声的干扰等。例如墙、屋面、门窗等,通常将其称为建筑配件。

建筑构造设计主要偏重于屋面、地面、墙面、门窗、栏杆、花格、台阶、勒脚、细部装饰等建筑配件的设计。

2.2 建筑物常用结构体系

结构是指承受各种荷载作用的构件所组成的骨架。而建筑结构是指由建筑材料按照合理方式组成,并能承受一定荷载作用的体系。

结构体系承传建筑荷载,直至地基。建筑材料和建筑技术的发展决定结构体系的发展,而建筑结构体系的选择对建筑的使用以及建筑形式又有着极大的影响。在工业与民用建筑设计中,按照不同的方式,可以将结构体系分为不同的类型。如按照施工工艺分,可以分为现浇式钢筋混凝土结构、预制装配式钢筋混凝土结构等。按照主要承重材料分,可以分为土结构、木结构、石结构、砖砌体结构、钢筋混凝土结构和钢结构等。建筑常用的结构体系按受力不同可以分为墙体承重、骨架承重和空间结构三种体系。

2.2.1 墙体承重体系

在砌体墙承重体系中,一般指由承重墙和梁板组成并共同受力的结构体系。这种结构体系在中小型民用建筑中采用较为广泛。

按荷载传递路线的不同,混合结构房屋墙体承重体系可概括为四种:横墙承重体系、纵墙承重体系、纵横墙承重体系。

1) 横墙承重体系

对于宿舍、住宅等居住建筑和由小房间组成的办公楼等,房间的开间较小,横墙相对较多,宜利用横墙作为承重墙,楼板和屋面板直接支承于横墙上(如图 2-2(a)),外纵墙仅承受自重,内纵墙除承受自重外还承受走廊板传来的荷载。

这种承重体系,由于横墙间距小,并有内外纵墙拉接成整体,所以结构整体性好,空间刚度大,对抵抗水平荷载(如地震荷载)及地基不均匀沉降较为有利。其次,外纵墙仅起围护作用,在外纵墙上开设门窗洞口及立面处理较为灵活。但由于横墙较多,使材料用量及砌筑工作量相对较大。

2) 纵墙承重体系

在中小型工业厂房、食堂、教学楼等建筑中,房间的进深相对较小,而宽度相对较大,需将楼板直接支承在纵墙上(如图 2-2(b)),或将楼板支承在大梁上,而大梁支承在纵墙上。这类房屋中纵墙承受板或大梁传来的竖向荷载,再由纵墙传至基础和地基。因此,称为纵墙承重体系。在纵墙承重体系中,少量横墙(包括山墙)仍承受一部分楼(屋)盖的荷载,但纵墙是主要承重墙,因此横墙布置比较灵活,可以满足不同房间的要求。与横墙承重体系相比,墙体材料的用量减少,但楼(屋)盖的用料较多,并增加了楼(屋)盖厚度,降低了房间净空,而且由于纵墙承重,所以在纵墙上开设门窗洞时受到一定的限制。

3) 纵横墙承重体系

在办公楼及医院等建筑中,根据房屋的开间和进深的要求以及结构布置的合理性,常常是将上述两种承重体系结合起来,布置成纵横墙承重体系(如图 2-2(c))。

纵横墙承重体系的房间及楼(屋)盖平面布置比较灵活,房间可以有较大的空间,且房间的空间刚度也较好,纵横墙的受力比较均匀。

在混合结构房屋中采用哪种承重体系,应根据建筑、结构、施工的具体情况综合考虑,并要结合当地的地质条件和抗震设防要求。当建筑要求比较复杂时,尚可将建筑物用变形缝分成若干区段,分别采用不同的承重体系,以使整个结构安全适用、经济合理。

在钢筋混凝土墙承重体系中的承重墙可分为预制装配式和现浇两种主要形式。现浇的钢筋混凝土墙承重体系建筑主体结构在现场整体浇注,现浇的墙体,称为剪力墙。由于钢筋混凝土在抗剪、抗弯方面的优越性,这类承重体系往往大量应用于高层建筑,特别是高层办公楼、宾馆、住宅等。

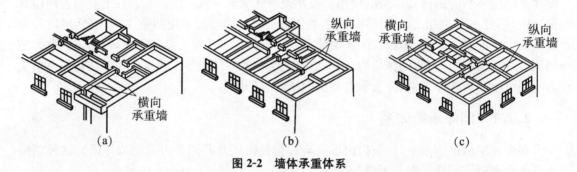

图 2-2 墙体承重体系

4) 剪力墙结构

剪力墙结构,是指其竖向承重结构全部由一系列横向和纵向的钢筋混凝土剪力墙所组成,这种结构侧向刚度大、位移小,称为刚性结构体系(图 2-3)。

剪力墙宜沿结构的主轴方向双向或多向布置,宜使两个方向的刚度接近,避免某一方向刚度很大而另一方向刚度较小。

如果采用横墙承重,则其部分内纵墙也可以不做现浇钢筋混凝土,而是可以采用砌体填充墙或其他轻质隔墙,这样可以减少结构自重并尽量增加局部空间分隔的灵活性。如果是采用纵横墙混合承重的方案,则承重墙布置相对灵活,有利于建筑空间的组合。特别是在住宅建筑类型中。出于高层建筑物必须对抗水平侧力方面的考虑,若为纵墙承重方案则应在适当

图 2-3 剪力墙结构实例

位置布置横向剪力墙。

2.2.2 骨架承重体系

1) 框架结构

框架结构是由框架梁和框架柱刚性连接,组成一个平面骨架,一个骨架为一榀框架。每榀框架之间由若干个连系梁连接,形成一个空间骨架,称为框架结构体系。在框架结构中,框架是承重构件,屋顶和楼板的荷载传给框架,框架承受建筑物的全部荷载,并将其传给地基。墙体是围护构件,不参与受力工作。

由于承重结构与围护结构有明确分工,这就使得房间布置较为方便,空间划分比较灵活,隔墙的形状可以是直线、折线,也可以是曲线,门窗的大小和形状也可自由多变,这样不仅能适应复杂的建筑功能要求,同时还为丰富建筑空间、充分表达设计意图提供了有利的条件。承重骨架的材料,一般多用钢筋混凝土,也可用钢或木等其他材料。

(1) 结构特征和适用范围

框架结构是指竖向承重结构全部由框架组成。在水平荷载下,其结构承载力低、刚度小、水平位移大,故称为柔性结构体系,如图 2-4 所示。

框架结构由于其抗侧刚度较差,因此在地震区不宜设计较高的框架结构。非抗震设计时用于多层及高层建筑。抗震设计时一般情况下框架结构多用于多层及小高层建筑(7 度区以下)。

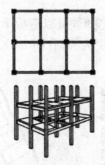 

图 2-4 框架结构体系　　　　图 2-5 框架结构实例

(2) 柱网布置

框架柱的截面常为矩形,根据需要也可以设计成 T 形、I 形和其他形状。横梁截面常为矩形或 T 形,有时为了提高房屋净高度也有做成花篮形的。

柱网布置首先应满足使用要求,并使结构布置合理、受力明确直接、施工方便,在进行综合经济、技术比较后,选择合适的柱网。图 2-5 为一框架结构实例。

框架结构按布置方式分为横向框架、纵向框架、纵横向框架结构体系。如图 2-6 所示。

2) 框架-剪力墙、框筒结构

全框架的结构体系在建筑物的空间刚度方面较为薄弱,用于高层建筑时往往需要增加抗侧向力的构件。如果是平面呈条形的建筑物,一般可以通过适当布置剪力墙来解决,通常称为框剪体系(图 2-7)。如果是平面为点状的建筑物,则可以通过周边加密柱距使其成为框筒,称为筒体结构。

框架-剪力墙结构中,其框架结构布置方法与前述框架结构布置相同,关键是如何合理

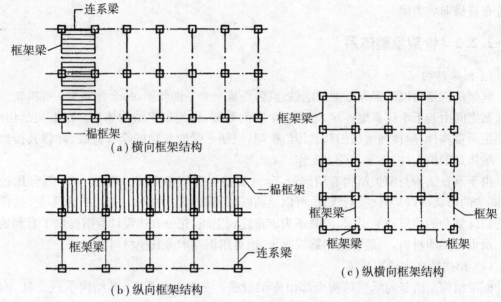

图 2-6 框架结构布置

布置剪力墙的位置,达到既满足建筑使用空间要求,又使剪力墙能承受大部分水平推力。所以,剪力墙的数量、间距、位置等布置合理与否,对高层框架－剪力墙结构受力、变形及经济性影响较大。

对于采用框筒体系的建筑物,筒体在垂直方向的适当变形,可以造成丰富的建筑体型。筒体结构具有更大的侧向刚度,内部空间较大且平面设计更为灵活(图 2-8)。

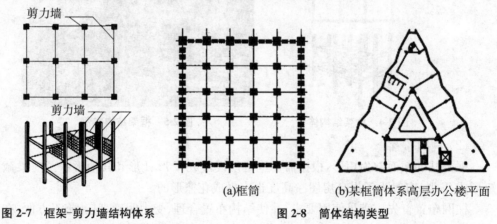

图 2-7 框架-剪力墙结构体系　　图 2-8 筒体结构类型

2.2.3 空间结构体系

空间结构体系结构各向受力,可以较为充分地发挥材料的性能,因而结构自重小,主要用做屋盖来覆盖大型空间,如运动场馆、大型展示厅和交通设施等,或者同时用作墙体等建筑的外围护结构以及建筑物的某些局部如雨篷等。

常用的空间结构体系有薄壳、网架、悬索、膜等,以及它们的混合形式。

薄壳属于空间薄壁结构,又可分为曲面壳和折板两种。对建筑而言,结构本身就形成了

"面",而且可以切削,因此往往形态轻巧且富有韵律感。

网架由许多杆件按照受力的合理性有规律地排列组合而成,可以分为平板网架和网壳两种。网架空间整体性好。平板网架杆件正交、斜交后可以形成不同的平面形状,使用相当灵活,可以作为顶盖结构使用,也可以与外墙作一体化处理。

悬索结构利用钢材良好的受拉性能,用高强钢丝做拉索,加上高强的边缘构件以及下部的支承构件,使得结构自重极大地减小,而跨度大大地增加,除了稳定性相对较差外,是比较理想的大跨屋盖结构形式。

膜在本质上也是受拉构件。它由高强纤维的交织物做成,其张拉力来源于充气,或者用桅杆、拱、拉索等构件将膜绷紧。

空间结构体系的形式多样,也使得建筑物的表现力大为增强。如北京奥运场馆的"鸟巢"、"水立方"就是我国具有重大历史意义的标志性建筑的代表作(图 2-9)。

图 2-9 "鸟巢"、"水立方"建筑

2.3 建筑构造的影响因素和设计原则

2.3.1 建筑构造的影响因素

建筑物建成后,要经受自然界各种因素的作用。为了提高建筑物对外界各种影响的抵御能力,延长建筑物的使用寿命,以便更好地满足使用要求,在进行建筑构造设计时,必须充分考虑到各种因素对它的影响,以便提供合理的构造方案。影响建筑构造的因素有很多,大体有以下几个方面:

1) 荷载因素的影响

作用在建筑物上的荷载有恒荷载(如自重等)和活荷载(如使用荷载等),垂直荷载和水平荷载(如风荷载、地震作用等),荷载的大小是结构设计的主要依据,也是结构选型的重要基础,它决定着构件的尺度和用料,所以在确定建筑物构造方案时必须考虑荷载因素的影响。

2) 环境因素的影响

环境因素包括自然因素和人为因素。

自然因素的影响是指风吹、日晒、雨淋、积雪、冰冻、地下水、地震等因素给建筑物带来的影响。为了防止自然因素对建筑物的破坏,在构造设计时,必须采用相应的防潮、防水、保温、隔热、防震等构造措施。

人为因素的影响是指火灾、噪声、化学腐蚀、机械摩擦与振动等因素对建筑物的影响。在构造设计时，必须采用相应的防护措施，避免建筑物遭受不应有的损失和影响。

3) 技术因素的影响

技术因素的影响是指建筑材料、建筑结构、建筑施工方法等技术条件对于建筑物的设计与建造的影响。随着这些技术的发展与变化，建筑构造的做法也在改变。例如，随着建材工业的不断发展已经有越来越多的新型材料出现，而且带来新的构造做法和相应的施工方法。作为脆性材料的玻璃，经过加工工艺的改良以及采用新型高分子材料作为胶合剂做成夹层玻璃，其安全性能和力学、机械性能等都得到大幅度的提高，不但使得可使用的单块块材面积有了较大增长，而且使得连接工艺也大大简化。同样，结构体系的发展对建筑构造的影响更大。因此，建筑构造不能脱离一定的建筑技术条件而存在，它们之间的关系是互相促进、共同发展的。

4) 建筑标准的影响

建筑标准一般包括造价标准、装修标准、设备标准等方面。标准高的建筑耐久等级高，装修质量好，设备齐全，档次较高，但是造价也相对较高，反之则低。不难看出，建筑构造方案的选择与建筑标准密切相关。一般情况下，大量性民用建筑多属于一般标准的建筑，构造做法也多为常规做法；而大型公共建筑，标准要求较高，构造做法复杂，对美观方面的考虑比较多。

2.3.2 建筑构造设计原则

"适用、安全、经济、美观"是中国建筑设计的总方针，在构造设计中必须遵守。在建筑构造设计时，设计者要全面考虑影响建筑构造的各个因素。对交织在一起的错综复杂的矛盾要分清主次、权衡利弊而求得妥善处理。通常设计应遵循"坚固实用、技术先进、经济合理、美观大方"的原则。

1) 坚固实用

构造做法要不影响结构安全，构件连接应坚固耐久，保证有足够的强度和刚度，并有足够的整体性，安全可靠，经久耐用。

2) 技术先进

在确定构造做法时，应从材料、结构、施工等多方面引入先进技术，同时也需要注意因地制宜、就地取材、结合实际。

3) 经济合理

在确定构造做法时，应该注意节约建筑材料，尤其是要注意节约钢材、水泥、木材三大材料，在保证质量的前提下尽可能降低造价。

4) 美观大方

建筑构造设计是建筑设计的一个重要环节，建筑要做到美观大方，必须通过一定的技术手段来实现，也就是说必须依赖构造设计来实现。同时，为了提高建筑速度、改善劳动条件，在构造设计时，应大力推广先进技术，选用各种新型建筑材料，采用标准设计和定性构件，为构配件的生产工厂化、现场施工机械化创造有利条件，以适应建筑工业化的需要。

总之，构造设计是建筑设计的重要组成部分，构造设计应和建筑设计一样，遵循适用、安全、经济、美观的原则。

2.4 定位轴线及标志尺寸

定位轴线是确定建筑构配件位置及相互关系的基准线。建筑构配件的定位又分为水平面定位和竖向定位。合理确定定位轴线有利于实现建筑工业化,充分发挥投资效益。我国发布了相应的技术标准,分别对砖混结构建筑和大板结构建筑的定位轴线划分原则做出了具体的规定。砖混结构的定位轴线按如下情况标定。

2.4.1 墙体的平面定位轴线

1) 承重外墙的定位轴线

定位轴线距顶层墙身外缘 120 mm 处重合(图2-10)。

2) 承重内墙的定位轴线

应与顶层墙身中线重合。但是,当内墙厚度≥370 mm 时,为了便于圈梁或墙内竖向孔道的通过,往往采用双轴线形式。有时根据建筑空间的要求,也可以把平面定位轴线设在距离内墙某一外缘 120 mm 处,见图 2-11 所示,图中 t 为顶层砖墙厚度。

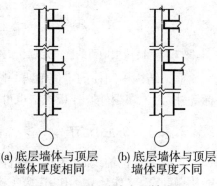

(a) 底层墙体与顶层　　(b) 底层墙体与顶层
墙体厚度相同　　　　　墙体厚度不同

图 2-10　承重外墙定位轴线

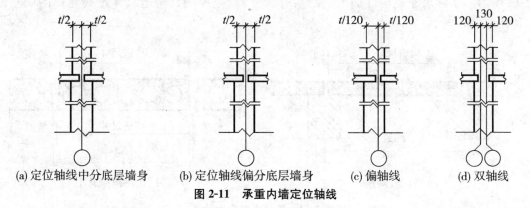

(a) 定位轴线中分底层墙身　(b) 定位轴线偏分底层墙身　(c) 偏轴线　(d) 双轴线

图 2-11　承重内墙定位轴线

3) 非承重墙定位轴线

除了可按承重墙定位轴线的规定定位以外,还可以使墙身内缘与平面定位轴线相重合。

2.4.2 墙体的竖向定位

墙体竖向定位的目的是确定构配件的竖向位置和竖向尺寸。其定位基准为房屋上的某一水平平面。

(1) 砖墙楼地面竖向定位应与楼(地)面面层上表面重合(图 2-12)。由于结构构件的施工先于楼(地)面面层进行,因此要根据建筑专业的竖向定位确定结构构件的控制高程。一般情况下,建筑标高减去楼(地)面面层构造厚度等于结构标高。

（2）屋面竖向定位应为屋面结构层上表面与距墙内缘 120 mm 的外墙定位轴线相交处（图 2-13）。

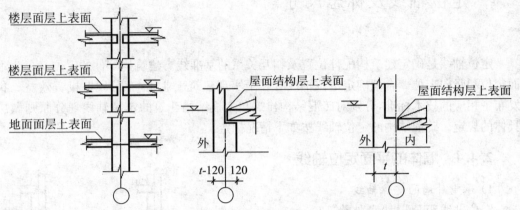

图 2-12　砖墙楼地面的竖向定位　　　　图 2-13　屋面竖向定位

框架结构中间柱的定位轴线一般与顶层柱中心线重合。边柱定位轴线除可同中柱轴线标注外，为了减少外墙挂板规格也可沿边柱表面即外墙内缘处通过。

2.4.3　标志尺寸

在确定定位轴线时，为保证构件与轴线尺寸协调，使设计、构件预制、施工安装各阶段既能协调配合，又能独立工作，还应正确处理标志尺寸、构造尺寸和实际尺寸之间的关系，如图 2-14 所示。实际尺寸是构件加工后的实有尺寸，它应控制在构造尺寸及其允许的误差范围内。

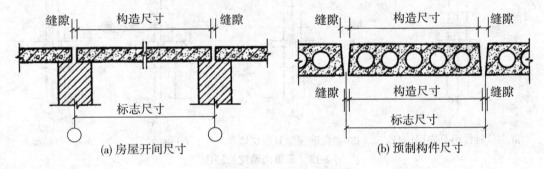

(a) 房屋开间尺寸　　　　(b) 预制构件尺寸

图 2-14　承重内墙定位轴线

复习思考题

1. 民用建筑的基本构造组成有哪几大部分？各有什么作用？
2. 何为构件的标志尺寸、构造尺寸、实际尺寸？
3. 什么是建筑构造？建筑构造设计的任务是什么？
4. 影响建筑物的构造因素有哪几方面？
5. 简述建筑构造的设计原则。

3 基础与地下室

本章提要：本章主要讲述地基与基础的基本概念；基础的构造形式及适用范围；地下室的防潮与防水构造。重点讲述基础构造形式的划分及适用范围，地下室的防潮防水构造。

3.1 基础

3.1.1 基础与地基概念

建筑物最下面的部分，与土层直接接触的部分称为基础。基础是建筑物的组成部分，而地基则是基础下面的土层，不是建筑物的组成部分，它的作用是承受基础传来的荷载。

基础承受建筑物的全部荷载，并将荷载传给下面的土层——地基，因此要求地基具有足够的承载能力，在进行结构设计时，必须对基础下面土层的承载能力进行勘察，确定其大小和性质。能够承受荷载的土层称为持力层，持力层下方的土层为下卧层。

3.1.2 地基分类

天然地基——不需经过处理就可以直接承受建筑物荷载的地基。如岩石、碎石、砂土、粉土、粘性土等。

人工地基——必须进行换土和加固的软弱土地基。

常用人工地基的处理方法有：

（1）压实法。利用机械压实（重锤夯实、振动、强夯等）对地基进行处理。这种方法施工简单，可有效提高地基的承载力，可用于处理建筑垃圾或工业废料组成的杂填土地基。

（2）换土法。当地基持力层软弱，压实法不能满足建筑物荷载要求时，尽可能采用换土的方法对地基进行处理。换土所用的材料宜选用中砂、粗砂、砾砂、角（圆）砾、碎（卵）石、矿渣、灰土、粘性土以及其他性能稳定、无侵蚀性的材料。换土法一般用于软弱地基的浅层处理，换土厚度由计算确定。

（3）挤密法。当建筑物荷载较大、地基土层的承载力又不能满足要求时，应采用砂桩、灰砂桩等对地基进行挤密加固，提高地基土的承载能力。挤密桩一般设置在下层的地基土中，桩间距、深度、直径等由计算得出。

3.1.3 基础的埋置深度

从室外设计地坪至基础底面的垂直距离称基础的埋置深度，简称基础的埋深，如图 3-1 所示。根据

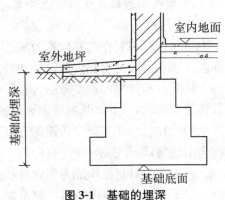

图 3-1 基础的埋深

基础埋置深度的不同,基础有深基础、浅基础和不埋基础之分。当埋置深度大于 5 m 的称深基础;当埋置深度小于 5 m 的称浅基础;当基础直接做在地表面上的称不埋基础。

影响基础埋深的主要因素有:

(1) 建筑物上部荷载大小。基坑挖出土的重量理论上应大于或等于建筑物的上部荷载。高层建筑的基础埋深一般是地上建筑物总高的 1/10~1/15 左右,而多层建筑物要根据地下水位及冻土深度来确定埋深。

(2) 地基土的性质。基础应尽可能坐落在承载力较高且较浅的土层上。

(3) 地基土的冻结深度。地面以下冻结土与非冻结土的分界线称为冰冻线。土层的冻结深度取决于各地的气候情况。同时,有些土层在冻结后还会出现冻胀现象,从而导致建筑物变形、开裂。因此,基础埋深一般在冰冻线以下大约 200 mm 的位置(图 3-2)。

(4) 地下水的影响。土壤中含水量的多少对地基土承载力影响很大,如粘性土遇水后体积会膨胀,土的承载力下降,而含有侵蚀性物质的地下水对基础会产生腐蚀。因此,基础要尽可能埋置在地下水位以上。当必须埋在地下水位以下时,应将埋深控制在最低地下水位以下 200 mm,以避免水位变化对基础的影响。

(5) 相邻建筑物基础的影响。新建筑物的基础埋深不宜大于原有建筑的基础。必须大于原有基础埋深时,两基础应保持一定净距(图 3-3),其数值应根据原有建筑荷载大小、基础形式和土质情况确定。

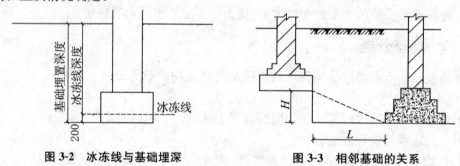

图 3-2 冰冻线与基础埋深　　图 3-3 相邻基础的关系

3.1.4 基础的类型

基础的类型较多,按基础所采用材料和受力特点分,有刚性基础和非刚性基础;依构造形式分,有条形基础、独立基础、筏形基础、桩基础、箱形基础等。

1) 按所用材料及受力特点分类

(1) 刚性基础

由刚性材料制作的基础称为刚性基础。在常用的建筑材料中,砖、石、素混凝土等抗压强度高,而抗拉、抗剪强度低,均属刚性材料。由这些材料制作的基础都属于刚性基础。

从受力和传力的角度考虑,由于土壤单位面积的承载能力小,上部结构通过基础将其荷载传给地基时,只有将基础底面积不断扩大,才能适应地基受力的要求。根据试验得知,上部结构(墙或柱)在基础中传递压力是沿一定角度分布的,这个传力角度称为压力分布角,或称为刚性角,以 α 表示(图 3-4(a))。

由于刚性材料抗压能力强,抗拉能力差,因此,压力分布角只能在材料的抗压范围内控制。如果基础底面宽度超过控制范围,即由图中的 B_0 增大到 B_1,致使刚性角扩大。这时,基础会因受拉而破坏(图3-4(b))。所以,刚性基础底面宽度的增大要受到刚性角的限制。

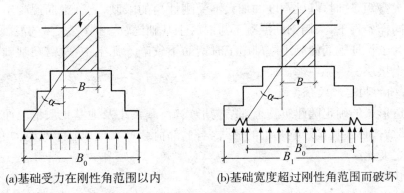

(a)基础受力在刚性角范围以内　　(b)基础宽度超过刚性角范围而破坏

图3-4　刚性基础的受力、传力特点

不同材料基础的刚性角是不同的,通常砖砌基础的刚性角控制在26°~33°之间为好,素混凝土基础的刚性角应控制在45°以内(图3-5)。

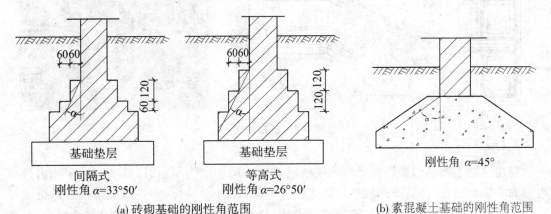

(a) 砖砌基础的刚性角范围　　　　　　　(b) 素混凝土基础的刚性角范围

图3-5　刚性基础的受力、传力特点

(2) 非刚性基础

当建筑物的荷载较大而地基承载能力较小时,由于基础底面宽度 B_0 需要加宽,如果仍采用素混凝土材料,势必导致基础深度也要加大。这样,既增加了挖土工作量,而且还使材料用量增加,对工期和造价都十分不利(图3-6(a))。

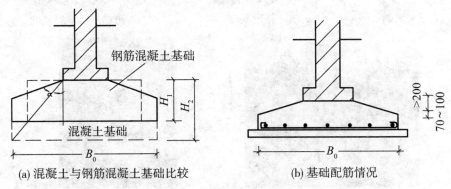

(a) 混凝土与钢筋混凝土基础比较　　　　(b) 基础配筋情况

图3-6　钢筋混凝土基础

如果在混凝土基础的底部配以钢筋,利用钢筋来承受拉力(图 3-6(b)),使基础底部都能够承受较大弯矩,这时,基础宽度的加大不受刚性角的限制,故称钢筋混凝土基础为非刚性基础。在同样条件下,采用钢筋混凝土与混凝土基础比较,可节省大量的混凝土材料和挖土工作量。为了保证钢筋混凝土基础施工时钢筋不致陷入泥土中,常需在基础与地基之间设置素混凝土垫层。

2) 按基础的构造形式分类

基础构造形式的确定随建筑物上部结构形式、荷载大小及地基土质情况而定。在一般情况下,上部结构形式直接影响基础的形式,当上部荷载增大且地基承载能力有变化时,基础形式也随之变化。

(1) 条形基础

当建筑物上部结构采用砖墙或石墙承重时,基础沿墙身设置,多做成长条形,这种基础称条形基础或带形基础(图 3-7)。所以,条形基础往往是砖石墙的基础形式。

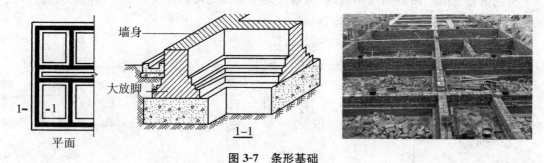

图 3-7 条形基础

(2) 独立基础

当建筑物上部结构采用框架结构或单层排架及门架结构承重时,其基础常采用方形或矩形的单独基础,这种基础称独立基础或柱式基础(图 3-8(a))。独立基础是柱下基础的基本形式。当柱采用预制构件时,则基础做成杯口形,然后将柱子插入并嵌固在杯口内,故称

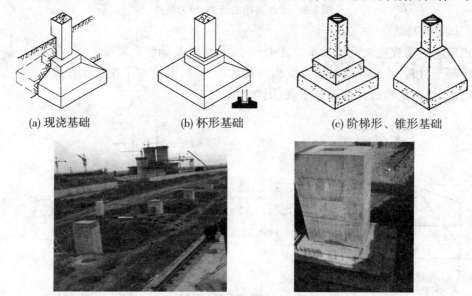

图 3-8 独立基础

杯形基础,如图3-8(b)所示。图3-8(c)为阶梯形和锥形独立基础。

(3) 井格式基础

当框架结构处在地基条件较差的情况时,为了提高建筑物的整体性,以免各柱子之间产生不均匀沉降,常将柱下基础沿纵、横方向连接起来,做成十字交叉的井格基础,故又称十字带形基础(图3-9)。

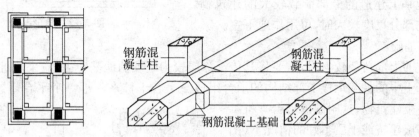

图3-9 井格式基础

(4) 筏形基础

当建筑物上部荷载较大,而所在地的地基承载能力又比较弱,这时采用简单的条形基础或井格式基础已不能适应地基变形的需要时,常将墙或柱下基础连成一片,使整个建筑物的荷载承受在一块整板上,这种满堂式的板式基础称筏形基础。筏形基础有平板式和梁板式之分,图3-10为梁板式筏形基础,图3-11为平板式筏形基础。平板式基础是在天然地表上将场地平整并用压路机将地表土碾压密实后,在较好的持力层上浇筑钢筋混凝土平板,这一平板便是建筑物的基础。在结构上,基础如同一只盘子反扣在地面上承受上部荷载。这种基础大大减少了土方工作量,较适宜于较弱地基(但必须是均匀条件)的情况,特别适宜于5～6层整体刚度较好的居住建筑。

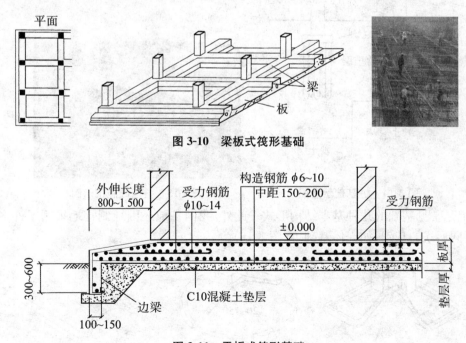

图3-11 平板式筏形基础

(5) 箱形基础

箱形基础是由钢筋混凝土的底板、顶板和若干纵横墙组成的,形成空心箱体的整体结构,共同承受上部结构的荷载(图3-12)。箱形基础整体空间刚度大,对抵抗地基的不均匀沉降有利,一般适用于高层建筑或在软弱地基上建造的上部荷载较大的建筑物。当基础的中空部分尺度较大时,可用作地下室。

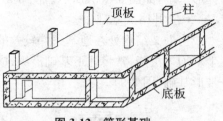

图 3-12 箱形基础

(6) 桩基础

当建筑的上部荷载较大时,需要将其传至深层较为坚硬的地基中去,应采用桩基础。桩基由设置于土中的桩和承接上部结构的承台组成。由若干桩来支承一个平台,然后由这个平台托住整个建筑物,这叫做桩承台。桩基础多用于高层建筑或土质不好的情况下(图3-13)。按桩的受力方式分为端承桩和摩擦桩。

端承桩是将建筑物的荷载通过桩端传给地基深处的坚硬土层,这种桩适合于坚硬土层较浅、荷载较大的情况(图3-14(a))。

摩擦桩是通过桩侧表面与周围土的摩擦力来承担荷载的。适用于软土层较厚,坚硬土层较深,荷载较小的情况(图3-14(b))。

图 3-15 为桩基础施工示例。

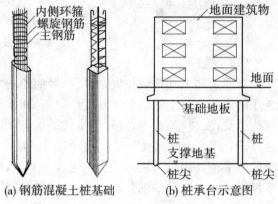

(a) 钢筋混凝土桩基础　　(b) 桩承台示意图

图 3-13 桩基础

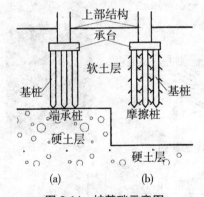

图 3-14 桩基础示意图

图 3-15 桩基础施工示例

以上是常见基础的几种基本结构形式。此外,我国各地还因地制宜地采用了许多不同材料、不同形式的基础,如壳体基础等(图3-16)。

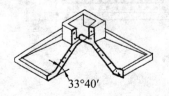

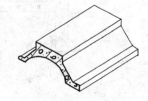

图 3-16 壳体基础

3.2 地下室的防潮与防水

地下室外墙和底板都埋于地下，地下水通过地下室围护结构渗入室内，不仅影响使用，而且当水中含有酸、碱等腐蚀性物质时，还会对结构产生腐蚀，影响其耐久性。因此，防潮、防水往往是地下室构造处理的重要问题。

当设计最高地下水位高于地下室底板或地下室周围土层属弱透水性土而存在滞水可能时应采取防水措施；当地下室周围土层为强透水性的土，设计最高地下水位低于地下室底板且无滞水可能时应采取防潮措施。

3.2.1 地下室防潮

当设计最高地下水位低于地下室底板且无形成上层滞水可能时，地下水不能侵入地下室内部，地下室底板和外墙可以做防潮处理，地下室防潮只适用于防无压水。

地下室防潮的构造要求是：砖墙体必须采用水泥砂浆砌筑，灰缝必须饱满；在外墙外侧设垂直防潮层，防潮层做法一般为1:2.5水泥砂浆找平、刷冷底子油一道、热沥青两道，防潮层做至室外散水处，然后在防潮层外侧回填低渗透性土壤如粘土、灰土等，并逐层夯实，底宽500 mm左右。此外，地下室所有墙体必须设两道水平防潮层，一道设在底层地坪附近，一般设置在结构层之间，另一道设在室外地面散水以上150~200 mm的位置。见图3-17。

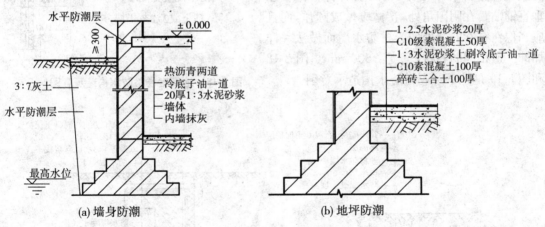

图 3-17　地下室防潮构造

3.2.2 地下室防水

当最高地下水位高于地下室地坪时，地下水不但会侵入墙体，还会对地下室外墙和底板产生侧压力和浮力，必须采取防水措施。

地下室的防水构造做法主要是采用防水材料来隔离地下水。按照建筑物的状况以及所选防水材料的不同，可以分为卷材防水、砂浆防水和涂料防水等几种。另外，采用人工降水、排水的办法,使地下水位降低至地下室底板以下,变有压水为无压水,消除地下水对地下室的影响也是非常有效的。

1) 卷材防水构造

卷材防水构造适用于受侵蚀性介质或受振动作用的地下工程。卷材应采用高聚物改性沥青防水卷材和合成高分子防水卷材,铺设在地下室混凝土结构主体的迎水面上。铺设位置是自底板垫层至墙体顶端的基面上,同时应在外围形成封闭的防水层。防水卷材厚度的选用应符合表 3-1 的规定。

表 3-1 防水卷材厚度

防水等级	设防道数	合成分子防水卷材	高聚物改性沥青防水卷材
1 级	三道或三道以上设防	单层:不应小于 1.5 mm	单层:不应小于 4 mm
2 级	两道设防	双层:总厚不应小于 2.4 mm	双层:总厚不应小于 6 mm
3 级	一道设防	不应小于 1.5 mm	不应小于 4 mm
	复合设防	不应小于 1.2 mm	不应小于 3 mm

卷材铺贴前应在基层表面上涂刷基层处理剂,基层处理剂应与卷材及胶粘剂的材料相容,可采用喷涂或涂刷法施工,喷涂应均匀一致、不露底,待表面干燥后方可铺贴卷材。两幅卷材短边和长边的搭接宽度均不应小于 100 mm。当采用多层卷材时,上下两层和相邻两幅卷材的接缝应错开 1/3 幅宽,且两层卷材不得相互垂直铺贴。在阴阳角处,卷材应做成圆弧,而且应当像在有女儿墙处的卷材防水屋面做法一样加铺一道相同的卷材,宽度 ≥500 mm。图 3-18 和图 3-19 是地下室卷材防水构造示意图。

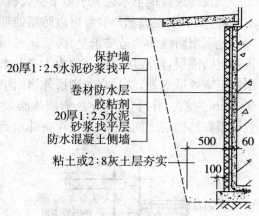

图 3-18 地下室卷材防水构造示意图(一)

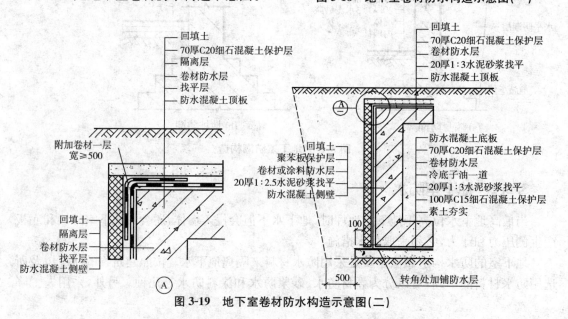

图 3-19 地下室卷材防水构造示意图(二)

2) 砂浆防水构造

砂浆防水构造适用于混凝土或砌体结构的基层上，不适用于环境有侵蚀性、持续振动或温度高于80℃的地下工程。所用砂浆应为水泥砂浆或高聚物水泥砂浆、掺外加剂或掺和料的防水砂浆，施工应采取多层抹压法。图3-20为防水砂浆防水工程实例。

用作防水的砂浆可以做在结构主体的迎水面或者背水面。其中水泥砂浆的配比应在1:1.5~1:2，单层厚度同普通粉刷。高聚物水泥砂浆单层厚度为6~8 mm，双层厚度为10~12 mm，掺外加剂或掺和料的防水砂浆防水层厚度为18~20 mm。

图3-20 防水砂浆防水工程实例

3) 涂料防水构造

涂料防水构造用于受侵蚀性介质或受振动作用的地下工程主体迎水面或背水面的涂刷。

按地下工程应用防水涂料的分类，有机防水涂料主要包括合成橡胶类、合成树脂类和橡胶沥青类。其中如氯丁橡胶防水涂料、SBS改性沥青防水涂料等聚合物乳液防水涂料属挥发固化型，聚氨酯防水涂料等属反应固化型。另有聚合物水泥涂料，是以高分子聚合物为主要基料，加入少量无机活性粉料（如水泥及石英砂等），具有比一般有机涂料干燥快、弹性模量低、体积收缩小、抗渗性好等优点，国外称之为弹性水泥防水涂料，近年来应用也相当广泛。有机防水涂料固化成膜后最终形成柔性防水层，适宜做在主体结构的迎水面。

无机防水涂料主要包括聚合物改性水泥基防水涂料和水泥基渗透结晶型防水涂料，是在水泥中掺有一定的聚合物，能够不同程度地改变水泥固化后的物理力学性能。但是应认为是刚性防水材料，所以不适用于变形较大或受振动部位，适宜做在主体结构的背水面。图3-21为涂料防水工程实例。

防水涂料的厚度，可参照表3-2的规定。

图3-21 涂料防水工程实例

表 3-2　防水涂料厚度　　　　　　　　　　　　　　　　　　　　单位：mm

防水等级	设防道数	有机涂料			无机涂料	
		反应型	水乳型	聚合物型	水泥基	水泥基渗透结晶型
1级	三道或三道以上设防	1.2～2.0	1.2～1.5	1.5～2.0	1.5～2.0	≥0.8
2级	两道设防	1.2～2.0	1.2～1.5	1.5～2.0	1.5～2.0	≥0.8
3级	一道设防	—	—	≥2.0	≥2.0	
	复合设防	—	—	≥1.5	≥1.5	

复习思考题

1. 简述基础与地基的关系。
2. 基础构造形式有哪些？如何选择？
3. 什么是刚性基础？什么是非刚性基础？两者有何不同？
4. 什么情况下地下室要做防潮处理？什么情况下要做防水处理？构造做法如何？

4 墙体构造

本章提要: 本章主要讲述墙体的种类、构造要求;重点讲述承重墙体、非承重墙及隔墙的构造和细部构造、墙体抗震措施。同时讲述了为增强墙体的使用功能和美观而进行的墙面装修和墙体节能措施。

4.1 墙体概述

4.1.1 墙体的作用

在建筑中墙体的作用主要有以下四点:
(1) 承重。承受房屋的屋顶、楼层、人和设备的荷载,以及墙体自重、风荷载、地震荷载等。
(2) 围护。抵御自然界风、雪、雨等的侵袭,防止太阳辐射和噪声的干扰等。
(3) 分隔。墙体可以把房间分隔成若干个小空间或小房间。
(4) 装修。墙体还是建筑装修的重要部分,墙面装修对整个建筑物的装修效果作用很大。

4.1.2 墙体的分类

墙体的分类方法有很多,可以按位置、受力状态、构造方式、施工方法、墙体材料等进行分类。

1) 按墙的位置分类

按照房屋长度方向布置的墙体称为纵墙,有外纵墙与内纵墙之分;按照房屋短方向布置的墙体称为横墙,有外横墙与内横墙之分,其中外横墙又称为山墙。

位于两窗之间的墙体称为窗间墙;位于窗台下方的墙体称为窗下墙;位于屋顶以上起保护作用的矮墙称为女儿墙。如图4-1所示。

2) 按受力情况分类

墙体按受力情况,分为承重墙和非承重墙。凡直接承受梁、楼板、屋顶等传下来的荷载的墙称为承重墙;不承受外来荷载的墙称为非承重墙。在非承重墙中,仅承受自身重量并将其传给基础的墙称为承自重墙,仅起分隔空间的作用。自身重量由楼板或梁来承担的墙称为隔墙,如在框架结构房屋中用来分隔内部空间的框架填充墙、悬挂在外部的轻质墙板组成的幕墙、砌体结构房屋中的内隔墙等。

3) 按墙的材料和构造方式分类

按墙体所用材料的不同,墙体有砖和砂浆砌筑的砖墙、利用工业废料制作的各种砌块砌筑的砌块墙、现浇或预制的钢筋混凝土墙、石块和砂浆砌筑的石墙等。

按构造形式不同,墙体可分为实体墙、空体墙和组合墙三种。实体墙是由普通粘土砖及其他实体砌块砌筑而成的墙;空体墙内部的空腔可以靠组砌形成,如空斗墙,也可用本身带孔的材料组合而成,如空心砌块墙等;组合墙由两种以上材料组合而成,如加气混凝土复合板材墙,其中混凝土起承重作用,加气混凝土起保温隔热作用。如图4-2所示。

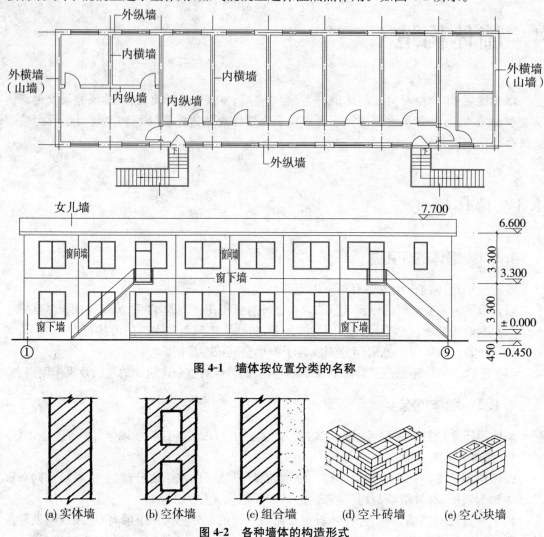

图4-1 墙体按位置分类的名称

图4-2 各种墙体的构造形式

4) 按施工方法分类

块材墙是将预先加工好的各种块材用胶凝材料叠放砌筑而成,如实砌砖墙、砌块墙、空斗墙等,是一种传统的施工方法。

板筑墙是在墙体部位直接立模,在模板内浇筑各种材料而成。如混凝土墙、钢筋混凝土墙等。

板材墙是在工厂中预制好各种墙体构件,在施工现场进行机械安装而成,如加气混凝土墙板、石膏圆孔墙板、玻璃幕墙等。

4.1.3 墙体的设计要求

1) 具有足够的强度和稳定性

强度是指墙体承受荷载的能力,在设计中,墙体应具有足够的强度来承受房屋的荷载。墙体的强度与所采用的材料、材料强度等级、墙体的截面积、构造和施工方式有关。

墙体是一种垂直受力构件,它的受力状况决定了对稳定性的要求。墙体的稳定性与墙的高度、长度和厚度及纵横向墙体间的距离有关。在结构设计中往往采用墙体的高厚比的指标来控制。

2) 满足保温隔热等热工方面的要求

不同地区、不同季节对墙体提出了保温或隔热的要求,保温或隔热概念相反,措施也不相同。在我国严寒地区、寒冷地区以及冬冷夏热地区,冬季外墙保温是建筑节能的主要手段之一,国家因此制定了建筑节能标准,要求各建筑设计单位参照执行。

在我国夏热冬冷地区、夏热冬暖地区及部分寒冷地区,夏季的隔热降温是非常重要的。除了可以利用外墙的保温层来隔热,还可以采取其他措施来隔热降温(见 4.7 节)。

3) 满足隔声要求

建筑隔声是为了将通过围护结构传入室内的噪声限制在一个不影响人们正常工作、学习和生活的水平之内,减轻噪声对人们的危害。为保证建筑的室内有一个良好的声学环境,墙体必须具有一定的隔声能力。

4) 满足防火要求

在防火方面,墙体采用的材料及厚度应符合《建筑防火规范》(GB 50016—2006)中相应的燃烧性能和耐火极限的规定。当建筑的占地面积或长度较大时,还应按防火规范要求设置防火墙以防止火灾蔓延。

5) 其他要求

墙体还应满足防水防潮要求,墙体的材料、尺寸标准应考虑经济并适应建筑工业化的要求。

4.2 砖墙构造

砖墙属于块材墙,是指各种砌块、砖块、石块按一定技术要求砌筑而成的墙体。习惯上把砖块与各种胶凝材料砌筑而成的墙体称为砖墙,把各种砌块与胶凝材料砌筑而成的墙体称为砌块墙。

4.2.1 墙体材料

构成墙砌体的材料是块材砖(石)与砂浆,强度等级的符号为 MU,砂浆强度等级的符号为 M。

1) 砖

砖按材料不同,有粘土砖、页岩砖、粉煤灰砖、灰砂砖、炉渣砖等;按形状的不同,分为实心砖、多孔砖和空心砖等;按制作方法的不同,分为烧结砖、蒸压养护砖等。如图 4-3 所示。

按《砌体结构设计规范》(GB 50003-2001)的规定,砖的强度等级有六级,分别为 MU30(即抗压强度≥30 N/mm^2)、MU25、MU20、MU15、MU10、MU7.5。

我国标准砖(烧结普通砖)的规格为 240 mm×115 mm×53 mm,砖长:宽:厚=4:2:1(包括 10 mm 宽灰缝),标准砖砌筑墙体时是以砖宽度的倍数,即 115+10=125 mm 为模数。其中烧结普通砖分为烧结粘土砖、烧结页岩砖、烧结煤矸石砖、烧结粉煤灰砖烧结多孔砖，分为烧结粘土多孔砖、烧结页岩多孔砖、烧结煤矸石多孔砖、烧结粉煤灰多孔砖。主要适用于承重部位的砖均称为多孔砖。目前多孔砖分为 P 型（尺寸为 240 mm×115 mm×90 mm），M 型（尺寸为 190 mm×190 mm×90 mm）。当用于 6～9 度抗震设防地区房屋建筑承重部位时，孔洞率一般不大于 25%。

烧结空心砖，分为烧结粘土空心砖、烧结页岩空心砖、烧结煤矸石空心砖、烧结粉煤灰空心砖。

蒸压灰砂砖是以石灰和砂为主要材料，经高压蒸汽养护硬化而制成的砖，简称灰砂砖。通常实心砖用于承重部位，空心砖用于非承重部位。灰砂砖不得用于酸性介质或温度温差变化剧烈的地区。

蒸压粉煤灰砖是以石灰和粉煤灰为主要材料，掺加适量石膏和集料，经高压蒸汽养护硬化而制成的砖，简称粉煤灰砖。通常实心砖用于承重部位，空心砖用于非承重部位。

粘土砖的制作需要大量粘土，由于取土毁坏农田，减少大量可耕地，因此我国多数城市已限制使用粘土砖，同时，国家采取了一系列措施，大力提倡用工业废料制作砌块，以改进墙体材料。

(a) 实心粘土砖　　　　　　　　(b) 多孔粘土砖

图 4-3　各种砖墙材料

2）砂浆

建筑砂浆是由无机胶凝材料、砂和水拌和而成。为了施工方便，要求砂浆有良好的流动性、保水性、粘结力和一定的强度。常用的建筑砂浆按材料不同分为水泥砂浆、混合砂浆、石灰砂浆和粘土砂浆；按使用功能不同，又分为砌筑砂浆和抹面砂浆。

（1）水泥砂浆是由水泥、砂加水拌和而成，属水硬性材料，强度高，但可塑性和保水性较差，适用于砌筑湿环境下的砌体，如地下室、砖基础等。

（2）石灰砂浆是由石灰膏、砂加水拌和而成。由于石灰膏为塑性掺和料，所以石灰砂浆的可塑性很好，但它的强度较低，且属于气硬性材料，遇水强度即降低，所以适宜砌筑次要的民用建筑的地上砌体。

（3）混合砂浆是由水泥、石灰膏、砂加水拌和而成。既有较高的强度，也有良好的可塑性和保水性，因此广泛用于民用建筑地上砌体中。

（4）粘土砂浆是由粘土加砂加水拌和而成，强度很低，仅适用于土坯墙的砌筑，多用于乡村民居。它们的配合比取决于结构要求的强度。

砂浆强度等级有 M15、M10、M7.5、M5、M2.5、M1、M0.4 共七个级别。

砂浆与砖砌筑见图 4-4 所示。

图 4-4 砂浆与砖

4.2.2 墙体组砌方式

组砌方式是指砖或砌块在墙体中的排列组合方式,为了使砌块和砂浆能形成一个整体,共同受力,必须将砌块按照一定方式进行组砌。

在砖墙的组砌中,把砖的长度方向垂直于墙面砌筑的砖叫丁砖,把砖的长度方向平行墙面砌筑的砖叫顺砖。上下两皮砖之间的水平缝称横缝,左右两块砖之间的缝称竖缝。标准缝宽为 10 mm,可以在 8~12 mm 间进行调节。

为了保证墙体的强度,砖砌体的砖缝必须横平竖直、错缝搭接,避免通缝,同时,砖缝砂浆必须饱满,厚薄均匀。常用的错缝方法是将丁砖和顺砖上下皮交错砌筑。每排列一层砖称为一皮。常见的砖墙组砌方式见图 4-5 所示。

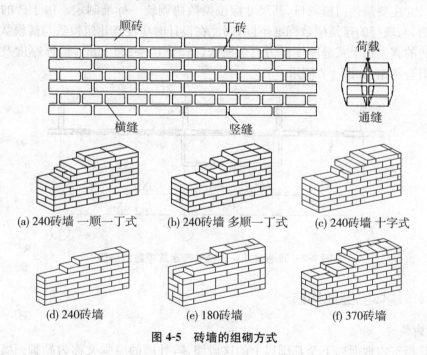

(a) 240砖墙 一顺一丁式 (b) 240砖墙 多顺一丁式 (c) 240砖墙 十字式
(d) 240砖墙 (e) 180砖墙 (f) 370砖墙

图 4-5 砖墙的组砌方式

4.2.3 墙体尺度

墙体尺度指墙段厚和墙段长两个方向的尺度。

1) 墙厚

墙厚主要由块材和灰缝的尺寸组合而成。常用实心砖规格为 240 mm×115 mm×53 mm(构造尺寸),240 mm×120 mm×60 mm(标志尺寸)。砖墙的厚度一般是依砖长的倍数来表示的,加上 10 mm 宽的灰缝。常用的砖墙厚度见表 4-1 和图 4-6 所示。

表 4-1 砖墙厚度 单位:mm

墙厚名称	习惯称呼	实际尺寸	墙厚名称	习惯称呼	实际尺寸
半砖墙	12 墙	115	一砖半墙	37 墙	365
3/4 砖墙	18 墙	178	二砖墙	49 墙	490
一砖墙	24 墙	240	二砖半墙	62 墙	615

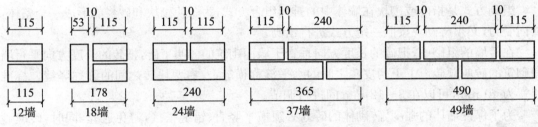

图 4-6 砖墙厚度

2) 洞口尺寸

洞口尺寸主要是指门窗洞口,其尺寸应按模数协调统一标准制定。由于砖的尺寸是历史上形成的,与现行的建筑模数标准不同,因此在设计时应注意建筑模数与砖模数协调。砖模数是以砖的宽度加上灰缝厚度作为组合模数(115+10=125 mm),墙体厚度及长度都以砖模数为组合依据,如图 4-7 所示。

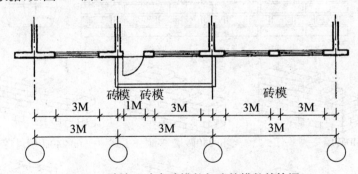

图 4-7 砖墙尺寸中砖模数与建筑模数的协调

4.2.4 墙体的细部构造

1) 墙脚构造

墙脚是指室内地面以下至基础以上的这段墙体,外墙的墙脚又称为勒脚。墙脚由于所处环境较差,在构造上必须采取相应的措施。如墙脚连接基础与墙体,所承受的荷载最大,强度要求较高,易受外界碰撞和雨雪的侵蚀,因此外饰面应加强保护等。

(1) 勒脚

勒脚的主要作用是保护墙身,防止机械性的碰撞及美观。勒脚的高度一般不应低于

500 mm，在室内外之间，但根据建筑物的外立面美观效果，通常也可做至窗台或层高位置。勒脚的做法主要有以下四种：

① 在勒脚部位抹 20～30 mm 厚 1∶2 或 1∶2.5 的水泥砂浆或做水刷石、斩假石等，见图 4-8(a)所示。

② 在勒脚部位将墙加厚 60～120 mm，再用水泥砂浆或水刷石等罩面。

③ 在勒脚部位镶贴防水性能好的材料，如大理石板、花岗石板、水磨石板、面砖等，见图 4-8(b)所示。

④ 用天然石材砌筑勒脚，见图 4-8(c)所示。

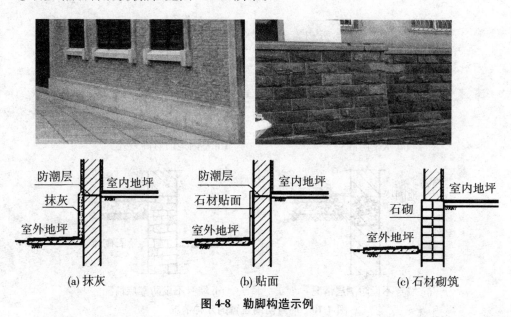

图 4-8　勒脚构造示例

（2）墙身防潮

为了防止土壤中的潮气沿墙体进入墙身，使墙身受潮和抹灰脱落而影响室内使用、卫生和美观，应在墙身中设置防潮层。防潮层有水平防潮层和垂直防潮层两种。

水平防潮层，沿着建筑物内、外墙连续交圈设置，位于室内地坪以下 −0.06 m 的地方，一般位于混凝土垫层范围内，其做法主要有以下三种（图 4-9）：

① 油毡防潮。20 mm 厚 1∶3 水泥砂浆找平层，干铺油毡。施工方便，造价经济，延展性好，不易开裂，但整体性差，不能用于震区。

② 防水砂浆防潮。20 mm 厚 1∶2 的防水砂浆（在水泥砂浆中加 5% 的防水剂）。整体性好，但易开裂。

③ 细石混凝土防潮。60 mm 厚与墙等宽的配筋细石混凝土，结合了前两种做法的优点，广泛用于现行建筑中。

当墙身两侧室内地坪出现高差或室内地坪低于室外地坪时，需在两水平防潮层之间靠土壤的垂直墙面上做垂直防潮层。做法是在高地坪填土前，在两道水平防潮层之间的垂直墙面上抹上 15～20 mm 厚的水泥砂浆，然后再刷防水涂料，如涂刷冷底子油一道，热沥青两道。

当墙基为混凝土、钢筋混凝土或石砌体时，由于其自身具有防潮能力，可不做墙身防潮层。图 4-10 为水平、垂直防潮层的设置位置及不设防潮层的情况。

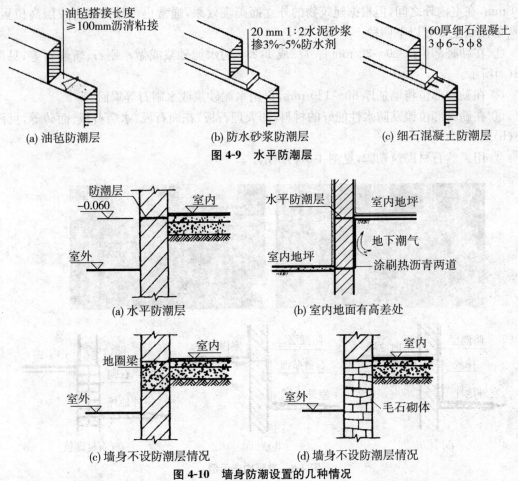

图 4-9 水平防潮层

图 4-10 墙身防潮设置的几种情况

2) 散水及明沟

为了防止室外地面水、墙面水及屋檐水对墙基的侵蚀,将建筑物附近的地面水及时排除,常沿建筑物四周与室外地坪相接处设置散水或明沟。

散水是在室外四周的地面上,沿建筑物外墙四周做坡度为 3%～5% 的排水护坡。散水的宽度可根据屋面檐口的宽度来定。当屋面为自由落水时,散水宽度比屋面檐口宽度大 200 mm;当屋面为有组织排水时,散水宽度一般取 800～1 000 mm。通常有砖铺散水、块石散水、混凝土散水、水泥砂浆等,构造做法见图 4-11 所示。散水与勒脚连接处应设变形缝,并沿散水长度方向每隔 20～30 m 设一道变形缝,缝内填充热沥青。寒冷地区建筑的散水应在垫层下面设置砂垫层,以免散水被冻胀破裂。

明沟位于外墙四周,将通过水落管流下的屋面雨水有组织地引导至地下排水集井,再排入下水道,从而起到保护墙基的作用。

砖砌明沟一般采用 MU7.5 的砖,M5 的水泥砂浆砌筑。混凝土明沟一般采用 C15 的混凝土现浇。明沟下方一般用素土夯实,或掺入 50～70 mm 粒径的碎石夯实。沟内纵坡不小于 0.5%,起点深度不小于 120 mm。明沟与勒脚之间设伸缩缝,沟体每隔 30～40 m 也应设伸缩缝,主要是为了避免明沟过长,由于温度应力的影响而产生裂缝。

明沟可以单独设置,也可以与散水共同设置,根据具体工程而定。构造如图 4-12 所示。

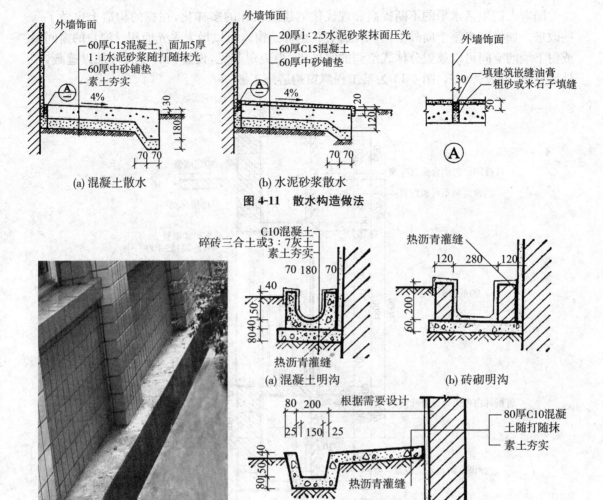

(a) 混凝土散水　　(b) 水泥砂浆散水

图 4-11 散水构造做法

(a) 混凝土明沟　　(b) 砖砌明沟

(c) 散水加明沟

图 4-12 明沟构造做法

3）窗台

窗台的作用是排除窗外侧流下的雨水和内侧的冷凝水并起一定的装饰作用。窗台有悬挑窗台和不悬挑窗台。

悬挑窗台常将砖平砌或侧砌一皮砖，悬挑 60 mm 长，用水泥砂浆抹灰，并于外沿下方做出滴水线。设滴水线的目的在于引导上部雨水沿滴水下落而不影响窗台下方墙体。做窗台抹灰时应向外抹出不小于 1% 的坡度。图 4-13 为砖墙窗台构造示例。

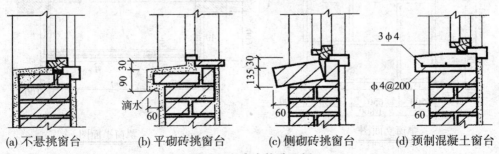

(a) 不悬挑窗台　　(b) 平砌砖挑窗台　　(c) 侧砌砖挑窗台　　(d) 预制混凝土窗台

图 4-13 窗台构造示例

随着人们生活水平的不断提高和现代住宅建筑设计的多样化,在窗的构造上也做了一些改进。如将窗户整个向外推出,形成飘窗(也称凸窗),可以增大采光面积。窗户的窗间墙或窗下墙的空间可以放置分体式空调的室外机,为美观起见,设置铝合金百叶加以遮蔽,使外墙整齐、美观、大方。图 4-14 为某工程飘窗构造施工图。

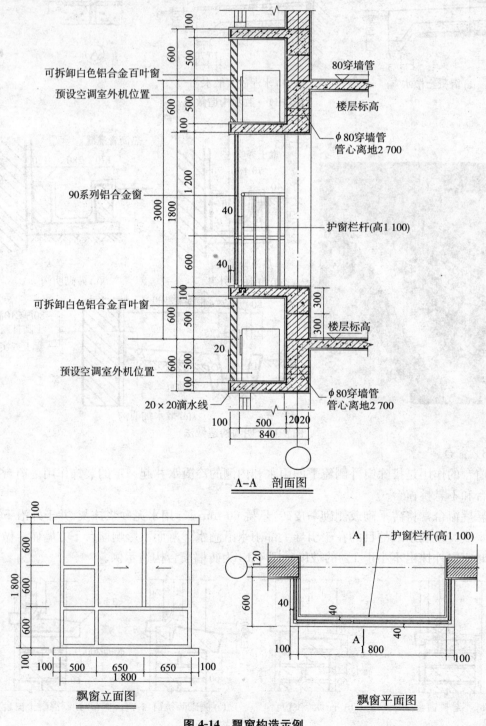

图 4-14 飘窗构造示例

4) 门窗过梁

过梁是用来承受门窗洞口上部墙体和部分楼板传来的荷载,并传给洞两边的窗间墙。一般来说,由于砌筑块材之间错缝搭接,过梁上墙体的重量并不全部压在过梁上,仅有部分墙体重量传给过梁,如图4-15中所示的三角形荷载。只有当过梁的有效范围内出现集中荷载时,才另行考虑。过梁的类型有砖拱过梁、钢筋砖过梁和钢筋混凝土过梁三种。

图4-15 墙体洞口上方荷载的传递情况

(1) 砖拱过梁有平拱、弧拱和半圆拱,是我国传统做法。其跨度最大可达1.2 m,当过梁上有集中荷载或振动荷载时不宜采用,在需要抗震设防的地区也不应使用(图4-16)。

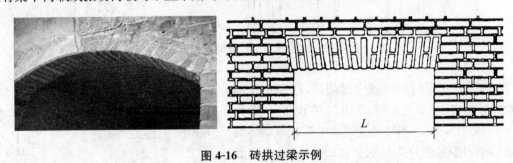

图4-16 砖拱过梁示例

(2) 钢筋砖过梁是在洞口顶部配置钢筋,形成能受弯矩的加筋砖砌体。钢筋直径6 mm,间距不小于120 mm。钢筋伸入两端内墙不小于240 mm。过梁用砖不低于MU7.5,砌筑砂浆不低于M5,高度不少于5皮砖,如图4-17所示。

钢筋砖过梁仅用于2 m宽以内的洞口,在有抗震设防要求的建筑中亦不宜采用。

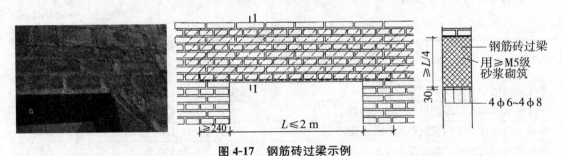

图4-17 钢筋砖过梁示例

(3) 钢筋混凝土过梁。随着建筑业的不断发展,钢筋混凝土过梁已成为目前各种建筑形式中应用较为广泛的一种。钢筋混凝土过梁一般不受跨度的限制,梁高一般不小于跨度的1/5,梁宽与墙体厚度一致,配筋根据梁承受的荷载大小计算得出。截面形状有矩形和L形。矩形多用于内墙和外混水墙中,L形多用于外清水墙和有保温要求的墙体中,有现浇和预制两种,如图4-18所示。

4.2.5 墙体的加固措施

砖砌墙的稳定性较差,在有抗震设防要求的地区要采取抗震加固措施,在无抗震设防要求的地区则要采取加固措施。

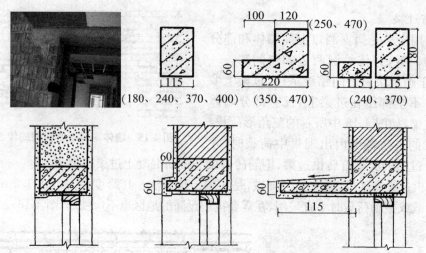

图 4-18 钢筋混凝土过梁的几种形式

1) 门垛和壁柱

在墙体上开设门洞一般应设门垛,特别是在墙体转折处或丁字墙处。砖墙的门垛长度一般为 120 mm 或 240 mm。当墙体受到集中荷载或墙体过长时应增设壁柱,壁柱为柱状突出部分,通常一直到顶,可承受上部梁及屋架的荷载,并能增加墙身强度和稳定性。如图 4-19 所示。

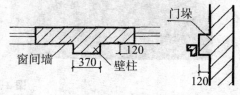

图 4-19 壁柱和门垛

2) 限制墙体的最小尺寸

对墙体局部最小尺寸的限制,是为了增强砌体结构房屋的整体性,减小地震带来的危害。见表 4-2 所示。

表 4-2 房屋的局部尺寸限值   单位:m

部　　位	抗震设防烈度			
	6	7	8	9
承重窗间墙最小宽度	1.0	1.0	1.2	1.5
承重外墙尽端至门窗洞口边的最小距离	1.0	1.0	1.2	1.5
非承重外墙尽端至门窗洞口边的最小距离	1.0	1.0	1.0	1.0
内墙阳角至门窗洞口边的最小距离	1.0	1.0	1.5	2.0
无锚固女儿墙(非出入口处)的最大高度	0.5	0.5	0.5	0

注:① 局部尺寸不足时,应采取局部加强措施弥补。
② 出入口处的女儿墙应有锚固。

3) 设置圈梁

圈梁是沿建筑物外墙四周及部分内墙设置的水平方向的连续、均匀、闭合的梁。圈梁配合楼板的作用可提高建筑的刚度,增强墙体的稳定性,防止不均匀沉降引起的墙体开裂。设置圈梁就好像给墙体在水平方向加了几道箍,提高了砖砌墙体的整体性和稳定性。

圈梁一般采用钢筋混凝土现浇而成,位置宜与预制楼板设在同一标高处或紧贴楼板设置(图 4-20),也可设在门窗洞口上部,兼起过梁作用。钢筋混凝土圈梁的宽度宜与墙厚相同,圈梁的高度一般不小于 120 mm,纵向钢筋不宜少于 4ϕ10,绑扎接头的搭接长度按受拉钢筋考虑。箍筋间距不宜大于 300 mm。现浇混凝土强度等级不应低于 C20。圈梁的设置要求见表 4-3 所示。

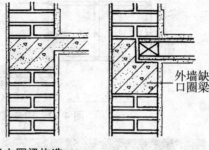

图 4-20　钢筋混凝土圈梁构造

表 4-3　现浇钢筋混凝土圈梁设置要求

墙 类	烈 度		
	6、7	8	9
外墙和内纵墙	屋盖处及每层楼盖处	屋盖处及每层楼盖处	屋盖处及每层楼盖处
内横墙	同上;屋盖处间距不应大于 7m;楼盖处间距不应大于 15m;构造柱对应部位	同上;屋盖处沿所有横墙,且间距不应大于 7m;楼盖处间距不应大于 7m;构造柱对应部位	同上;各层所有横墙

注:本表摘自《建筑抗震设计规范》(GB 50011—2001)。

圈梁宜连续地设在同一水平面上,沿纵横墙方向形成封闭状。当圈梁被门窗洞口截断时,应在洞口上部增设相同截面的附加圈梁。如图 4-21 所示。

4) 设置构造柱

构造柱是设在墙体内部与墙体厚度尺寸相同的钢筋混凝土柱子。构造柱从基础一直延伸至女儿墙压顶,从竖向加强层间墙体的连接和圈梁的连接,使整个建筑物形成一个空间骨架,从而加强建筑物的整体刚度,提高了墙体的抗变形能力,使墙体由脆性结构变成了延性较好的结构,增强了建筑的抗震性能。

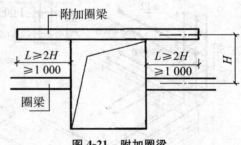

图 4-21　附加圈梁

钢筋混凝土构造柱一般设在建筑物的四角、内外墙交接处、楼梯间、电梯间及较长的墙体中。根据建筑物抗震烈度及层数的不同,所设置的部位也有增加。如在 9 度设防地区,几乎每道纵横墙的交接处都要求设置构造柱。构造柱设置位置如图 4-22 所示。

构造柱的施工方法是先砌墙、后浇柱,可以最大限度地使墙体与钢筋混凝土柱子联系紧密。施工时构造柱下端嵌入基础或基础梁内,中间与圈梁连接,上端与屋顶圈梁或女儿墙压顶连接;构造柱受力筋一般采用 4ϕ12,箍筋采用 ϕ6@250,沿柱高每隔 500 mm 设 2ϕ6 拉结筋,伸入墙内不少于 1 000 mm;砌墙时每隔 300～500 mm 砌一凹槽,形成马牙槎;混凝土柱体随着墙体的上升而逐段浇筑,使整个构造柱嵌入墙内。图 4-23 为构造柱施工及构造示意图。

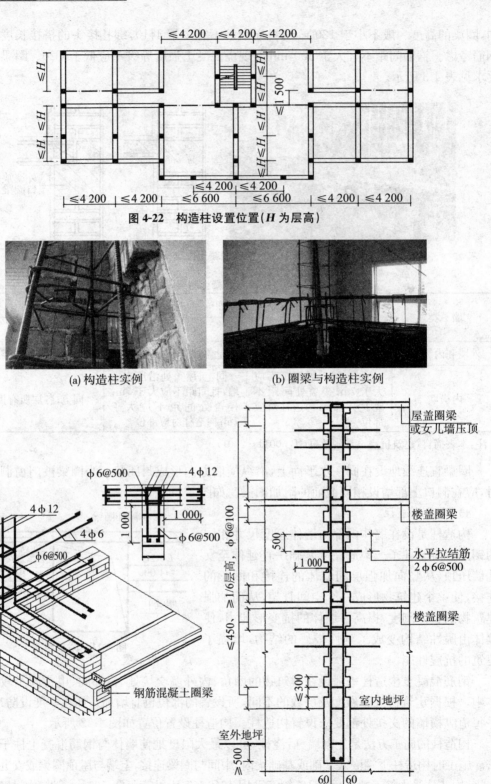

图 4-22 构造柱设置位置（H 为层高）

(a) 构造柱实例

(b) 圈梁与构造柱实例

(c) 圈梁与构造柱构造

(d) 构造柱施工示意图

图 4-23 构造柱构造示意图

4.3 砌块墙构造

砌块墙是指利用在预制厂生产的块材所砌筑的墙体。其最大优点是可以采用素混凝土或能充分利用工业废料和地方材料，且制作方便，施工简单，具有较大的灵活性。它既容易组织生产，又能减少对耕地的破坏和节约能源，因此在墙体改革中应大力发展砌块墙体。

4.3.1 砌块的材料及其规格和类型

1）砌块的材料

砌块是用于砌筑的、形体大于砌墙砖的人造块材，一般为直角六面体。砌块按其系列中主规格的高度尺寸分为小型砌块、中型砌块和大型砌块；按用途分为承重砌块和非承重砌块；按孔洞设置状况分为空心砌块和实心砌块（如图 4-24）。

砌块一般为天然石料和硅酸盐水泥、煤矸石无熟料水泥以及煤灰、石灰、石膏等胶结料，与砂石、煤渣、天然轻骨料等，经原料处理、加压或冲击、振动成形，再以干或湿热养护而制成的砌墙材料。

凡以钙质材料或硅质材料为基本原料，以铝粉等为发气剂，经过切割、蒸压养护等工艺制成的，多孔、块状墙体材料称蒸压加气混凝土砌块。蒸压加气混凝土砌块用于非承重部位。蒸压加气混凝土砌块具有多孔轻质、保温隔热性能好、加工性能好、规格可变以及可锯、可割等优点。加气混凝土砌块多用于框架填充墙，但其干缩较大，使用不当，墙体会产生裂纹。

砌块在作为墙体材料时，因其规格尺寸较大，尺寸往往采用1M或2M，与建筑模数易于协调。在竖向尺寸上结合层高与门窗来考虑，力求型号少，组装灵活，便于生产、运输和安装。

图 4-24 各种砌块材料

2）砌块的规格及其类型

我国各地生产的砌块,其规格、类型不统一,但从使用情况看,以中小型砌块和空心砌块居多。常用的中小型砌块有普通混凝土空心砌块和加气混凝土砌块。工程中经常使用的中小型混凝土空心砌块强度分为 MU3.5、MU5、MU7.5、MU10、MU15、MU20 六个等级。

在考虑砌块规格时,首先必须符合《建筑统一模数制》的规定;其次是砌块的型号越少越好,且其主要块在排列组合中使用的次数越多越好;另外,砌块的尺度应考虑到生产工艺条件、施工和起重、吊装的能力以及砌筑时错缝、搭接的可能性;最后,在确定砌块时既要考虑到砌体的强度和稳定性,也要考虑到墙体的热工性能。常用砌块的材料、规格、强度见表4-4所示。

表4-4 砌块主要材料、规格和强度　　　　　　　　　单位：mm

名称	简图	主要规格	强度等级	材料
条石砌块		180×280×180 180×280×380 180×280×580 180×280×780 180×280×980	MU100～MU400	人工开采、加工天然花岗石
小型混凝土空心砌块		190×190×90 190×190×190 190×190×290 190×190×390	MU3.5～MU10	C15 细石混凝土配合比经计算与实验确定
中型混凝土空心砌块		180×845×590 180×845×780 180×845×990 180×845×1 880	MU5～MU10	C20 细石混凝土配合比经计算与实验确定
煤矸石空心砌块		200×880×485 200×880×570 200×880×770 200×880×970 200×880×1 170	MU7.5～MU20	以煤矸石无熟料水泥作胶结料、自然煤矸石为骨料
蒸压加气混凝土砌块		厚：100、150、200、250 高：200、250、300 长：600 各种规格可定制	MU3～MU5	以水泥－矿渣－砂或水泥－石灰－砂或水泥－石灰－粉煤灰为基本原料,以铝粉为发气剂
粉煤灰硅酸盐砌块		200×380×380 200×380×480 200×380×580 200×380×880 200×380×1 180	MU10～MU15	以粉煤灰、石膏、石灰和炉渣等骨料为主要原料
石膏砌块		厚：60～100 高：500 长：666	MU5	以熟石膏为主要原料

4.3.2 砌块墙的组砌与构造

1）砌筑缝

砌块墙的接缝有水平缝和垂直缝,缝的形式一般有平缝、凹槽缝和高低缝等,缝宽视砌块尺寸而定,小型砌块为10~15 mm,中型砌块为15~20 mm,砂浆强度等级不低于M5。平缝制作方便,多用于水平缝;凹槽缝和高低缝可使砌块连接牢固,增加墙的整体性,而且凹槽缝灌浆方便,因此多用于垂直缝。

2) 砌块墙的组砌方式

砌块的厚度一般为180 mm、190 mm、200 mm、250 mm,墙体厚度与砌块厚度一致,小型砌块墙宜以1M为模数。砌块宽度一般有4~5种,便于砌筑时错缝搭接。由于砌块尺寸较大,施工时不能对砌块进行切割,在设计阶段应根据砌块规格尺寸进行排列才能有效地利用各种砌块。图4-25为各种砌块的排列示意图。

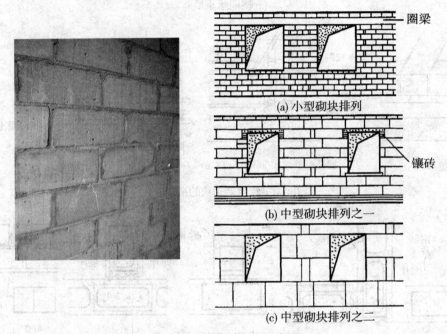

图4-25 砌块的排列示意图

砌块的组合是件复杂而重要的工作,由于砌块规格较多、尺寸较大,为使砌块墙合理组合并搭接牢固,必须根据建筑的初步设计作砌块的试排工作,以便正确选定砌块的规格、尺寸。在设计时,必须考虑使砌块整齐、划一,有规律性,不仅要满足上下皮排列整齐,考虑到大面积墙面的错缝、搭接,避免通缝,而且还要考虑内、外墙的交接、咬砌,使其排列有致。此外,应尽量多使用主要砌块,并使其占砌块总数的70%以上。采用空心砌块时,上下皮砌块应孔对孔、肋对肋,使上下皮砌块之间有足够的接触面,以保证具有足够的受压面积。当砌块组砌时出现小缝隙而又没有合适的砌块来填补时,可用少量普通砖来填补缝隙,填补位置应分散对称,保证受力均匀。

砌块墙砌筑时墙底部应先砌实心砖(如灰砂砖、页岩砖)或先浇筑C20混凝土坎台,其高度≥200 mm,宽度同墙厚。

砌块灰缝要求:竖缝填灌密实,横缝砌筑饱满,以保证足够的密实度,有利于防渗、保温、隔声和提高房屋刚度。

在墙体L形转角处和丁字转角处的砌块应上下搭接,避免通缝。当砌块较大、出现了不可避免的通缝时,可在砌块横缝间放置钢筋网片来进行处理。具体构造如图4-26所示。

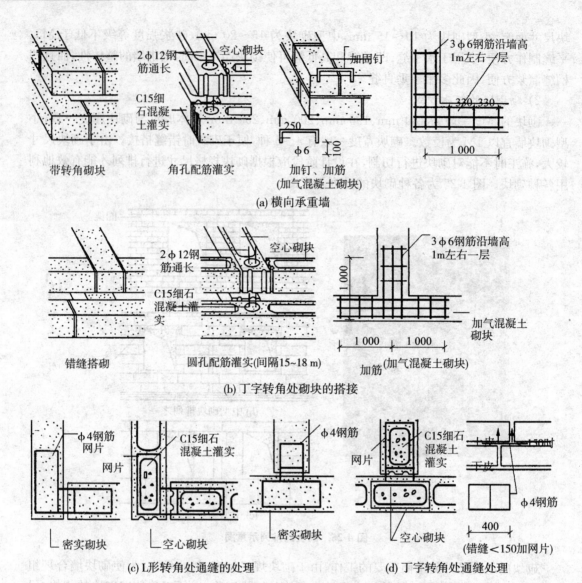

图 4-26　砌块在转角处的搭接及通缝处理

3）砌块墙构造特点

（1）过梁与圈梁

过梁是砌块墙的重要构件,它既起连系梁和承受门窗洞孔上部荷载的作用,同时又是一种调节砌块。当层高与砌块高出现差异时,过梁高度的变化可起调节作用,从而使得砌块的通用性更大。

砌块墙的圈梁一般采用预制与现浇相结合的方式来施工。在圈梁或过梁部分放置凹形的预制圈梁板,在内部绑扎钢筋,浇混凝土,使圈梁形成一个整体,如图 4-27（a）所示。也可以采用预制的单根圈梁,在端部预埋铁件,使梁与梁之间连接铁件焊牢,保证圈梁的整体性,如图 4-27（b）所示。

多层砌块圈梁的设置要求见表 4-5 所示。

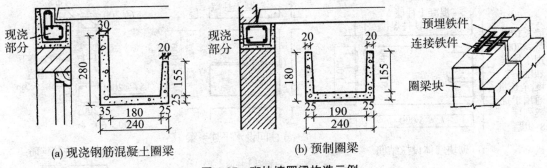

图 4-27 砌块墙圈梁构造示例

表 4-5 多层砌块建筑圈梁设置

圈梁位置	设置要求	附 注
外墙及内纵墙	屋顶处应设置,楼板处宜隔层设置	(1)如采用预制圈梁,安装时应坐浆,并保证接头牢固可靠; (2)屋顶处圈梁宜现浇
内横墙	同上,间距不宜大于 10 m	

注:① 承重墙厚≤200 mm 的砌块建筑,宜每层按本表要求设置圈梁一道。
② 本表摘自《中型砌块建筑设计与施工规程》(JGJ 5—80)。

(2) 设构造柱

为加强砌块建筑的整体刚度,亦常于外墙转角和必要的内、外墙交接处设置构造柱。构造柱多利用空心砌块将其上下孔洞对齐,于孔中配置 φ12 钢筋分层插入,并用 C20 细石混凝土分层填实,如图 4-28 所示。构造柱与圈梁、基础必须有较好的连接,这对抗震加固也十分有利。

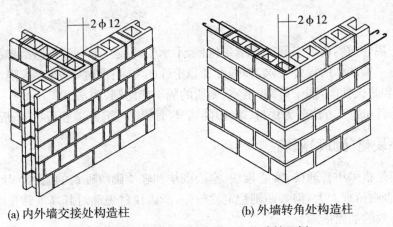

图 4-28 混凝土空心砌体结构构造柱示例

4) 加气混凝土填充墙体的加固措施

在框架结构或其他钢筋混凝土结构中,当考虑抗震要求时,应沿加气混凝土填充墙的高度方向每隔 500 mm 设 2φ6 锚拉筋与钢筋混凝土柱体拉结以保证其稳定性,见图 4-29(a)所示。图 4-29(b)为拉结的主面示意图。

加气混凝土砌块填充墙的墙体长度大于 5 m,或大型门窗洞口两边应与梁或楼板拉结或加构造柱;墙高大于 4 m 时,应在墙高的中部加设圈梁(水平连系梁)或钢筋混凝土配筋带;窗间墙宽度不宜小于 600 mm。见图 4-29(c)、(d)所示。

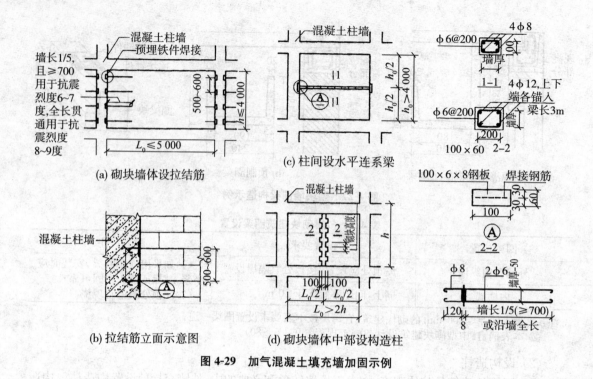

图 4-29 加气混凝土填充墙加固示例

4.4 隔墙构造

隔墙是分隔建筑物内部空间的非承重构件,不承受荷载并将自重传递给楼板和梁。

隔墙具有一般墙体的设计要求,如强度及稳定性的要求;同时,设计要求隔墙自重轻,厚度薄,有隔声和防火性能,便于拆卸,浴室、厕所的隔墙能防潮、防水。

隔墙按材料和施工方法分为块材(砌筑)隔墙、轻骨架(立筋)隔墙和板材(条板)隔墙三类。

4.4.1 块材(砌筑)隔墙

块材隔墙是指采用普通砖、实心砌块、空心砌块和轻质砌块砌筑的墙体。块材隔墙的厚度不能太厚,否则荷载太大,但太薄则稳定性较差,所以块材隔墙对其高度和长度均有限制,并且应采取有效的加固措施。

1) 普通砖隔墙

普通砖隔墙一般采用 1/2 砖(120 mm)隔墙,用普通粘土砖采用全顺式砌筑而成,砌筑砂浆强度等级不低于 M5。

隔墙两边与墙体用钢筋拉结,每 500 mm 高设一对拉结筋,其伸入灰缝内长度不小于 1 000 mm。在墙体高度超过 5 m 时应加固,一般沿高度每隔 0.5 m 砌入 φ6 mm 钢筋 2 根,或每隔 1.2~1.5 m 设一道 30~50 mm 厚的水泥砂浆层,内设 2 根 φ6 mm 的钢筋。顶部与楼板相接处用立砖斜砌,填塞墙与楼板间的空隙,然后用砂浆填缝。8 度和 9 度时长度大于 5 m 的后砌非承重砌体隔墙的墙顶应与楼板或梁拉接。图 4-30 为普通砖隔墙构造示例。

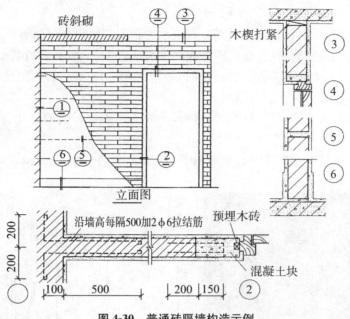

图 4-30 普通砖隔墙构造示例

2) 砌块隔墙

为减少隔墙的重量,可用质轻块大的各种砌块,目前最常用的是加气混凝土砌块、粉煤灰硅酸盐砌块、水泥炉渣空心砖等砌筑的隔墙。墙体的厚度由砌块尺寸确定,一般 100 mm 左右。由于厚度较薄,考虑到墙体的稳定性,一般每隔 1.2 m 高设 2φ6 通长钢筋压入灰缝,起加固作用,如图 4-31 所示。

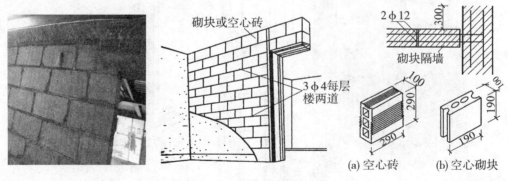

图 4-31 砌块隔墙构造示例

砌块墙顶部与楼板或与梁交接处的处理同普通砖隔墙,也要留出一定缝隙,用砖斜砌,不应填实,避免梁板产生挠度而压坏隔墙。同时,由于砌块吸水性强,因此,有防水、防潮要求时应在墙下先砌 3～5 皮吸水率小的砖。

4.4.2 轻骨架(立筋)隔墙

轻骨架隔墙主要由骨架和面层材料组成。轻骨架隔墙自重轻,易于安装和拆卸,但隔声和防火性能不如块材隔墙,需要在材料和构造上加以改进。

1) 骨架

骨架有木骨架、轻钢骨架、石膏骨架、石棉水泥骨架和铝合金骨架等。

骨架由上槛、下槛、墙筋(力筋)、横撑或斜撑组成。上、下槛及墙筋断面尺寸为(45~50)mm×(70~100)mm,斜撑与横档断面相同,墙筋间距常用400 mm,横档间距可与墙筋相同,也可适当放大,又称为立筋式隔墙。

木骨架隔墙有板条抹灰隔墙和面层材料,一般为木质板材隔墙。木骨架隔墙做法见图4-32所示。

金属骨架主要是通过螺栓将骨架的上下槛与周边构件固定,如图4-33所示。

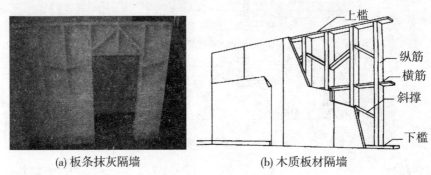

(a) 板条抹灰隔墙　　(b) 木质板材隔墙

图4-32　木骨架隔墙

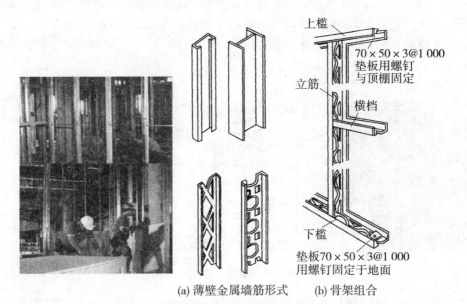

(a) 薄壁金属墙筋形式　　(b) 骨架组合

图4-33　轻钢龙骨隔墙

2) 面层

骨架的面层有人造板面层和抹灰面层。

(1) 板条抹灰隔墙

它是先在木骨架的两侧钉灰板条,然后抹灰。灰板条尺寸一般为1 200 mm×30 mm×6 mm,板条间留缝7~10 mm,便于抹灰层能咬住灰板条;同时,为避免灰板条在一根墙筋上接缝过长而使抹灰层产生裂缝,板条的接头一般连续高度不应超过500 mm。

(2) 人造板面层骨架隔墙

常用的人造板面层(即面板)有胶合板、纤维板、石膏板等。胶合板、硬质纤维板以木材为原料,多采用木骨架。石膏板多采用石膏或轻金属骨架。人造板材在骨架上的固定方法有钉、粘、卡三种。采用轻钢骨架时,往往用骨架上的舌片或特制的夹具将面板卡到轻钢骨架上,这种做法简便、迅速,有利于隔墙的组装和拆卸。

4.4.3 板材(条板)隔墙

板材隔墙是指采用各种预制薄型轻质板材安装而成的隔墙。条板高度较大,一般与房间净高相仿,施工时不需要立筋,可直接将条板竖立相接排列构成,隔墙四周与墙体、顶棚及地面连接。由于板材隔墙是用轻质材料制成的大型板材,施工中直接拼装而不依赖骨架,因此它具有自重轻、安装方便、施工速度快、工业化程度高的特点。

目前常用板材有加气混凝土条板、石膏条板、炭化石灰板、石膏珍珠岩板、泰柏板以及各种复合板。条板厚度大多为 60~100 mm,宽度为 600~1 000 mm,长度略小于房间净高。安装时,条板下部先用对口木楔顶紧,然后用细石混凝土堵严,条板之间用粘结砂浆或粘结剂进行粘结,并用胶泥刮缝,条板与楼板之间也用粘结砂浆或粘结剂粘结,平整后再做表面装修。图 4-34 为加气混凝土条板隔墙构造示例。

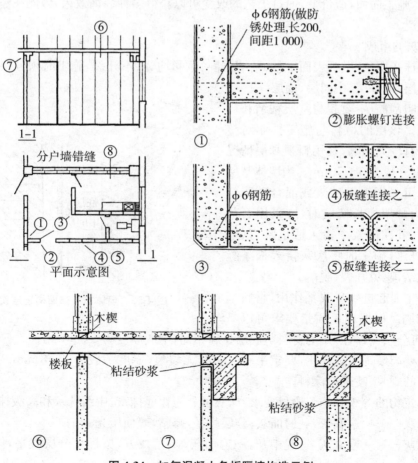

图 4-34 加气混凝土条板隔墙构造示例

4.5 墙面装修

墙面装修是建筑装修中的重要内容,它对提高建筑的艺术效果、美化环境起着很重要的作用,还具有保护墙体的功能和改善墙体热工性能的作用。墙体表面的饰面装修因其位置不同有外墙面装修和内墙面装修两大类型。又因其饰面材料和做法不同,墙面装修可分为清水墙、抹灰类、贴面类、涂料类、裱糊类和铺钉类。这里主要介绍常用的民用建筑的墙体饰面装修做法。

4.5.1 一般墙面装修

按照材料和施工方式的不同,外墙装修分为抹灰类、贴面类、涂料类三类,内墙装修分为抹灰类、涂料类、贴面类、裱糊类四类。

1) 抹灰类墙面装修

抹灰是我国传统的饰面做法,它是用砂浆涂抹在房屋结构表面上的一种装修工程,其材料来源广泛,施工简便,造价低,通过工艺的改变可以获得多种装饰效果,因此在建筑墙体装饰中应用广泛。

(1) 抹灰的组成

为保证抹灰质量,做到表面平整、粘结牢固、色彩均匀、不开裂,施工时须分层操作。抹灰一般分三层,即基层、中间层、面层(图 4-35)。

基层又叫刮糙,主要起与基层粘结和初步找平作用。该层的材料与施工操作对整个抹灰质量有较大影响,其用料视基层情况而定,其厚度一般为 5~7 mm。当墙体基层为砖、石时,可采用水泥砂浆或混合砂浆打底;当基层为骨架板长基层时,应采用石灰砂浆作底灰,并在砂浆中掺入适量麻刀(纸筋)或其他纤维,施工时将底灰挤入板条缝隙以加强拉结,避免开裂、脱落。

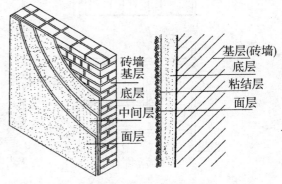

图 4-35 墙体抹灰饰面构造层次

中间层主要起进一步找平作用,材料基本与底层相同。根据施工质量要求可以一次抹成,亦可分层操作,所用的材料与底层材料相同,中灰厚度为 5~9 mm。

面层主要起装饰美观作用,要求平整、均匀、无裂痕,厚度一般为 2~8 mm。面层不包括在面层上的刷浆、喷浆或涂料。

按照建筑物的等级和施工质量要求,抹灰可分为普通抹灰、中级抹灰和高级抹灰三种。

普通抹灰——一遍底灰,一遍面灰;分层赶平,修整,表面压光。

中级抹灰——一遍底灰,一遍中灰,一遍面灰;阳角找方,按标尺分层找平,修整,表面压光。

高级抹灰——一遍底灰,数遍中灰,一遍面灰;阴阳角找方,按标尺分层找平,修整,表面压光。

高级抹灰适用于大型公共建筑物、纪念性建筑物、高级住宅、宾馆以及特殊要求的建筑物,普通抹灰一般用于普通住宅、办公楼、学校等。

(2) 常用抹灰种类、做法和应用

抹灰按照面层材料及做法分为一般抹灰和装饰抹灰。一般抹灰是指采用砂浆对建筑物的面层进行罩面处理,其主要目的是对墙体表面进行找平处理并形成墙体表面的涂层。一般抹灰常用的有石灰砂浆抹灰、水泥砂浆抹灰、混合砂浆抹灰、纸筋石灰浆抹灰、麻刀石灰浆抹灰,图 4-36 为常规施工做法示意,其中灰饼是用来控制垂直面的平整度的(图 4-37)。

装饰抹灰更注重抹灰的装饰性,除具有一般抹灰的功能外,它在材料、工艺、外观、质感等方面具有特殊的装饰效果。饰面材料均是以石灰、水泥等为胶结材料,掺入砂、石骨料用水拌和后,采用抹(一般抹灰)、刷、磨、斩、粘等(装饰抹灰)不同方法施工,系现场湿作业。

装饰抹灰按面层材料的不同可分为石渣类(水刷石、水磨石、干粘石、斩假石),水泥、石灰类(拉条灰、拉毛灰、洒毛灰、假面砖、仿石)和聚合物水泥砂浆(喷涂、滚涂、弹涂)等。石渣类饰面材料是装饰抹灰中使用得较多的一类,以水泥为胶结材料,以石渣为骨料做成水泥石渣抹灰面层,然后用水洗、斧剁、水磨等方法除去表面水泥浆皮,或者在水泥砂浆面上甩粘小粒径石渣,使饰面显露出石渣的颜色和质感,具有丰富的装饰效果(图 4-38)。

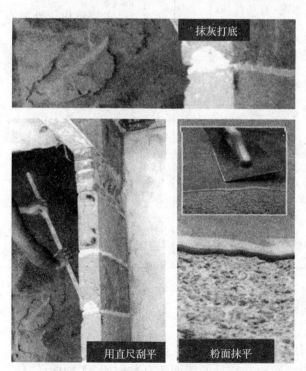

图 4-36 一般抹灰的施工做法示意图

图 4-37 灰饼构造

图 4-38 水刷石墙面装修

抹灰类的构造做法,各地区设计和施工均有通用图集和施工说明供选用,其常用做法见表 4-6 所示。

表 4-6　常用抹灰做法选用表

抹灰名称		底层、中层		面 层		总厚度 (mm)	适用范围
		材　料	厚度 (mm)	材　料	厚度 (mm)		
一般抹灰	混合砂浆抹灰	1:1:6混合砂浆	12	1:1:6混合砂浆	8	18	一般砖石墙面均可选用
	水泥砂浆抹灰	1:3水泥砂浆	14	1:2.5水泥砂浆	6	20	室外饰面及室内需防潮、防水的房间及浴厕墙裙等部位
	水泥纸筋砂浆抹灰	1:3:4水泥纸筋砂浆	10	纸筋灰浆	2.5	12.5	一般砖、石内墙面，阳台雨篷顶面
	石灰砂浆抹灰	1:3石灰砂浆	16	石灰青细砂	2.5	18.5	各种内墙及抹灰的罩面
	膨胀珍珠岩砂浆罩面	1:3石灰砂浆	13	水泥:石灰膏:膨胀珍珠岩=1:(10~20):(3~5)罩面	2	15	保温、隔热要求较高的内墙面罩面
装饰抹灰	水刷石饰面	1:3水泥砂浆	12	1:(1~1.5)水泥石渣浆(可采用2.5倍同颜色的石屑)	10	22	适用于外墙、窗套、阳台、雨篷、勒脚及花台等部位的饰面
	干粘石饰面	1:3水泥砂浆(底层)1:1:1.5水泥石灰砂浆(中层)	17	水泥:石灰膏:砂子:107胶=100:50:200:(5~15)	1	18	主要适用于外墙装修
	斩假石饰面(又称剁斧石)	1:3水泥砂浆刮素水泥砂浆一道	12	1:2水泥白石子用斧斩	12	24	主要用于公共建筑外墙局部加门套、勒脚、室外台阶等装修
	弹涂饰面	弹涂砂浆一般由普通水泥、白水泥颜料、水和107胶等组成，形成底色浆或弹中3~5mm的扁圆花点		将耐水性、耐候性较好的甲基硅树脂或聚乙烯醇缩丁醛等材料喷在饰面的表层作为罩面			主要适用于外墙或局部装修
	拉毛饰面	1:0.5:4水泥石灰砂浆打底，底子灰六七成干时刷素水泥砂浆一道	13	1:0.5:1水泥石灰砂浆拉毛	视拉毛长度而定		主要用于对音响要求较高的内墙面

2) 贴面类墙面装修

贴面类墙面装修的材料有陶瓷面砖、陶瓷锦砖等。

(1) 陶瓷面砖

面砖多数是以陶土或瓷土为原料，压制成型后经焙烧而成。由于面砖不仅可以用于墙面装饰也可用于地面装饰，所以被人们称为墙地砖。常见的墙面砖有釉面砖、无釉面砖、仿花岗岩瓷砖、劈离砖等。

釉面砖是用于建筑物内墙装饰的薄板状精陶制品，有时也称为瓷片。釉面砖的结构由两部分组成，即胚体和表面釉彩层。釉面砖除白色和彩色外，还有图案砖、印花砖以及各种装饰釉面砖等，主要用于高级建筑内外墙面以及厨房、卫生间的墙裙贴面。用釉面砖装饰建筑物内墙,可使建筑物具有独特的卫生、易清洗和清新美观的建筑效果。无釉面砖俗称外墙面砖,主要用于高级建筑外墙面装修。外墙面砖坚固耐用,色彩鲜艳,易清洗,防水,防火,耐磨,耐腐蚀,维修费用低。外墙面砖是高档饰面材料,一般用于装饰等级要求较高的工程,它不仅可以防止建筑物表面被大气侵蚀,而且可使立面美观。

面砖安装前先将表面清洗干净,然后将面砖放入水中浸泡,贴面前取出晾干或擦干。面砖安装时用1:3水泥砂浆打底并划毛,后用1:0.3:3水泥石灰砂浆或用掺有108胶(水泥用量5%～8%)的1:2.5水泥砂浆满刮于面砖背面,其厚度不小于10 mm,然后将面砖贴于墙上,轻轻敲实,使其与底灰粘牢。一般面砖背面有凹凸纹路,更有利于面砖粘贴牢固。对贴于外墙的面砖常在面砖之间留出一定缝隙,以利湿气排除(图4-39)。而内墙面为便于擦洗和防水则要求安装紧密,不留缝隙。面砖如被污染,可用浓度为10%的盐酸洗刷,并用清水洗净。图4-40为贴面砖工艺。

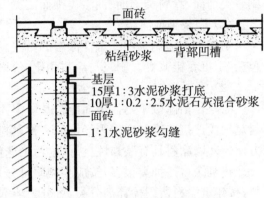

图4-39 面砖饰面砖构造

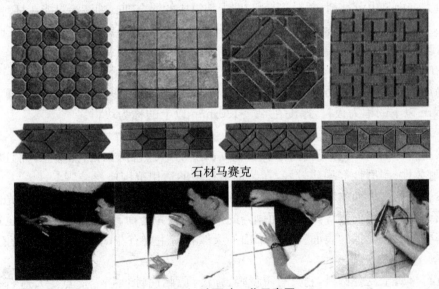

图4-40 贴面砖工艺示意图

(2) 陶瓷锦砖

陶瓷锦砖也称为马赛克,是高温烧结而成的小型块材,为不透明的饰面材料,表面致密光滑,坚硬耐磨,耐酸耐碱,一般不易变色。它的尺寸较小,根据其花色品种可拼成各种花纹图案。铺贴时,先按设计的图案将小块的面材正面向下贴于500 mm×500 mm大小的牛皮纸上,然后牛皮纸向外将陶瓷锦砖贴于饰面基层,待半凝后将纸洗去,同时修整饰面。陶瓷锦砖可用于墙面装修,更多的用于地面装修。

3) 涂料类饰面

涂料饰面是在木基层表面或抹灰饰面的面层上喷、刷涂料涂层的饰面装修。建筑涂料具有保护、装饰功能并且具有改善建筑构件的使用功能。涂料饰面是靠一层很薄的涂层起保护和装饰作用,并根据需要可以配成多种色彩。涂料饰面涂层薄,抗蚀能力差,外用乳液涂料使用年限一般为4~10年。但是由于涂料饰面施工简单、省工省料、工期短、效率高、自重轻、维修更新方便,故在饰面装修工程中应用得较为广泛。按涂刷材料种类不同,可分为刷浆类饰面、涂料类饰面、油漆类饰面三类。

(1) 刷浆类饰面

指在表面喷刷浆料或水性涂料的做法。适用于内墙刷浆工程的材料有石灰浆、大白浆、色粉浆、可赛银浆等。刷浆与涂料相比,价格低廉但不耐久。

(2) 涂料类饰面

涂料是指涂敷于物体表面能与基层牢固粘结并形成完整而坚韧保护膜的材料。建筑涂料是现代建筑装饰材料较为经济的一种材料,施工简单,工期短,工效高,装饰效果好,维修方便。外墙涂料具有装饰性良好、耐污染老化、施工维修容易和价格合理的特点。

建筑涂料的种类很多,按成膜物质可分为有机涂料、无机高分子涂料、有机无机复合涂料;按建筑涂料所用稀释剂分类,可分为溶剂型涂料、水溶性涂料、水乳型涂料(乳液型);按建筑涂料的功能分类,可分为装饰涂料、防火涂料、防水涂料、防腐涂料、防霉涂料等。

(3) 油漆类饰面

油漆类饰面是由胶粘剂、颜料、溶剂和催干剂组成的混合剂。油漆涂料能在材料表面干结成漆膜,使其与外界空气、水分隔绝,从而达到防潮、防锈、防腐等保护作用。漆膜表面光洁、美观、光滑,改善了卫生条件,增强了装饰效果。常用的油漆涂料有调和漆、清漆、防锈漆等。

4) 石材墙面装修

装饰用的石材有天然石材和人造石材之分,按其厚度有厚型和薄型两种,通常厚度在30~40 mm以下的称为板材,厚度在40~130 mm以上的称为块材。

(1) 天然石材

天然石材饰面板不仅具有各种颜色、花纹、斑点等天然材料的自然美感,而且质地密实坚硬,故耐久性、耐磨性等均比较好,在装饰工程中的适用范围广泛。

天然石材按其表面的装饰效果,可分为磨光和剁斧两种主要处理形式。磨光的产品又有粗磨板、精磨板、镜面板等区别。而剁斧的产品可分为磨面、条纹面等类型。也可以根据设计的需要加工成其他的表面。板材饰面的天然石材主要有花岗石、大理石及青石板。

(2) 人造石材

人造石材属于复合材料,它具有重量轻、强度高、耐腐蚀性强等优点。人造石材包括水磨石、合成石材等。人造石材的色泽和纹理不及天然石材自然柔和,但其花纹和色彩可以根据生产需要人为地控制,可选择范围广,且造价要低于天然石材墙面。

天然石材贴面施工方法有粘贴法、拴挂法和干挂法三种。

① 粘贴法

当饰面石材厚度小于20 mm、饰面石材墙面高度不大于9 m时,可采用粘贴法施工。适用于一般薄型磨光花岗岩板或大理石板,板厚为8~12 mm,规格不大于300 mm×300 mm。

在砖墙面上粘贴饰面石材的方法:在墙面上用18 mm厚1:2.5水泥砂浆找平并划出纹道,在饰面石材背面满涂2~3 mm厚建筑胶粘剂,然后对准位置粘贴到墙面上,按压平整,接缝处尽量紧密,接缝宽度不大于1 mm。待板材粘牢后,用白水泥或石灰膏擦缝。

在混凝土墙面上粘贴饰面石材的方法:在基层上涂刷混凝土界面处理剂一道,再在墙面上用 10 mm 厚 1:2.5 水泥砂浆找平并划出纹道,其余做法同砖墙贴面做法。

② 拴挂法

适用于边长≥400 mm、厚度≥20 mm 的板材施工。

事先在墙体内预埋钢筋钩,φ6 钢筋长 300 mm,中距 500 mm(视板材尺寸而定),墙角处必须设钢筋钩,将钢筋钩与钢筋网焊牢。钢筋网采用 φ6 钢筋双向中距 500 mm 焊牢(视板材尺寸而定)。

在饰面石材上下端打孔,每边不少于两个,用双股 16# 铜丝或不锈钢丝与固定在墙面上的钢筋网扎牢;饰面石材挂贴时,按设计尺寸将板就位,用木楔塞入接缝以调整接缝宽度,校正后与钢筋网绑扎;正面用熟石膏将相邻的石板调平固定,将缝隙堵严,以防跑浆;分层用 1:2.5 水泥砂浆灌注到石板与墙面缝隙内,每次灌浆 150~200 mm 高,插捣密实,初凝后再灌下一层,直至石板上口 50~100 mm 处停止,再进行上一层的挂贴。灌浆必须饱满,不得出现空鼓现象。砂浆硬化后剔除接缝中的填塞材料,并进行接缝处理。

饰面板高度不宜大于 3 m,超过 3 m 时,应将墙柱预埋钢筋钩改为不小于 φ10、长度不少于 30 倍钢筋直径。饰面石板底部必须落地。

厚 20 mm 以上的石板材、石材线脚等装饰石材采用不锈钢锚固件将石材与钢筋网固定,其他做法不变。图 4-41 为饰面石材拴挂法构造示例。

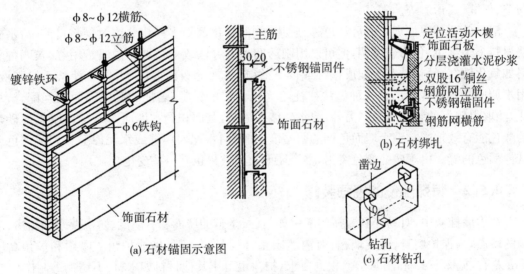

图 4-41 饰面石材拴挂法构造示例

③ 干挂法

不用水泥砂浆,用吊挂件将饰面石材直接吊挂于墙面或钢龙骨之上的构造做法称为干挂法。特点是每块石板独立吊挂,重量不传递给其他石板;干作业,避免了水泥的化学作用造成饰面板产生花脸、变色、析白、锈蚀等现象。

干挂法构造一般用于高度不超过 30 m 的饰面安装工程中,其饰面石材尺寸可达 1.36 m×2 m。吊挂件的质量决定了干挂法饰面的工程质量。吊挂件必须为不锈钢制品,锚固件型号必须与板材挂孔匹配。由于安全性的要求,施工必须由熟练技工进行操作。图 4-42 为干挂法构造示例。

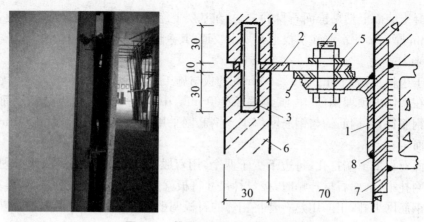

图 4-42 饰面石材干挂法构造示例
1—托板；2—舌板；3—销钉；4—螺栓；5—垫片；6—石材；7—预埋件；8—焊接

5) 清水砖墙

凡在墙体外表面不做任何外加饰面的墙体称为清水墙；反之，谓之浑水墙。用砖砌筑清水砖墙在我国已有悠久的历史，如北京故宫等。

为防止灰缝不饱满而可能引起的空气渗透和雨水渗入，须对砖缝进行勾缝处理。一般用1∶1水泥砂浆勾缝。也可在砌墙时用砌筑砂浆勾缝，称为原浆勾缝。勾缝形式有平缝、平凹缝、斜缝、弧形缝等。

清水砖墙外观处理一般可从色彩、质感、立面变化取得多样化装饰效果。目前，清水砖墙材料多为红色，色彩较单调，但可以用刷透明色的办法改变色调。做法是用红、黄两种颜料如氧化铁红、氧化铁黄等配成偏红或偏黄的颜色，加上颜料重量5%的聚醋酸乙烯乳液，用水调成浆刷在砖面上。这种做法往往给人以面砖的错觉，若能和其他饰面相互配合、衬托，能取得较好的装饰效果。另外，清水砖墙砖缝多，其面积约占墙面的1/6，改变勾缝砂浆的颜色能有效地影响整个墙面色调的明暗度，如用白水泥勾白缝或水泥掺颜料勾成深色或其他颜色的缝。由于砖缝颜色突出，整个墙面质感效果也有一些变化。

4.5.2 特殊部位的墙面装修

在内墙抹灰中，对易受到碰撞的部位如门厅、走道的墙面和有防潮、防水要求如厨房、浴厕的墙面，为保护墙身，做成墙裙；对内墙阳角、门洞转角等处做成护角。墙裙和护角高度2 m左右，见图 4-43 和图 4-44。根据要求，护角也可用其他材料如木材、不锈钢等制作。

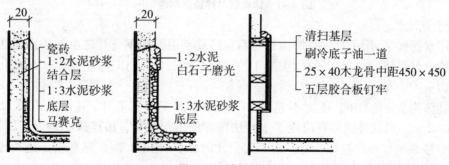

图 4-43 墙裙构造

在内墙面和楼地面交接处,为了遮盖地面与墙面的接缝、保护墙身以及防止擦洗地面时弄脏墙面做成踢脚线,其材料与楼地面相同。常见做法有三种,即与墙面粉刷相平、凸出、凹进,踢脚线高120～150 mm。为了增加室内美观,在内墙面和顶棚交接处可做成各种外装饰线(图4-45)。

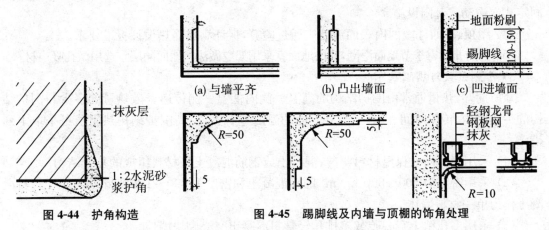

图4-44 护角构造　　　　图4-45 踢脚线及内墙与顶棚的饰角处理

4.6 墙体节能

随着我国颁布的《夏热冬冷地区居住建筑节能设计标准》(JGJ 134－2001)和《夏热冬暖地区居住建筑节能设计标准》(JGJ 75－2003)的实施,墙体节能成为确定墙体构造方案时必须考虑的一个重要问题。墙体节能应根据当地气候特点采取相应的保温、隔热措施。

4.6.1 一般设计要求

1) 冬季防热设计要求
(1) 建筑物宜设在避风、向阳地段,尽量争取主要房间有较多日照。
(2) 建筑物的外表面积与其包围的体积之比(体型系数)应尽可能地小。平面、立面不宜出现过多的凹凸面。
(3) 室温要求相近的房间宜集中布置。
(4) 严寒地区居住建筑不应设冷外廊和开敞式楼梯间;公共建筑主入口处应设置转门、热风幕等避风设施。寒冷地区居住建筑和公共建筑宜设置门斗。
(5) 严寒和寒冷地区北向窗户的面积应予以控制,其他朝向的窗户面积不宜过大。应尽量减少窗户缝隙长度,并加强窗户的密闭性。
(6) 严寒和寒冷地区的外墙和屋顶应进行保温验算,保证不低于所在地区要求的总热阻值。
(7) 热桥部分(主要传热渠道)通过保温验算,并做适当的保温处理。
2) 夏季防热设计要求
(1) 建筑物的夏季防热应采取环境绿化、自然通风、建筑遮阳和围护结构隔热等综合性措施。

(2) 建筑物的总体布置,单体的平面、剖面设计和门窗的设置应有利于自然通风,并尽量避免主要使用房间受东、西日晒。

(3) 南向房间可利用上层阳台、凹廊、外廊等达到遮阳目的。东、西向房间可适当采用固定式或活动式遮阳设施。

(4) 屋顶、东西外墙的内表面温度应通过验算,保证满足隔热设计标准要求。

(5) 为防止潮霉季节地面泛潮,底层地面宜采用架空做法。地面面层宜选用微孔吸声材料。

3) 传热系数与热阻

众所周知,热量通常由围护结构的高温一侧向低温一侧传递。散热量的多少与围护结构的传热面积、传热时间、内表面与外表面的温度差有关,提高围护结构热阻值可采取下列措施:

(1) 采用轻质高效保温材料与砖、混凝土或钢筋混凝土等材料组成的复合结构。

(2) 采用密度为 500~800 kg/m³ 的轻混凝土和密度为 800~1 200 kg/m³ 的轻骨料混凝土作为单一材料墙体。

(3) 采用多孔粘土空心砖或多排孔轻骨料混凝土空心砌块墙体。

(4) 采用封闭空气间层或带有铝箔的空气间层。

4) 窗面积和层数的决定

在围护结构上开窗面积不易过大,否则热损失将会很大。窗户和阳台门的总热阻应符合表 4-7 的规定。

表 4-7　窗户和阳台门的总热阻值　　　　单位:$(m^2 \cdot K)/W$

窗户和阳台门的类型	总热阻 R_0	窗户和阳台门的类型	总热阻 R_0
单层木窗	0.172	双层金属窗	0.307
双层木窗	0.344	双层玻璃、单层窗	0.287
单层金属窗	0.156	商店橱窗	0.215

5) 围护结构的蒸汽渗透

围护结构在内表面或外表面产生凝结水现象是由于水蒸气渗透遇冷后而产生的。

由于冬季室内空气温度和绝对湿度都比室外高,因此,在围护结构的两侧存在着水蒸气分压力差。水蒸气分子由压力高的一侧向压力低的一侧扩散,这种现象叫蒸汽渗透。

材料遇水后导热系数增大,保温能力会大大降低。为了避免凝结水的产生,一般采取控制室内相对湿度和提高围护结构热阻的办法解决。

室内相对湿度是空气的水蒸气分压力与最大水蒸气分压力的比值,一般以 30%~40% 为极限,住宅建筑的相对湿度以 40%~50% 为佳。

4.6.2　墙体保温、隔热节能措施

1) 墙体保温

(1) 增加墙体厚度

墙体的热阻与墙体厚度成正比,与导热系数成反比($R=d/\lambda$),所以,墙体越厚,热阻越大,保温性能就越好。但是,墙体厚度的增加减少了室内有效使用面积,加大结构自重,增加

建筑造价。

(2) 采用导热系数小的材料做成复合墙体

现今一般把导热系数 $\lambda \leqslant 0.29$ W/(m·K)的材料认为是保温材料。选择导热系数小的保温材料与砌块墙或钢筋混凝土墙体组合,可有效地提高墙体的保温性能。复合墙体的保温性能可用 K 值(墙体的传热系数)来衡量。外墙传热系数用 K_m 表示,单位为 W/(m²·K),含义是在单位时间单位面积内温度相差 1 热力学温度单位所传递的热量,K 值越低,墙体保温性能越好。

建筑物热量的失散,主要是通过外围护构件,如墙体、屋顶、门窗等向外散热。按照热传导原理,热量从高温一侧向低温一侧传导,室外冷空气通过空隙往室内渗透,室内水蒸气向室外渗透,这样热量就会不断流失,见图 4-46(a)所示。另外,外墙上钢筋混凝土构件的传热系数远远大于其他墙体材料,这部分热量失散也远远大于其他部分,这种热传导异常的部分称为"冷桥",见图 4-46(b)所示。外墙保温措施主要是提高外墙热阻,降低外墙平均传热系数,对传热异常部位进行特殊处理。

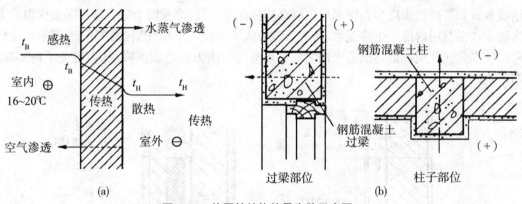

图 4-46 外围护结构热量失散示意图

墙体一般采用外保温,即保温材料设在外墙外侧,能充分发挥保温材料的作用。因为保温材料空隙多,导热系数小,单位时间内吸收或散失的热量小。同时,将热容量大的承重墙体放在内侧,蓄热量大,对房间内的热稳定性有利。当供热不均匀或室外气温变化较大时,可保证围护结构内表面的温度和室内温度不至于急速下降。部分组合墙体的构造和外墙平均传热系数见图 4-47 所示。图 4-48 为某砌块墙保温构造示例。

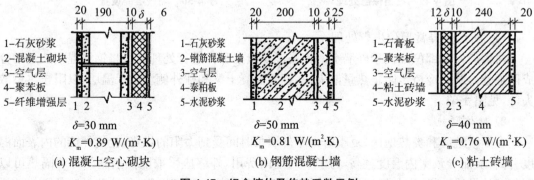

图 4-47 组合墙体及传热系数示例

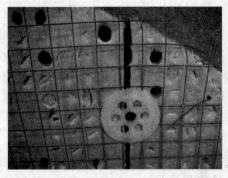

图 4-48 砌块墙保温构造

当房间为间歇采暖时,如影剧院、体育馆等,要求室温很快上升,可将保温层设在外墙内侧,可以减少结构材料蓄热量,有利于节能。图 4-49 为铝箔加空气间层的保温构造。

(3) 防止墙体内部结露

室内水蒸气通过围护结构的渗透过程中,当遇到露点温度时,蒸汽含量达到饱和时将凝结成水。如果冷凝水产生在保温层内则会降低保温成效,严重时会使保温层失去保温能力。为防止在保温层内部产生冷凝水,可在蒸汽流入一侧设一道隔气层,见图 4-50 所示。这样,可以使水蒸气气流在抵达低温表面之前其水蒸气分压力已急剧下降,从而避免了内部凝结的产生。

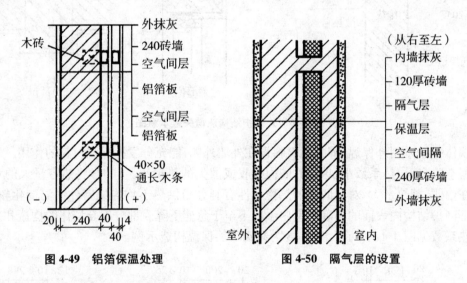

图 4-49 铝箔保温处理　　图 4-50 隔气层的设置

(4) 对传热异常部位进行处理

对传热异常部位如位于外墙上的钢筋混凝土梁和柱进行处理。可将钢筋混凝土过梁分成两部分,截断"冷桥",防止热量散失;在钢筋混凝土梁和柱外侧增设保温层,以阻止热量散失等,见图 4-51。

2) 墙体隔热

在温暖地区和炎热地区,夏季时由于外墙长时间受到太阳的烘烤,会使外墙的内表面温度升高,从而导致室内温度过高,为了节约空调费用,外墙应采取隔热措施。外墙隔热可以同保温的做法一样,即外墙选用导热系数小的材料或增加外墙厚度,但这些做法的隔热效果

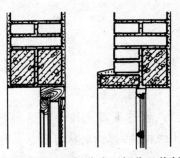 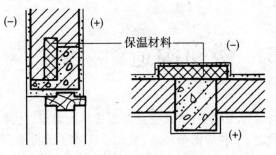

(a) 把钢筋混凝土过梁分成两部分以截断冷桥　　　(b) 在钢筋混凝土过梁和柱外侧设置保温层

图 4-51　对外墙传热异常部位进行处理

不明显，也不经济，工程实际中常用的隔热措施有：

（1）外墙采用浅色而光滑的饰面材料，如浅色墙砖、金属外墙板等反射太阳光，减少外墙吸收的太阳辐射热。

（2）在外墙上设置遮阳设施，利用遮阳设施的遮挡，避免太阳光的直接照射。

（3）在建筑周围栽种高大乔木或攀缘植物，利用绿色植物遮挡，吸收太阳辐射热，达到隔热的目的。

（4）对外墙内部进行技术处理，如采用空心墙体，利用中间空气层隔热，或在外墙内部设通风间层，利用空气流动带走热量，且在满足使用功能和立面美观的需求下尽量减少窗洞口面积。

炎热地区的外墙应具有足够的隔热能力。可以选用热阻大、重量大的材料作外墙，也可以选用光滑、平整、浅色的材料，以增加对太阳的反射能力。外墙作为建筑最大的围护面，在建筑节能设计中具有极大的潜力。如被动式太阳房的设计中，外墙设计为一个集热/散热器，结合太阳能的利用，在外墙设置空气置换层，为墙体的综合保温与隔热提供了新的方式。

复习思考题

1. 墙体的设计要求是什么？
2. 墙体按受力性能可分为几类？
3. 砖墙组砌的要点是什么？常见的砖墙砌筑方式有哪些？
4. 圈梁的位置在哪里？有什么作用？常见的过梁有几种？
5. 常见的勒脚做法有哪些？
6. 墙中为什么要设水平防潮层？设在什么位置？一般有哪些做法？
7. 什么情况下要设垂直防潮层？为什么？
8. 墙身加固措施有哪些？有何设计要求？
9. 什么是砌块墙？简述砌块墙的构造要点。
10. 砌块墙拉结有哪些内容？砌块墙构造柱如何处理？
11. 砖模数是多少？如何协调建筑模数与砖模数的关系？
12. 常见的隔墙有哪些种类？
13. 简述墙面装修的作用和基本类型。
14. 有哪些墙体保温、隔热节能措施？

5 楼梯构造

本章提要：本章重点介绍楼梯的类型、尺度和楼梯设计、钢筋混凝土楼梯的结构类型及构造、楼梯的细部构造、室外台阶与坡道构造、无障碍设计的构造问题、电梯与自动扶梯构造等内容。

建筑空间的竖向组合联系，主要依靠楼梯、电梯、自动扶梯、台阶、坡道以及爬梯等竖向交通设施。其中，楼梯是建筑物中最重要的垂直交通设施，联系了建筑中标高不同的楼层，是建筑空间解决垂直交通和人员疏散的主要手段；垂直升降电梯常用于多层建筑及高层建筑中；自动扶梯常用于人流量较大且持续的公共建筑等。

楼梯的数量、位置、梯段宽度和楼梯间形式应满足使用方便和安全疏散的要求，楼梯构造设计应满足坚固、耐久、安全、防火的要求。

5.1 楼梯的组成、类型、尺度

5.1.1 楼梯的组成

楼梯一般由楼梯段、休息平台和楼梯扶手三部分组成(图5-1)。

1) 楼梯段

楼梯段设于两楼梯平台之间，是联系两个不同标高平台的倾斜构件。通常为板式楼梯，也可以由踏步板和梯斜梁组成梁板式梯段。每个梯段的踏步步数不应超过18级，亦不应少于3级。

2) 休息平台

楼梯中的平台设于两楼梯段之间，主要作方向转换和缓解疲劳之用，故有时也称为休息平台。按平台所处位置和高度不同，有中间平台和楼层平台之分。

3) 楼梯扶手

楼梯扶手是设在梯段及平台边缘的安全保护构件。当梯段宽度不大时，可只在梯段临空面设置；当梯段宽度较大时，非临空面也应加设靠墙扶手；当梯段宽度很大时，则需在梯

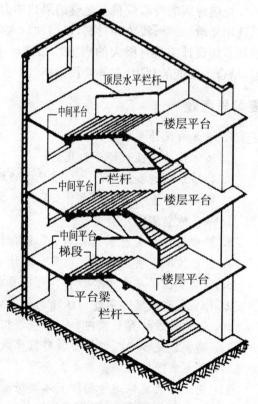

图 5-1 楼梯的组成

段中间加设中间扶手。要求楼梯栏杆必须坚固可靠,并保证有足够的安全高度。

楼梯作为建筑空间竖向联系的主要部件,其位置应明显,起到提示引导人流的作用,并要充分考虑其造型美观、人流通行顺畅、行走舒适、结构坚固、防火安全,同时还应满足施工和经济条件的要求。因此,需要合理地选择楼梯的形式、坡度、材料、构造做法,精心地处理好其细部构造。

5.1.2 楼梯的类型

楼梯按位置分为室外楼梯和室内楼梯;按使用性质分为主要楼梯和辅助楼梯,室外有疏散楼梯和防火楼梯;按材料分为木楼梯、钢筋混凝土楼梯以及钢质、混合式和金属楼梯等;按平面形式分为直跑楼梯、双跑楼梯、多跑楼梯、圆形楼梯、螺旋楼梯、弧形楼梯、桥式楼梯和剪刀式楼梯等(图5-2)。

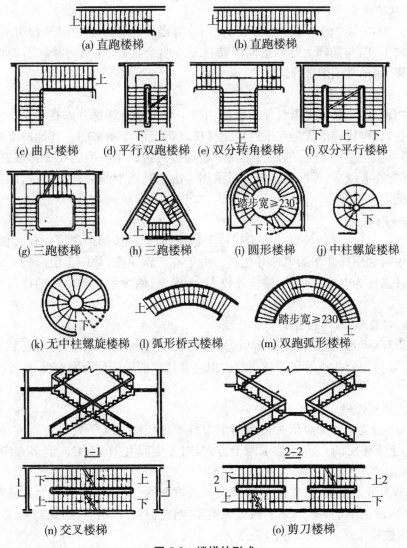

图 5-2 楼梯的形式

楼梯平面形式的选择取决于其所处位置、楼梯间的平面形状与大小、楼层高低与层数、人流多少与缓急等因素,设计时要综合权衡这些因素。

1) 直跑楼梯

如图 5-2(a)、(b),指行人在楼梯段上下时不转换方向的楼梯,常用于层高较小的住宅或大型公共建筑的主要出入口处,如住宅的户内楼梯和大型体育馆的疏散楼梯等。

直跑楼梯又分为直行单跑楼梯和直行多跑楼梯两种。前者无中间平台,由于单跑楼梯梯段踏步一般不超过 18 级,故仅用于层高不大的建筑;多跑楼梯是单跑楼梯的延伸,仅增设了中间平台,将单梯段变为多梯段。一般为双跑梯段。

2) 曲尺(转角)楼梯

如图 5-2(c),这种楼梯的两个梯段转换方向小于 180°(常为 90°),多用作于住宅户内楼梯,两梯段可沿墙设置,且楼梯下部空间可充分利用。某些公共建筑(如旅馆、影剧院等)的底层大厅也常用这种楼梯。

3) 平行双跑楼梯

如图 5-2(d),它由两个平行(在水平投影上)的楼梯段和一个中间平台组成,由于第二跑楼梯段转向 180°,与楼梯上升的空间回转往复性吻合,因此比直跑楼梯节约面积并缩短人流行走距离,是最常用的楼梯形式之一。

4) 双分、双合式楼梯

如图 5-2(e)、(f),双分式和双合式楼梯相当于两个双跑楼梯并联在一起。图 5-2(f) 为平行双分楼梯,此种楼梯形式是在平行双跑楼梯基础上演变而来的。其梯段平行而行走方向相反,且第一跑在中部上行,然后自中间平台处往两边以第一跑的 1/2 梯段宽,各上一跑到楼层面,通常在人流多、梯段宽度较大时采用。由于其造型的对称严谨性,因此常用作为办公类建筑的主要楼梯。

5) 折行多跑楼梯

如图 5-2(g)、(h),这两种类型皆为折行三跑楼梯,此种楼梯中部形成较大梯井,在设有电梯的建筑中可利用梯井作为电梯井位置。由于有三跑梯段,常用于层高较大的公共建筑中。当楼梯井未作为电梯井时,因楼梯井较大,不安全,供少年儿童使用的建筑不能采用此种楼梯。

6) 圆形、螺旋形、弧形楼梯

如图 5-2(i)~(m),这三种楼梯造型优美、流畅,是很好的装饰楼梯,可起到丰富空间的效果,多用于宾馆等公共建筑和园林建筑。但这类楼梯的踏步面有宽窄变化,不能作为疏散楼梯使用。

7) 交叉、剪刀楼梯

如图 5-2(n),交叉楼梯可认为是由两个直行单跑楼梯交叉平列布置而成,通行的人流量较大,且为上下楼层的人流提供了两个方向,对于空间开敞、楼层人流多方向进入有利。但仅适合层高小的建筑。

图 5-2(o)为剪刀楼梯,在建筑层高较大时设置中间平台,中间平台为人流变换行进方向提供了条件,适用于层高较大且有楼层人流多向性选择要求的建筑,如商场、多层食堂等。

图 5-3 为楼梯实例。

图 5-3 楼梯实例

5.1.3 楼梯的主要尺度

1) 确定楼梯坡度

楼梯的坡度是楼梯段的倾斜度，在实际运用中由踏步高宽比决定。踏步的高宽比需根据人流行走的舒适、安全和楼梯间的尺度、面积等因素进行综合权衡。楼梯的坡度范围为 20°～45°，楼梯适宜坡度是 26°～33°。当坡度小于 20°时，设坡道；当坡度大于 45°时，设爬梯（图5-4）。

楼梯的坡度应根据建筑物的使用性质、层高以及便于通行和节省面积等因素确定，一般公共建筑的人流通行量大，坡度应该平缓一点；而人流通行量较小

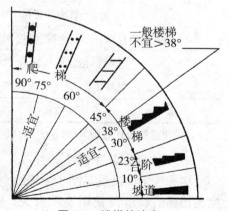

图 5-4 楼梯的坡度

的建筑(如住宅),坡度可以陡一点,但最好不要超过38°。

2) 确定楼梯的踏步尺寸

楼梯的坡度其实是由楼梯段上的踏步尺寸所决定的。踏步由踏面和踢面组成,踏面宽 b 和踢面高 h 之比构成了楼梯的坡度(图5-5(a))。踏面越窄,踢面越高,则楼梯的坡度越陡;反之,踏面越宽,踢面越矮,则楼梯的坡度越缓。楼梯踏步尺寸的确定与人的步距有关,计算公式是

$$b + h = 450 (mm)$$
$$b + 2h = 600 (mm)$$

式中:b——踏步的踏面宽(mm);

h——踏步的踢面高(mm)。

例如,$b = 300$ mm, $h = 150$ mm,这是一般公共建筑的踏步尺寸(这时楼梯的坡度是 $26°37'$)。在实际工程中,踏面宽 b 的取值范围是 $250 \sim 300$ mm,踢面高 h 的取值范围是 $140 \sim 180$ mm。

250 mm 的数值其实就是人的平均鞋长,为人们上下楼梯更舒适,踏面宜适当宽一点,可将踏面的前缘挑出,形成突缘,突缘宽度一般为 $20 \sim 40$ mm(图5-5(b)、(c))。表5-1是民用建筑楼梯踏步的尺寸。

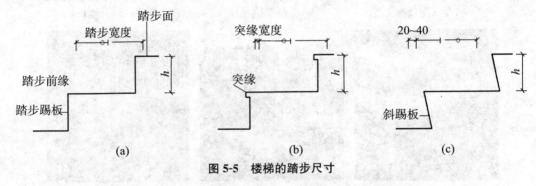

图 5-5 楼梯的踏步尺寸

表 5-1 楼梯踏步的最小宽度和最大高度

楼 梯 类 别	最小宽度 b(mm)	最大高度 h(mm)
住宅公用楼梯	260	175
幼儿园、小学楼梯	260	150
电影院、剧场、体育馆、商场、医院、旅馆和大中学校等楼梯	280	160
其他建筑楼梯	260	170
服务楼梯、住宅套内楼梯	220	200
专用疏散楼梯	250	180

注:《民用建筑设计通则》(GB 50352-2005)。

3) 确定楼梯扶手高度

楼梯扶手的高度是踏步上缘线至扶手顶部的垂直高度,它是楼梯的安全防护措施,其高度与楼梯的坡度及使用要求有关。一般室内楼梯扶手高度不得小于 900 mm,通常取值 900 mm。在幼托建筑中,除设置成人栏杆扶手以外还应增设儿童扶手,其高度一般取值

500～600 mm；室外楼梯栏杆扶手的高度不得小于1 050 mm，且垂直栏杆间距不得大于110 mm(图5-6)。

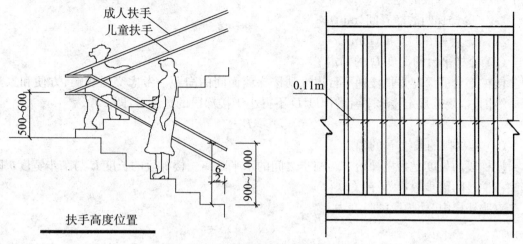

图5-6 楼梯栏杆扶手高度

4) 确定楼梯梯井宽度

所谓梯井，是指梯段之间形成的空当，此空当从顶层到底层贯通(见图5-7中C)。在平行多跑楼梯中可无梯井，但为了梯段安装和平台转弯缓冲，可设梯井。为了安全起见，其宽度应小，以100～200 mm为宜，最小不宜小于60 mm。对幼儿园、小学等建筑的楼梯，当梯井净宽大于200 mm时，为避免发生危险，梯井应做防护措施。

5) 确定楼梯的平面尺寸

楼梯的平面尺寸包括楼梯段的宽度B、楼梯平台的深度D、楼梯段的长度L(图5-7)。

(1) 楼梯段的宽度B的确定

楼梯段宽度应根据人流量、防火要求及建筑物的使用性质等因素确定。在公共建筑中，净宽按每股人流0.55 m+(0～0.15)m计算，并不得少于两股人流；0～0.15 m是人流在行进中的摆幅尺寸，公共建筑通行人流多的场所应取上限值。一般以楼梯作为主要交通设施的公共建筑，其主楼梯的梯段宽度按两股以上人流考虑，一般梯段净宽为1.4～2.2 m。供事故状态下疏散用的楼梯，按防火规范规定，应保证两股人流通过，因而疏散楼梯段的最小净宽不宜小于1.1 m。住宅公共楼梯的梯段净宽不应小于1.1 m，六层及六层以下的、一边设有栏杆的梯段净宽不应小于1 m。

若楼梯间的开间已定，双跑楼梯梯段宽度B的计算公式如下：

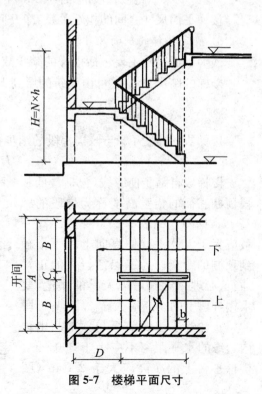

图5-7 楼梯平面尺寸

$$B = \frac{A-C}{2}$$

式中:B——楼梯段的宽度(mm);
　　A——楼梯间的净开间(mm);
　　C——楼梯井的宽度(mm)。

(2) 楼梯平台的深度 D 的确定

楼梯平台的深度是指楼梯平台边缘到楼梯墙面间的净距。考虑交通顺畅、方便和家具搬运等因素,规范规定楼梯平台的深度 D 不得小于楼梯段的宽度 B,即

$$D \geqslant B$$

(3) 楼梯段的长度 L 的确定

楼梯段的长度是指楼梯始末两踏步之间的水平距离。楼梯段的长度 L 与踏步宽度 b 以及该楼梯段的踏步数量 N 有关。

直跑楼梯中,楼梯段的长度为

$$L = (N-1)b$$

由于楼梯上行的最后一个踏步面的标高与楼梯平台的标高一致,其宽度已计入平台的深度,因此,在计算楼梯段长度时应该减去一个踏步宽度。

若是双折式等跑楼梯,则楼梯段的长度为

$$L_1 = L_2 = \left(\frac{N}{2} - 1\right)b$$

式中:L_1——第一跑楼梯段的长度(mm);
　　L_2——第二跑楼梯段的长度(mm)。

楼梯平面尺寸之间的相互关系:净开间$=2B+C$;净进深$=2D+L$。

6) 确定楼梯的剖面尺寸

楼梯剖面尺寸主要包括楼梯的踏步数量 N、楼梯段的高度 H_n、楼梯的净高 H_0。

楼梯的踏步数量 N 可由建筑的层高 H、楼梯的踏步踢面高 h 求得,即

$$N = \frac{H}{h}$$

楼梯段的高度 H_n 与该楼梯段的踏步数量 N_n 和踏步踢面高 h 之间的关系为

$$H_n = N_n h$$

楼梯段自踏步前缘线(包括最低和最高一级踏步前缘线以外 0.30 m 范围内)至上层梯段顶棚底面的铅垂高度称为梯段的净高 H_0(见图 5-8、表 5-2)。梯段净高一般应大于人体手臂伸直向上时手指触到顶棚的距离。为了保证行人的正常通行、心理感觉和考虑家具的搬运,要求楼梯段上的净高应大于 2.2 m,梯段起始步和终了步的前缘与顶部凸出物内边缘的水平距离不应小于 300 mm。楼梯平台上的净高应大于 2.0 m(图 5-9)。

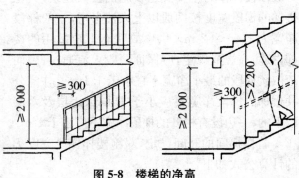

图 5-8　楼梯的净高

表 5-2 梯段净高尺寸计算　　　　　　　　　　　　　　　　　　单位：mm

踏步尺寸	130×340	150×300	170×260	180×240
梯段宽度	25°54′	26°30′	33°12′	36°52′
梯段净高	2 360	2 400	2 470	2 510

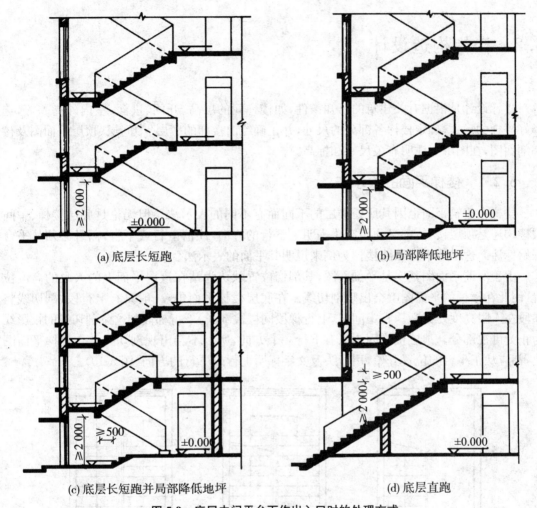

图 5-9　底层中间平台下作出入口时的处理方式

在住宅建筑中，为降低交通面积在平面中的比例，常在楼梯平台下作出入口。为保证楼梯平台下的净高大于 2.0 m，通常需要对底层楼梯间作必要的设计，其处理方法有：

（1）将底层楼梯设计成不等跑，第一跑梯段长一些，第二跑梯段短一些，可以抬高中间平台以满足楼梯净高要求（图 5-9（a））。这种方式在楼梯间进深较大、底层平台宽度富余时适用。

（2）降低中间平台下的地面标高，即把部分室外台阶内移，这种方法需要注意的是不能把所有的台阶都移进来，为防止雨水流进室内，室外一般需要保留一级台阶（该台阶至少高 0.06 m），若建筑室内外高差足够时即可采用这种方法（图 5-9（b））。这种处理方法可保持等跑梯段,使构件统一。但中间平台下地坪标高的降低常依靠底层室内地坪±0.000 标高绝对值的提高来实现,可以增加填土方量或将底层地面架空。

(3) 以上两种方法相结合(图 5-9(c))。

(4) 将底层楼梯设计成直跑楼梯。这种方法一定要保证雨篷底到楼梯段上的净距大于 2.0 m(图 5-9(d))。这种方式常用于住宅建筑。

5.2 楼梯构造设计

楼梯设计是根据有关建筑的已知条件,如楼梯间的层高、开间、进深、室内外高差等,选择好楼梯的形式,确定楼梯各部分的尺寸,并正确绘出楼梯的底层、中间层、顶层平面图及楼梯剖面图,在图中要注明有关尺寸和标高。

5.2.1 楼梯平面的表示法

楼梯在建筑平面上因其所处楼层的不同而有不同的表示法。但无论是底层楼梯、中间层楼梯还是顶层楼梯,都必须用箭头表明上下行的方向,注清上行或下行,而且必须从平台开始标注。这里用平行双跑楼梯为例来说明其平面的表示法。

由于所谓平面图其实是平剖面图,其剖切位置默认为站在该层平面上的人眼的高度位置,因此在楼梯的平面图上会出现剖切线。在底层楼梯平面中,一般只有上行段,剖切线将梯段在人眼高度处截断。在中间层,上行梯段同样被剖断,下行梯段到这条剖切线的投影线为止为可视部分。顶层楼梯因为只有下行一个方向,所以不会出现剖切线。在楼梯平面图上,都应从正平台的位置开始,用箭头及文字标明上行或下行的方向(图 5-10)。

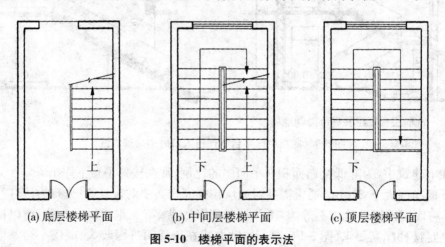

(a) 底层楼梯平面　　(b) 中间层楼梯平面　　(c) 顶层楼梯平面

图 5-10　楼梯平面的表示法

5.2.2 楼梯尺寸计算

在进行楼梯构造设计时,应对楼梯各细部尺寸进行详细的计算。现仍以常用的平行双跑楼梯为例,说明楼梯尺寸的计算方法(图 5-11)。

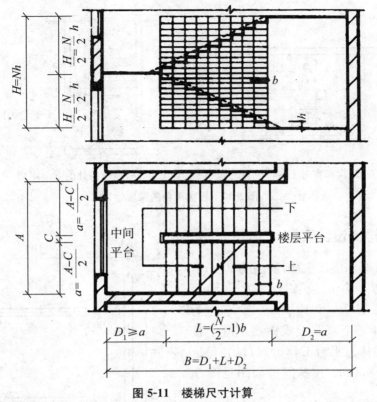

图 5-11　楼梯尺寸计算

（1）根据层高 H 和初选踏步高 h 定每层踏步数 N，$N=H/h$。为了减少构件规格，一般应尽量采用等跑梯段，因此 N 宜为偶数。如所求出 N 为奇数或非整数，可反过来调整踏步高 h。

（2）根据踏步数 N 和初选踏步宽 b 决定梯段水平投影长度 L，$L=(1/2N-1)\times b$。

（3）确定是否设梯井。如楼梯间宽度比较富余，可在两梯段之间设梯井。供少年儿童使用的楼梯梯井不宜大于 120 mm，以利安全。

（4）根据楼梯间开间净宽 A 和梯井宽 C 确定梯段宽度 a，$a=(A-C)/2$。同时检验其通行能力是否满足紧急疏散时人流股数要求，如不能满足，则应对梯井宽 C 或楼梯间开间净宽 A 进行调整。

（5）根据初选中间平台宽 D_1（$D_1\geqslant a$）和楼层平台宽 D_2（$D_2>a$）以及梯段水平投影长度 L 检验楼梯间进深净长度 B，$D_1+L+D_2=B$。如不能满足，可对 L 值进行调整（即调整 b）。必要时，需调整 B 值。在 B 值一定的情况下，如尺寸有富余，一般可加 b 值以减缓坡度或加宽 D_2 值以利于楼层平台分配人流。在装配式楼梯中，D_1 和 D_2 值的确定尚需注意使其符合标准板安放尺寸，或使异性尺寸板仅在一个平台，减少异形板数量。

根据规范要求，平台的深度不应该小于梯段的宽度。当梯段较窄而楼梯作为主要楼梯使用的时候，平台的深度应该适当放宽，以利于带物转弯。另外，在有门开启的出入口和有结构构件突出处，楼梯平台也应适当放宽。例如在如图 5-12(a)所示的情况下，考虑平台梁搁置的需要，平台口应该与立柱两端的边缘有一道梁宽的距离，但平台的宽度的计算应从柱边缘开始。又如在图 5-12(b)的情况下，出于安全方面的考虑，平台口应该退离转角大约一踏步的位置。

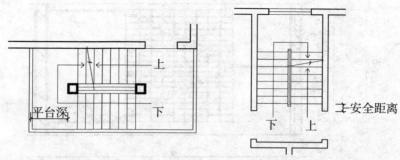

(a) 结构布置对平台口位置的影响　　(b) 平台口离转角处的安全距离

图 5-12　楼梯平台的深度

5.2.3　楼梯设计实例

【例 5-1】　某四层住宅楼,层高为 2.8 m,楼梯间开间为 2.7 m,进深为 5.1 m,墙厚 240 mm,轴线居中,室内外地面高差为 0.6 m。试设计一个双跑板式钢筋混凝土楼梯,要求在首层休息平台下作出入口,并保证平台梁下净高≥2 m。楼梯间平面图见图 5-13 所示。

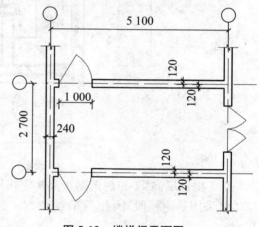

图 5-13　楼梯间平面图

【解】　① 根据住宅设计规范得知,四层住宅梯段净宽取值范围应不小于 1 m,因此设计梯段净宽只要不小于 1 m 即能够满足规范要求。住宅梯井选 100 mm,则梯段宽度

$$B = \frac{(2\,700 - 240) - 100}{2} = 1\,180 \text{ mm}$$

1 180 mm＞1 000 mm,满足要求。根据休息平台净宽 D≥梯段宽 B 的原则,则 D 取 1 260 mm。

② 根据表 5-1 中住宅踏步的取值范围,选择踏步高 h＝175 mm,踏步宽 b＝260 mm。

③ 确定每层踏步数:2 800/175＝16,确定踏步数为 16 步。双跑楼梯标准梯段,每个梯段为 8 级踏步。

④ 确定第一、二梯段的踏步数。由于本设计要求休息平台下过人,则平台梁下净高应不小于 2 m。由于标准梯段的净高不能满足要求,所以第一梯段的踏步数应增多,第二梯段踏步数应减少,形成不等跑双跑楼梯。第一梯段取 10 步即可满足要求,此时第二梯段为 6 步。验算方法是:休息平台下净高＝175×10＋500(底层楼梯地面降低高度)－休息平台梁高(一般取 250 mm)＝1 750＋500－250＝2 000 mm,满足要求。

⑤ 确定梯段水平投影长度。第一梯段长 L_1＝(10－1)×260＝2 340 mm,第二梯段长 L_2＝(6－1)×260＝1 300 mm。标准梯段长度 L＝(8－1)×260＝1 820 mm。

⑥ 验核最长梯段(第一梯段)处的进深尺寸:5 100－240－2 340－2×1 260＝0。满足要求。

⑦ 绘制平面图、剖面图。见图 5-14。

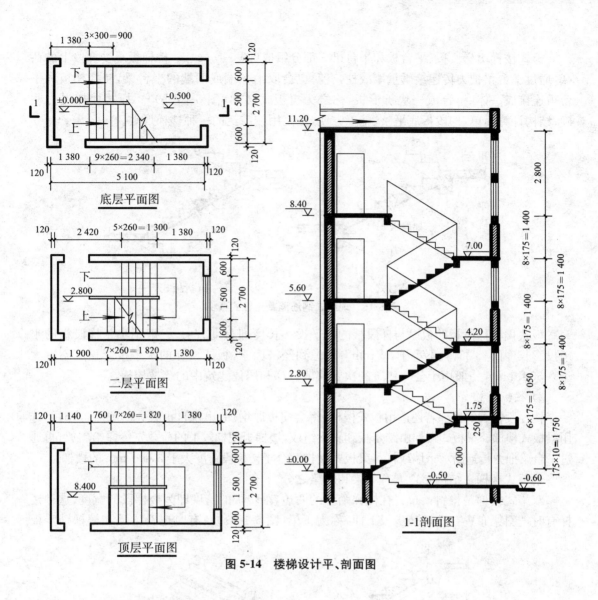

图 5-14 楼梯设计平、剖面图

5.3 钢筋混凝土楼梯构造

钢筋混凝土楼梯的构造形式多种多样,按其传力方式不同,可分为板式楼梯和梁板式楼梯两大类;按施工方式不同,可分为现浇楼梯、预制装配式楼梯以及装配整体式楼梯三种。

5.3.1 现浇式钢筋混凝土楼梯

现浇式钢筋混凝土楼梯是指楼梯段、楼梯平台等整浇在一起的楼梯,它整体性好,刚度大,抗震性能较好,能适应各种楼梯间平面和楼梯形式,充分发挥钢筋混凝土的可塑性。现多被采用。现浇式钢筋混凝土楼梯根据传力特点,有板式楼梯和梁板式楼梯之分。

1) 板式楼梯

板式楼梯由梯段板、平台板和平台梁三部分组成(图5-15(a))。楼梯板承受梯段上的荷载,通过平台梁把力传递给承重墙或柱,有时也会取消一端或两端的平台梁,使楼梯板和平台板连接成一体,组合成一块折形板,称之为折板式楼梯(图5-15(b))。板式楼梯受力明确,结构计算简单,梯段板底平整,施工方便,是使用较广泛的一种楼梯形式。

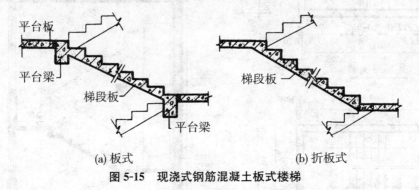

(a) 板式　　　　　(b) 折板式

图5-15　现浇式钢筋混凝土板式楼梯

板式楼梯梯段板的板厚与梯段板的水平投影长度即跨度有关,一般不小于梯段板的水平投影长度的1/25,且不小于80 mm。考虑到经济因素,板式楼梯的水平投影长度不宜大于3 600 mm。一般用于公共建筑的次要疏散楼梯和居住建筑中的疏散楼梯。

2) 梁板式楼梯

楼梯段较大的楼梯若还选用板式楼梯,将会使板厚增加,出现自重太大的缺点,这时可选用梁板式楼梯。梁板式楼梯由踏步板和斜梁组成,楼梯板把梯段上的荷载先传递给斜梁,再通过平台梁把力传递给承重墙或柱。梁板式楼梯适合于楼梯段跨度大于3 000 mm的楼梯。

梁板式楼梯在结构布置上有单梁和双梁之分。

双梁式楼梯是将斜梁布置在楼梯踏步的两边,踏步板的跨度即为楼梯段的宽度,这种楼梯有时把斜梁布置在楼梯踏步板下面,称为正梁(图5-16(a));有时把斜梁反在楼梯踏步板

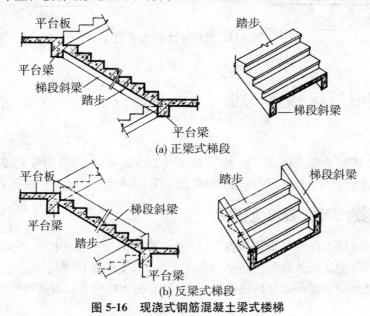

(a) 正梁式梯段

(b) 反梁式梯段

图5-16　现浇式钢筋混凝土梁式楼梯

上面,称为反梁(图 5-16(b))。从受力的角度看,正梁式楼梯传力比较合理;而反梁式楼梯能保持底板平整,可防止拖洗踏步板时的污水四处流淌。

单梁式楼梯是在公共建筑中采用较多的一种结构形式,因为其造型优美、轻盈。这种楼梯的踏步板由一根斜梁支承。梯梁布置有两种形式:一种是单梁悬臂式楼梯,是将斜梁布置在楼梯踏步的一端,而将踏步的另一端向外悬臂挑出(图 5-17(a));另一种是单梁挑板式楼梯,是将斜梁布置在楼梯踏步的中间,让踏步向两端向外悬臂挑出(图 5-17(b))。

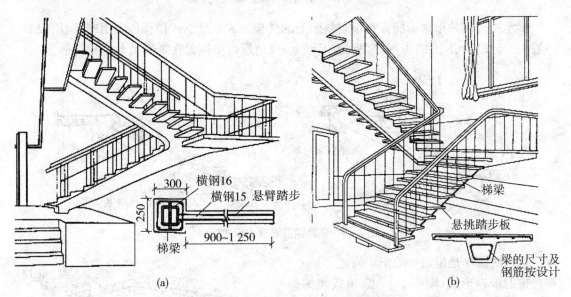

图 5-17 现浇式钢筋混凝土单梁楼梯

5.3.2 装配式钢筋混凝土楼梯

装配式钢筋混凝土楼梯按构造方式可以分为小型构件装配式楼梯、中型构件装配式楼梯、大型构件装配式楼梯,以下介绍前两种构造方式。

1) 小型构件装配式楼梯

小型构件装配式楼梯是将楼梯的梯段和平台划分成若干部分,分别预制成小构件装配而成。构件的尺寸小,重量轻,制作、运输、装配都比较容易,但构件数量多,施工速度慢,适合于吊装能力较差的情况。小型构件装配式楼梯可按楼梯段、平台进行划分。

(1) 楼梯段

楼梯段上的主要预制构件是踏步、斜梁、楼梯板。

① 预制踏步

钢筋混凝土预制踏步断面形式有一字形、三角形、L形三种。断面厚度约为 40~80 mm。一字形踏步制作简单,自重轻,踢面可镂空或填实,但因为受力不合理,一般只适合简易梯或室外梯(图 5-18(a))。L形踏步自重也轻,受力合理,但拼装后底面形成折板,易积灰。L形踏步的搁置方式有两种:一种是倒置,即踢面在上搁置(图 5-18(b));另一种是正置,即踢面在下搁置(图 5-18(c))。三角形踏步自重较大,为减轻自重,可将踏步内抽孔。三角形踏步拼装后底面平整(图 5-18(d))。

预制踏步的结构布置主要有梁承式、悬挑式和墙承式三种。

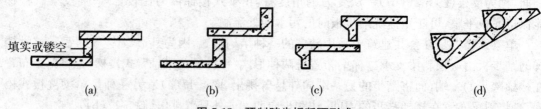

图 5-18　预制踏步板断面形式

梁承式楼梯是指踏步搁置在预制斜梁上的楼梯形式。梁承式楼梯传力明确,运用较多。一般一字形踏步、L形踏步搁置在锯齿形梁上,三角形踏步搁置在矩形梁上(图 5-19)。

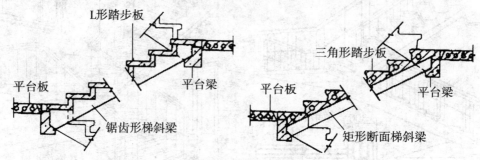

图 5-19　预制钢筋混凝土梁式楼梯

悬挑式楼梯是指踏步的一端固定,另一端悬挑的楼梯形式(图 5-20)。悬挑式楼梯不设斜梁和平台梁,构造简单,但要防止颠覆。从结构上考虑,悬挑式楼梯主要选用一字形或 L 形踏步,楼梯间两侧的墙体厚度不应小于 240 mm,踏步悬挑长度不超过 1 500 mm。此外,因悬挑式楼梯抗震性能比较差,因此地震地区不宜采用,适用于非地震区。

墙承式楼梯是指踏步搁置在墙上的楼梯形式。墙承式楼梯踏步上的荷载直接传递给墙体,不需要斜梁和平台梁,所以构造简单,安装方便。这种楼梯主要选用一字形或 L 形踏步,适用于直跑式楼梯,若是双折

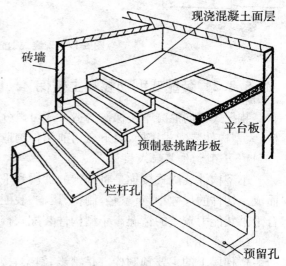

图 5-20　预制钢筋混凝土悬挑式楼梯

式平行楼梯则需要在楼梯井处设置墙体以支承踏步。这种设置会给人流通行、家具搬运带来不便,特别是会遮挡视线,可在适当位置开设观察孔(图 5-21)。

② 预制楼梯斜梁

钢筋混凝土预制斜梁根据断面形式有矩形梁和锯齿形梁两种。矩形梁用于搁置三角形踏步,锯齿形梁用于搁置一字形踏步、L形踏步(图 5-22)。

斜梁一般按跨度的 1/12 估算其断面的有效高度。

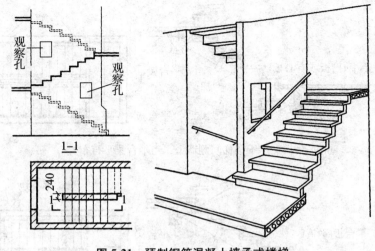

图 5-21 预制钢筋混凝土墙承式楼梯

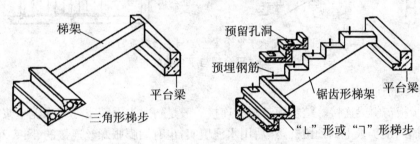

图 5-22 预制楼梯斜梁

③ 楼梯板

钢筋混凝土预制板式楼梯是带踏步的整板,由于没有斜梁,楼梯底板平整,其有效厚度可以按 $L/20\sim L/30$ 估算。为减轻自重,可横向抽孔制作成空心构件(图 5-23)。

(2) 楼梯平台

楼梯平台的主要预制构件是平台梁和平台板。

平台梁用于支承斜梁、梯段板的传力。平台梁根据断面形式有矩形梁和 L 形梁两种,其构造高度按跨度的 1/12 估算(图 5-24)。

平台板布置于平台梁上,可平行于梁布置,也可垂直于梁布置,前者的受力较为合理。平台板有钢筋混凝土空心板、槽形板或平板,若平台上有管道井则不宜布置空心板(图 5-25)。

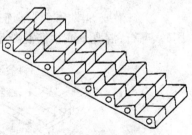

图 5-23 预制楼梯板

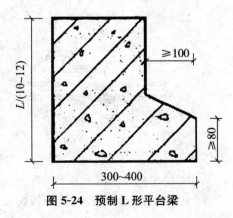

图 5-24 预制 L 形平台梁

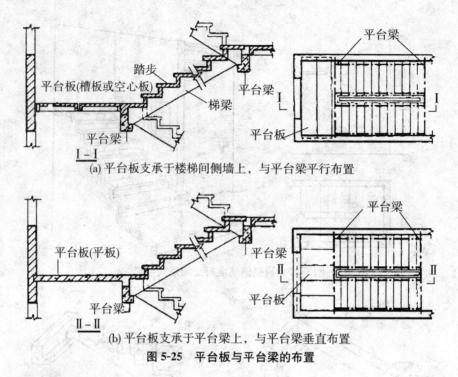

图 5-25 平台板与平台梁的布置

（3）构件的连接构造

① 踏步板与斜梁连接。踏步板与斜梁连接一般是斜梁支承踏步处用水泥坐浆；或斜梁上预埋钢筋，插入踏步板上的预留孔，然后用水泥填实；也有用膨胀螺丝连接的（图 5-26(a)）。

② 斜梁或梯段板与平台梁连接。一般是在两者连接处预埋铁件，然后进行焊接（图 5-26(b)）。

③ 斜梁或梯段板与梯基连接。在楼梯底层起步处，斜梁或梯段板下应做梯基，梯基常用砖、毛石、混凝土或钢筋混凝土基础梁（图 5-26(c)、(d)）。

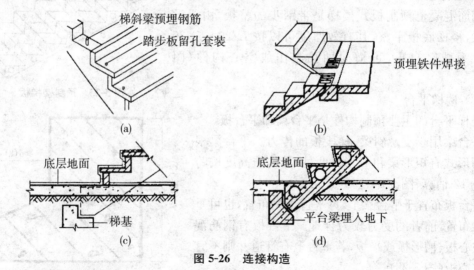

图 5-26 连接构造

2）中型构件装配式楼梯

中型构件装配式楼梯是将楼梯划分成梯段和平台两个部分，分别预制成构件装配而成。

(1) 楼梯段

预制楼梯段是将整个楼梯斜段(踏步、梯段等)制成一个构件,进行安装。按其结构形式不同分为梁式楼梯和板式楼梯。

梁式楼梯的楼梯段由踏步和斜梁组成,像现浇式钢筋混凝土楼梯一样,梁式楼梯的楼梯中斜梁的布置可以是正梁也可以是反梁布置,一般把斜梁布置成反梁,这样可以有效地提高楼梯段的净高。梁式楼梯的楼梯段的构造形式有三种:实心、空心和折形板。空心梁式楼梯只能横向抽孔。折形板梁式楼梯用料最省,自重最轻,但底板不平整,容易积灰。

板式楼梯的楼梯段由踏步与板组成,两者制作成一体。板式楼梯有实心和空心两种类型。实心楼梯的自重较大,为减轻自重,可将板制作成空心板。空心楼梯板有横向抽孔和纵向抽孔两种,横向抽孔制作方便,应用较广,楼梯板厚较厚时可以纵向抽孔(图 5-27)。

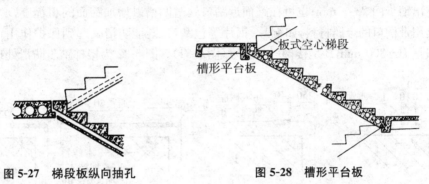

图 5-27 梯段板纵向抽孔　　图 5-28 槽形平台板

(2) 楼梯平台

中型构件装配式楼梯常将平台板与平台梁组合在一起制作成一个构件。这种带梁的平台板一般采用槽形板,将与梯段连接一侧的板肋做成 L 形梁即可(图 5-28)。

在生产、吊装能力不足时,可将平台板与平台梁分开预制,平台梁采用 L 形断面,平台板采用平板或空心板(图 5-29)。

(3) 构件的连接构造

中型构件装配式楼梯构件连接主要涉及楼梯段与楼梯平台梁的连接。为了方便楼梯段与楼梯平台梁的连接,平台梁一般采用 L 形梁。L 形平台梁出挑的翼缘顶面有平面和斜面两种,平顶面翼缘使梯段搁置处的构造较复杂;而斜顶面翼缘简化了梯段搁置处的构造,使用得较多(图 5-30)。

楼梯段与楼梯平台梁的连接处要有可靠的支承面,一般在梯段安装之前铺设水泥砂浆坐浆,使构件间的接触面贴紧,受力均匀;就位后,把预埋铁件进行焊接。有的是将梯段预留孔套接在平台梁的预埋插铁上,孔内用水泥砂浆填实。在楼梯底层起步处,斜梁或梯段板下也应做梯基。

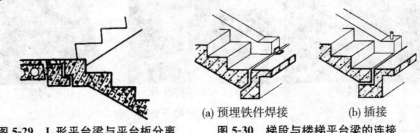

图 5-29 L 形平台梁与平台板分离　　图 5-30 梯段与楼梯平台梁的连接

5.4 楼梯的细部构造

5.4.1 踏步面层及防滑处理

楼梯的地面由于行走人流量大，磨损严重，所以踏步面层应采用耐磨材料。又由于楼梯为倾斜构件，为防止行人在上下楼梯时不慎滑倒，并起到保护踏步阳角的作用，踏步表面应设置防滑措施，即在踏面近踏口处设置防滑条。

防滑条的材质要求能特别耐磨，常采用金刚砂、螺纹钢筋等做略高于踏面的防滑条，防滑条应突出踏步面 2～3 mm；也可在踏面近踏口处凿凹槽以增加踏面的粗糙度，增强摩擦力；还有的是用带槽口的金属材料，如铜片、钢片等包踏口，既能防滑又起到保护作用。防滑条的长度一般是 $B-300$ mm，B 是楼梯段的宽度（图 5-31）。图 5-32 为楼梯踏步防滑处理实例。

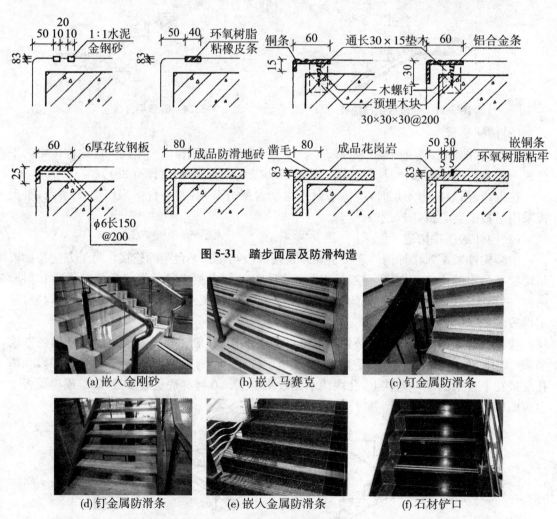

图 5-31 踏步面层及防滑构造

(a) 嵌入金刚砂　(b) 嵌入马赛克　(c) 钉金属防滑条

(d) 钉金属防滑条　(e) 嵌入金属防滑条　(f) 石材铲口

图 5-32 楼梯踏步防滑处理实例

5.4.2 栏杆与扶手构造

楼梯的防护构件是栏杆和扶手,通常设于楼梯段及平台临空一侧,三股人流时两侧设扶手,四股人流时加中间扶手。

1) 栏杆

按构造做法分为空花栏杆、实心栏板和组合式栏杆三种。

(1)空花栏杆

空花栏杆不仅起到防护作用,而且还有较强的装饰作用。空花栏杆以栏杆竖杆作为主要受力构件,一般采用方钢、圆钢或扁钢等金属材料及木材制作,常见的栏杆截面尺寸有圆钢$\phi16\sim\phi25$,方钢15 mm×15 mm~25 mm×25 mm,扁钢(30~50)mm×(3~6)mm,钢管$\phi20\sim\phi50$(图5-33)。

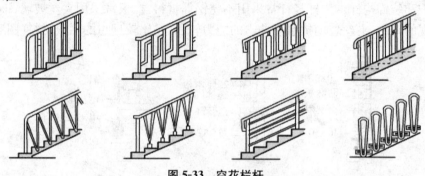

图 5-33 空花栏杆

住宅和所有公共建筑,为防止坠落,栏杆垂直杆件的净距不应大于110 mm,且最好不要设计有便于攀爬的花饰,如某些横向杆件。

栏杆与踏步的连接方式有铆接、焊接和螺栓连接三种形式。

铆接是将栏杆底端做成燕尾铁,插入踏步的预留孔洞中,用水泥砂浆或细石混凝土填实(图5-34(a))。

焊接是在踏面上预埋铁件,然后把栏杆焊接在预埋铁件上(图5-34(b))。

常用的螺栓连接方法是用膨胀螺丝连接杆件与踏步(图5-34(c))。

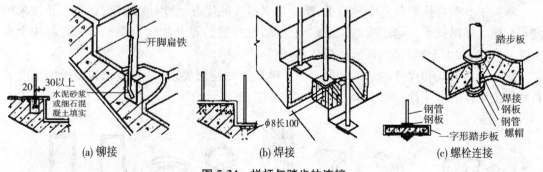

图 5-34 栏杆与踏步的连接

(2) 实心栏板

实心栏板常采用钢筋混凝土、加筋砖砌体、钢化玻璃等材料制作。钢筋混凝土实心栏板可以现浇,也可以预制;加筋砖砌体实心栏板是普通砖侧砌60 mm厚,外加钢丝网加固(图5-35)。

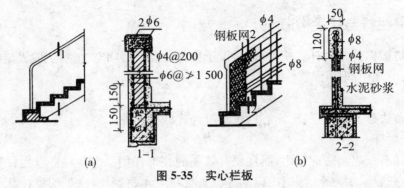

图 5-35 实心栏板

(3) 组合式栏杆

组合式栏杆是指空花栏杆和实心栏板两种形式的组合。栏杆作主要的抗侧力构件,栏板作为防护和装饰构件。栏杆竖杆常采用不锈钢等材料,栏板常采用夹丝玻璃、钢化玻璃等轻质和美观的材料,夹丝玻璃抗水平冲击的能力较强,是比较理想的栏板材料(图 5-36)。

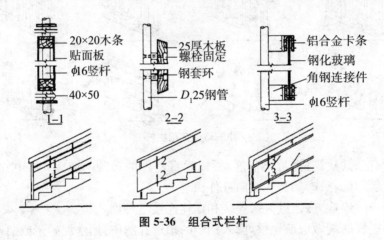

图 5-36 组合式栏杆

2) 扶手

楼梯的扶手按材料分,有木扶手、金属扶手、塑料扶手、细石混凝土扶手等;按构造分,有栏杆扶手、栏板扶手、靠墙扶手等。

木扶手和塑料扶手具有手感舒适、断面形式多样的优点,使用最为广泛。木扶手常采用硬木制作。塑料扶手可选用生产厂家定型产品,也可另行设计加工制作。金属管材扶手由于其可弯性,常用于螺旋形、弧形楼梯扶手,但其断面形式单一。

扶手断面形式和尺寸的选择既要考虑人体尺度和使用要求,又要考虑与楼梯的尺度关系和加工制作的可能性。图 5-37 为几种常见扶手断面形式和尺度。

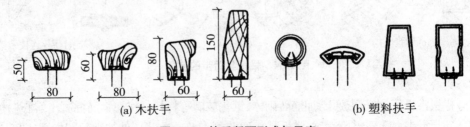

图 5-37 扶手断面形式与尺度

3）栏杆扶手连接构造

（1）栏杆与扶手连接

楼梯栏杆采用木材或塑料扶手时，一般在栏杆竖杆顶部设通长扁钢与扶手底面或侧面槽口榫接，用木螺钉固定。金属管材扶手与栏杆竖杆连接一般采用焊接或铆接，采用焊接时需注意扶手与栏杆竖杆用材须一致（图5-38）。

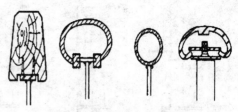

图 5-38　扶手与栏杆连接

（2）扶手与墙面连接

直接在墙上装设扶手时，扶手应与墙面保持100 mm左右的距离。一般在砖墙上留洞，将扶手连接杆件伸入洞内，用细石混凝土嵌固，如图5-39（a）所示。当扶手与钢筋混凝土墙或柱连接时，一般采用预埋钢板焊接，如图5-39（b）所示。在栏杆扶手结束处与墙、柱面相交，也应有可靠连接，如图5-39（c）、(d)所示。

（3）楼梯起步和梯段转折处栏杆扶手处理

在底层第一跑梯段起步处，为增强栏杆刚度和美观，可以对第一级踏步和栏杆扶手进行特殊处理，如图5-40所示。

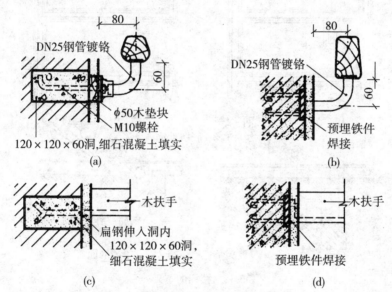

图 5-39　扶手与墙面连接

在梯段转折处，由于梯段间的高差关系，为了保持栏杆高度一致和扶手的连续性，需根据不同情况进行处理（图5-41）。当上下梯段齐步时，上下扶手在转折处同时向平台延伸半步，使两扶手高度相等，连接自然，但这样做缩小了平台的有效深度；如扶手在转折处不伸入平台，下跑梯段扶手在转折处需上弯形成鹤颈扶手；因鹤颈扶手制作较麻烦，也可改用直线转折的硬接方式。当上下梯段错一步时，扶手在转折处不需向平台延伸即可自然连接。当长短跑梯段错开几步时，将出现一段水平栏杆。

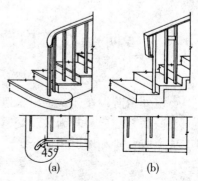

图 5-40　楼梯起步处

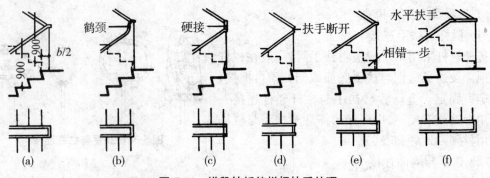

图 5-41 梯段转折处栏杆扶手处理

5.4.3 楼梯的基础

楼梯的基础简称梯基,一般设于底层楼梯第一跑的起步处。当地基持力层较高且楼梯不大时,常用砖、毛石或混凝土做梯基;当楼梯较大、较重时,常用钢筋混凝土做梯基(图 5-42)。

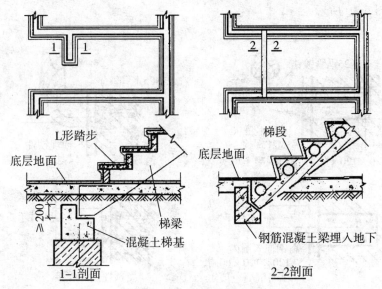

图 5-42 楼梯的基础

5.5 台阶与坡道构造

室外台阶设在建筑物出入口的位置,是用来连接建筑物室内外高差的过渡构件,属于垂直交通联系部分。若为人流交通,则应设台阶和残疾人坡道;若为机动车交通,则应设机动车坡道或台阶和坡道相结合。

5.5.1 台阶

台阶形式按照出入口的位置不同可分为单出、双出和三出式,台阶的侧面可设挡墙、花台和花池(图5-43)。

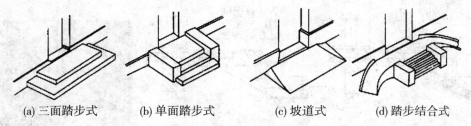

(a) 三面踏步式　　(b) 单面踏步式　　(c) 坡道式　　(d) 踏步结合式

图 5-43　台阶与坡道形式

1) 台阶尺度

台阶处于室外,踏步宽度应比楼梯大一些,使坡度平缓,以提高行走舒适度。其踏步高一般在 100～150 mm,踏步宽在 300～400 mm。缓冲平台深度一般不应小于 1 000 mm,为防止雨水积聚并溢入室内,平台标高应比室内地面低 30～50 mm,并向外找坡 1%～4%,以利于排水(图5-44)。

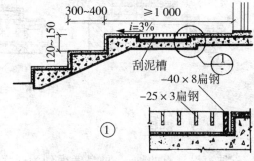

图 5-44　台阶尺度

2) 台阶构造

台阶的构造有实铺台阶和架空台阶两种。当台阶踏步较少时可采用实铺台阶,当台阶踏步较多、室内外高差较大时可采用架空台阶。

由于主体建筑的沉降量较大,地基土的冻胀等容易使台阶在与主体建筑连接处产生裂缝,在构造设计中应考虑此类问题的影响。

实铺台阶应加强台阶与主体建筑的连接,以形成整体沉降。如不能保证,则在连接处预留缝隙用油膏嵌固。架空台阶是将台阶与主体断开,将台阶梁搁置在主体建筑上一同沉降,或者将台阶另做结构,与主体建筑完全脱开,互不影响,见图5-45。

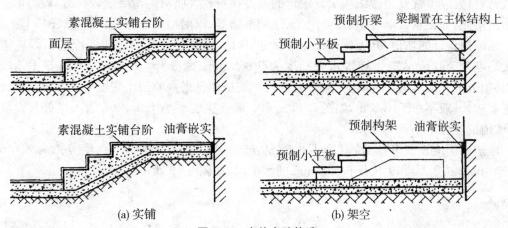

(a) 实铺　　　　　　　　　　(b) 架空

图 5-45　室外台阶构造

台阶处于易受雨水侵蚀的环境之中,在材料选择和面层处理时需慎重考虑防滑和抗风化问题。面层选用防滑、耐久的材料,如水泥石屑、防滑地砖、剁斧石、花岗岩表面烧毛等。

图 5-46 为台阶踏步构造示例。

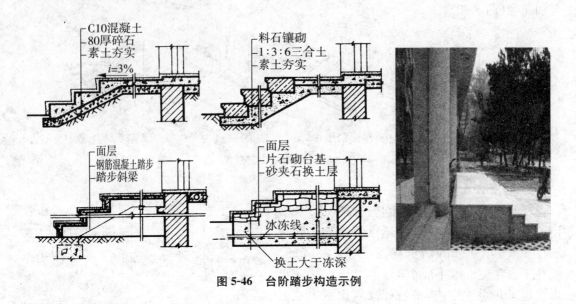

图 5-46 台阶踏步构造示例

5.5.2 坡道

坡道设计有两种,一种是考虑到为残疾人和老年人所修建的无障碍坡道(无障碍设计是指为残疾人和老年人等行动不便者创造正常生活和参与社会活动的便利条件,消除人为环境中不利于行动不便者的各种障碍);另一种是考虑到货物搬运方便和车辆行驶所设计的坡道。

坡道多为单坡式,有时也有三坡式,但不常见。坡道的坡度设置应以有利于车辆通行为依据,一般是 1∶6~1∶12。供轮椅使用的坡道坡度不应大于 1∶12,且两侧应设 850 mm 及 650 mm 高扶手,地面平整但能防滑。

坡道也应采用坚固耐磨,具有良好的耐久性、抗冻性、耐水性的材料制作,一般采用混凝土或石材做面层,混凝土做结构层。坡道的坡度相对较大或对防滑要求较高时,坡道上应该设防滑措施,如设锯齿形坡道、设防滑条、压防滑槽等,以增加坡面上的粗糙度(图 5-47)。

无障碍设计的坡道,其坡度标准为不大于 1/12,同时还规定与之相匹配的每段坡道的最大高度为 750 mm,最大坡段水平长度为 9 000 mm(图 5-48)。当室内外高差相差较大时,必须分成几段坡道,中间用休息平台连接。坡道休息平台的最小深度应满足轮椅回转半径的要求,一般不小于 1.5 m,如图 5-49 所示。坡道宽度不小于 1.2 m,当入口处只设坡道时,坡道的宽度不小于 1.5 m。

坡道两侧应设安全挡台,高度不小于 50 mm。坡道扶手设两道,高度分别为 850 mm 和 650 mm,扶手尽端设不小于 300 mm 的水平段,如图 5-50 所示。

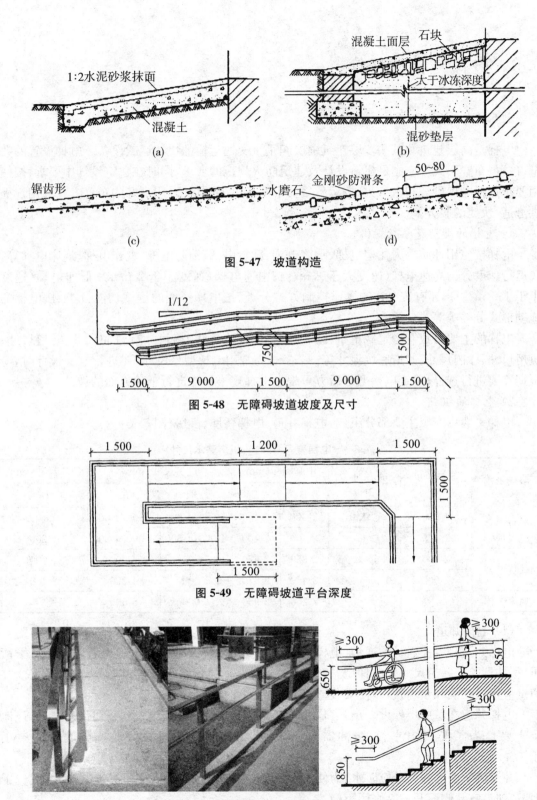

图 5-47 坡道构造

图 5-48 无障碍坡道坡度及尺寸

图 5-49 无障碍坡道平台深度

图 5-50 无障碍坡道及楼梯栏杆扶手高度

5.6 电梯与自动扶梯

5.6.1 电梯

电梯是高层建筑和某些多层建筑中层间垂直交通运输的快速运载设备。电梯设置的数量、位置、布置形式等应满足建筑设计及建筑防火规范的要求,同时在建筑设计中要求:按使用要求选择电梯种类和主参数;按运载量要求配备电梯数量,采用良好的布置方式为用户提供舒适、快捷的服务。

1) 电梯的类型及参数规格

电梯按使用性质分为住宅电梯、乘客电梯、载货电梯、消防电梯、观光电梯、病床电梯等。按运行速度分为高速电梯(速度大于 2 m/s)、中速电梯(速度小于 2 m/s)、低速电梯(速度小于 1.5 m/s)。还有按电梯的操作控制方式分类、按电梯轿厢的运载功能分类、按电梯的拖动形式分类等等。

电梯的主要参数有额定载重量、载客量、行驶速度等,规格尺寸有轿厢尺寸、井道尺寸、机房尺寸、厅门尺寸、井道底坑尺寸等。表 5-3 为常用电梯型号尺寸,在进行电梯设计时,应根据需要进行选择,确定电梯型号后方可根据电梯规格尺度进行土建方面的设计。

2) 电梯的组成

电梯一般由三个主要部分组成:电梯井道、电梯轿厢、机房(图 5-51)。

表 5-3 电梯型号与井道、机房基本尺寸

电梯类型	额定质量 (kg)	额定速度 (m/s)	井道尺寸(mm)		机房尺寸(mm)		门口尺寸(mm)
			B	L	B_1	L_1	B_2
单台乘客电梯	1 000	≥1.0	2 200	2 150	3 500/4 000	3 500/4 000	1 100
	1 500	≥1.0	2 500	2 400	4 000/4 500	4 000/4 500	1 200
载货电梯	2 000	0.5~0.75	2 850	2 670	3 500	4 000	1 900
	2 000	0.5~0.75	3 450	2 670	4 000	4 000	2 400
病床电梯			2 250	2 950	4 000	5 500	

(1) 电梯井道

电梯井道是电梯运行的通道,电梯井不宜被楼梯环绕。电梯井道内有轿厢、导轨、平衡重、缓冲器等。井道尺寸与电梯型号有关,井道一般采用钢筋混凝土井壁或框架填充墙。井道壁应预设孔洞和预埋铁,以便安装导轨支架。

电梯井道在每层楼处设一出入口,并设置专用厅门。底部(建筑最底层)设一地坑,该地坑主要是为了安装缓冲器,缓冲器可以缓解电梯停靠时的冲力,地坑深度一般不小于 1.4 m。

井道底坑底部和井壁应防水,为便于检修,需在坑壁上设置爬梯和检修灯槽,坑底位于地下室时,宜从侧面开一检修用小门。

图 5-52 为井道建筑平面图的设计实例。

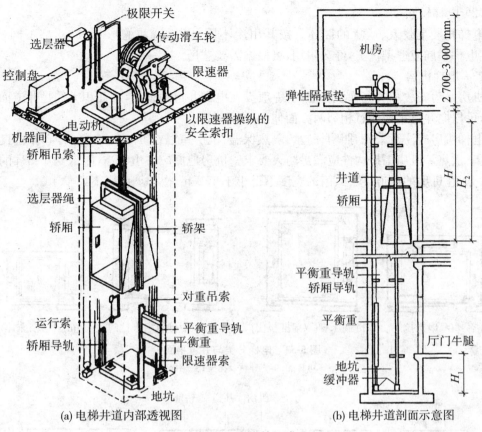

(a) 电梯井道内部透视图　　(b) 电梯井道剖面示意图

图 5-51　电梯的组成

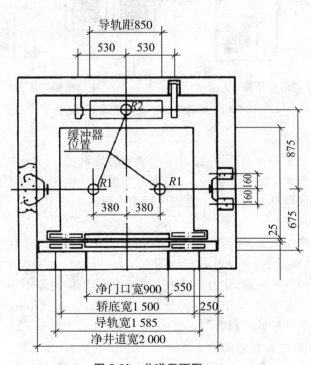

图 5-52　井道平面图

(2) 电梯轿厢

电梯轿厢是载人、运货的厢体。按其用途不同,电梯轿厢的形状、尺寸都不同(图5-53)。电梯轿厢应造型优美,经久耐用,可根据需要选用。

(3) 电梯机房

机房是为安放相关电梯设备而用,一般设在电梯井道的顶部,其面积大约是井道面积的两倍,可以向井道平面任意相邻两方面伸出(图5-54)。

电梯机房应注意采光、照明、防水、隔热保温,机房室温在 5～40 ℃之间,应保持良好通风,便于散热。机房围护构件应满足防火要求。机房地面应平坦整洁,能承受 6 kPa 的均布荷载。通往机房的通道、楼梯、门的宽度不得小于 1.2 m,楼梯坡度应不大于 45°。

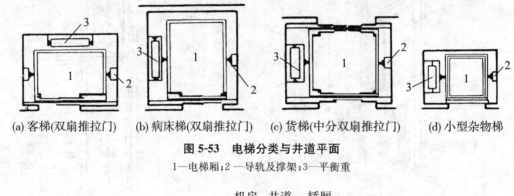

图 5-53 电梯分类与井道平面

1—电梯厢;2—导轨及撑架;3—平衡重

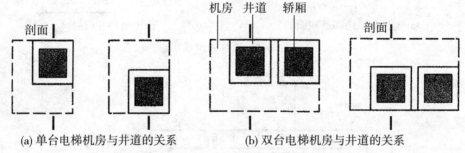

图 5-54 电梯机房平面与井道平面的关系

3) 电梯井道防火及隔声

电梯井道是建筑中的垂直通道,极易引起火灾的蔓延,是防火中的薄弱环节。除了平面设计应按照消防规范采取防火措施外,井道内严禁敷设可燃气、液体管道。消防电梯的电梯井道及机房与相邻的电梯井道及机房之间应用耐火极限不低于 2.5 h 的防火墙体隔开。首层应设有消防专用按钮。

电梯运行时会产生振动和噪声,故要进行隔音减噪处理。一般在机房机座下设弹性隔振垫,机房和电梯井间设 1.5 m 的隔声层(图 5-55)。

为使电梯井道内空气流通,应在井道底部和中间适当位置设不小于 300 mm×600 mm 的进风口,上部设出风口,出风口可以和排烟口相结合,其面积不小于井道面积的 3.5%。通风口总面积的 1/3 应经常开启。

4) 与电梯相关的建筑物部位构造

常见的与电梯相关的建筑物及其构造做法如图 5-56、图 5-57、图 5-58 所示。

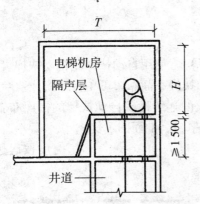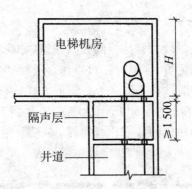

图 5-55 电梯井道隔声层的设置

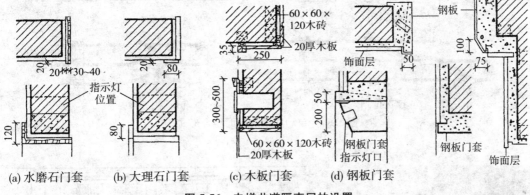

(a) 水磨石门套　(b) 大理石门套　(c) 木板门套　(d) 钢板门套

图 5-56 电梯井道隔声层的设置

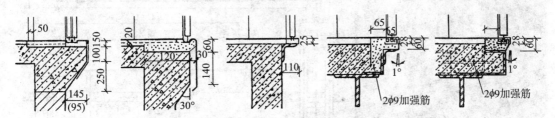

图 5-57 厅门牛腿和地坎做法

注：括号内数字为中分推拉门尺寸；门滑槽为电梯厂成品

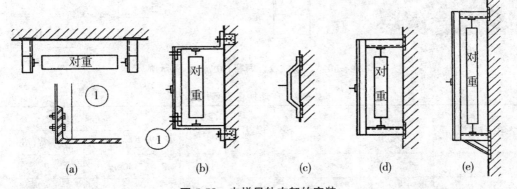

图 5-58 电梯导轨支架的安装

5.6.2 自动扶梯

人流量较大且持续的公共建筑(如商场、航空港等)常使用自动扶梯。自动扶梯可正、逆两个方向运行,停电时还可以作普通楼梯使用。自动扶梯平面布置可单台布置或双台并列。双台并列时往往采取一上一下的方式,求得垂直交通的连续性。自动扶梯的平面布置组合形式多样,如图 5-59 所示。图 5-60 是自动扶梯及其平、立、剖面图示例。

自动扶梯的坡度比较平缓,一般采用 30°,运行速度为 0.5～0.7 m/s,宽度按运送能力有单人和双人两种,其型号规格见表 5-4 所示。

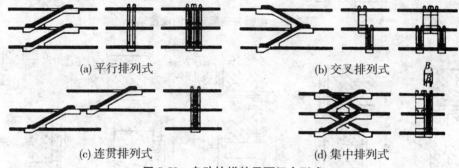

(a) 平行排列式　　　　　　　　(b) 交叉排列式

(c) 连贯排列式　　　　　　　　(d) 集中排列式

图 5-59　自动扶梯的平面组合形式

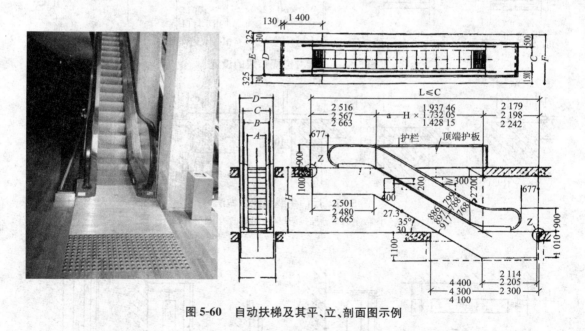

图 5-60　自动扶梯及其平、立、剖面图示例

表 5-4　自动扶梯型号规格

电梯类型	输送能力 (人/h)	速度 (m/s)	提升高度 H(m)	扶梯宽度	
				净宽(mm)	外宽(mm)
单人梯	5 000	0.5	3～10	600	1 350
双人梯	8 000	0.5	3～8.5	1 000	1 750

自动扶梯起止平台深度应满足安装尺寸,应留足人流等候及缓冲面积,扶手与平行墙面之间、扶手与楼板开口边缘、相邻两平行梯扶手间水平距离不应小于 0.4 m。

自动扶梯的机械装置一般悬挂在两端的楼板下面,在进行平面布置时需要留出设备所需要的空间。设备外部在楼层下面做装饰外壳处理,在其上部的自动扶梯口处应做活动地板,以利检修(图 5-61)。

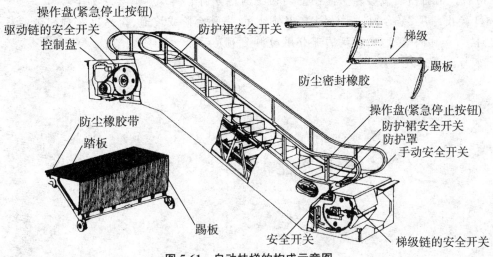

图 5-61 自动扶梯的构成示意图

复习思考题

1. 楼梯是由哪些部分组成的?各组成部分的作用及要求如何?
2. 楼梯的设计要求是什么?楼梯有哪几种常见形式?
3. 楼梯坡度如何确定?
4. 楼梯平台深度和楼梯段宽度是怎样的关系?楼梯栏杆扶手的高度一般是多少?
5. 楼梯间的开间、进深如何确定?
6. 为保障人流通行,楼梯间各部分的净高要求是多少?
7. 底层平台下作出入口,为保证净高,应采取什么措施?
8. 钢筋混凝土楼梯常见的结构形式有哪几种?各有什么特点?
9. 预制装配式楼梯构造形式是怎样的?
10. 台阶的构造要求如何?
11. 什么是无障碍设计?
12. 电梯由哪几部分构成?
13. 已知某内廊式办公楼为六层砖混结构,层高 3.3 m,室内外高差为 600 mm,楼梯间开间 3.3 m,进深 6.0 m,墙体均为 240 砖墙。结构形式及楼地面做法自定。楼梯间下部为住宅出入口。楼梯间平面图见图 5-62 所示。

设计图纸要求:

(1) 楼梯间底层、标准层和顶层三个平面图

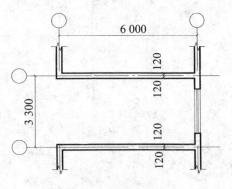

图 5-62 楼梯间平面图

① 绘出楼梯间墙、门窗、踏步、平台及栏杆扶手等。底层平面图还应绘出室外台阶、坡道等的投影等。

② 标注两道尺寸线。

(2) 楼梯间剖面图

楼梯间剖面详图应画出底层、二层、顶层之梯段，顶层画到顶层栏杆扶手高度以上用折断线切断。剖面图应按楼梯平面图上剖切线剖视方向绘制。具体要求如下：

① 绘出梯段、平台、栏杆扶手，室内外地面、室外台阶或坡道、雨篷以及剖切到的投影所见的门窗、楼梯间墙等，剖切到的部分用材料图例表示。

② 标注两道尺寸线。

6 楼板层与地坪层构造

本章提要: 本章主要讲述楼板层和地坪层的构造组成和设计要求;钢筋混凝土楼板的类型和构造;常用楼地面的装修构造;楼板防水构造;阳台与雨篷的类型及构造;直接式顶棚和吊顶棚构造。

楼板层和地坪层是房屋主要的水平承重构件和水平支承构件,它将荷载传递到墙、柱、基础或地基上,同时又对墙体起着水平支承作用,以减少水平风力和地震水平荷载对墙面的作用。楼板层将房屋分成若干层;地坪层大多直接与地基相连,有时分割地下室。

6.1 楼板层与地坪层的构造组成和设计要求

楼板层与地坪层由各种构造层次组成,具有各种功能作用,根据房间使用功能的不同,各构造层次可以增加或减少,但基本构造层次不变。

6.1.1 楼板层的构造组成

楼板层主要由面层、结构层、附加层及顶棚层组成(图6-1)。

面层:位于楼板层的最上层,起着保护楼板层、分布荷载和绝缘的作用,同时对室内起美化装饰作用。

结构层:承受楼板层上的全部荷载并将这些荷载传给墙或柱;同时还对墙身起水平支撑作用,以加强建筑物的整体刚度。

附加层:又称功能层,根据楼板层的具体要求而设置,主要作用是隔声、隔热、保温、防水、防潮、防腐蚀、防静电等。根据需要,可在结构层上方设置,和面层合二为一;也可在结构层下方设置,与吊顶合为一体。

顶棚层:位于结构层下方,主要作用是保护楼板、安装灯具、遮挡各种水平管线,改善使用功能、装饰美化室内空间。

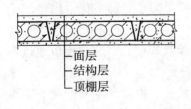
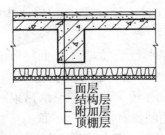

图 6-1 楼板层的组成　　图 6-2 地坪层的组成

6.1.2 地坪层的构造组成

地坪层各层的构造组成如下(图 6-2):

面层:位于地坪层的最上层,作用和构造同楼板面层。

附加层:满足某些有特殊使用要求而设置的一些构造层次,主要有管道敷设层、保温层和防水防潮层。

垫层:地坪层的结构层,作用是承重传力。可采用 60 mm 厚 C10 混凝土,要求较高者取 80~100 mm 厚。

基层:即地基,一般为原土层或填土分层夯实。当上部荷载较大或当土层较软弱时增设 2:8灰土或碎砖、道砟三合土 100~150 mm 厚。素土夯实层内可掺碎石或碎砖夯实。

6.1.3 楼板层的设计要求

楼板层的设计应满足建筑的使用、结构、施工以及经济等多方面的要求。

1) 必须具有足够的强度和刚度

楼板层具有足够的强度和刚度才能保证楼板的安全和正常使用。足够的强度指其能够承受使用荷载和自重。使用荷载因房间的使用性质不同而异,自重系指楼板材料的自重。足够的刚度是指楼板的变形应在允许的范围内,是用相对挠度(即绝对挠度与跨度的比值)来衡量的。根据结构规范的要求,当为现浇板时,其相对挠度应不大于 $L/250 \sim L/350$;当为预制装配板时,相对挠度应不大于 $L/200$(L 为构件的跨度)。

2) 隔声要求

声音可通过空气传声和撞击传声方式将一定音量通过楼板层传到相邻的上下空间,为避免其造成的干扰,楼板层必须具备一定的隔撞击传声的能力。不同使用性质的房间对隔声要求不同,如我国住宅的隔声标准一级为 65 dB,二级为 75 dB,对一些特殊要求的房间如演播室、录音室等隔声要求更高。

噪声的传播途径有空气传声和固体传声两种。空气传声如说话声及吹号、拉提琴等乐器声都是通过空气来传播的。隔绝空气传声可采取使楼板密实、无裂缝等构造措施来达到。固体传声系指步履声、移动家具对楼板的撞击声、缝纫机和洗衣机等振动对楼板发出的噪声等是通过固体(楼板)传递的。由于声音在固体中传递时声能衰减很少,所以固体传声较空气传声的影响更大。因此,楼板层隔声主要是针对固体传声。隔绝固体传声对下层空间的影响主要有以下方法:

(1) 在楼板面铺设弹性面层,以减弱撞击楼板时产生的声能,减弱楼板的振动。铺设地毯、橡皮、塑料等,这种方法比较简单,隔声效果也较好,同时还起到了装饰美化室内空间的作用,是采用得较广泛的一种方法。

(2) 设置片状、条状或块状的弹性垫层,其上做面层形成浮筑式楼板。这种楼板通过弹性垫层的设置来减弱由面层传来的固体声能,达到隔声的目的。

(3) 结合室内空间的要求,在楼板下设置吊顶棚(吊顶),使撞击楼板产生的振动不能直接传入下层空间。在楼板与顶棚间留有空气层,吊顶与楼板采用弹性挂钩连接,使声能减弱。对隔声要求高的房间,还可以在顶棚上铺设吸声材料加强隔声效果。

对于防固体声的三种措施,以面层处理效果最好,又便于工业化;浮筑式楼板层虽增加造价不多,效果也较好,但施工较麻烦,因而采用较少。

3）防火要求

楼板层应根据建筑物的等级和对防火的要求进行设计。建筑物的耐火等级对构件的耐火极限和燃烧性能有一定的要求。

4）热工要求

楼板层还应满足一定的热工要求。对于有一定温度、湿度要求的房间,常在楼板层中设置保温,使楼面的温度与室内温度一致,减少通过楼板的冷热损失。

5）防水防潮要求

对有湿性功能的用房,须具备防潮、防水的能力,以防水的渗漏而影响使用。

6）设备管线布置要求

现代建筑中,各种功能日趋完善,同时必须有更多管线借助楼地层敷设,为使室内平面布置灵活,空间使用完整,在楼地层设计中应充分考虑各种管线布置的要求。

7）建筑经济的要求

在一般情况下,多层房屋楼板的造价占房屋土建造价的20%~30%。因此,应注意结合建筑物的质量标准、使用要求以及施工技术条件,选择经济合理的结构形式和构造方案,尽量减少材料的消耗和楼板层的自重,并为工业化创造条件,以加快建设速度。

6.1.4 楼板的类型及选用

根据使用材料的不同,楼板分为木楼板、钢筋混凝土楼板、压型钢板组合楼板等(图6-3)。

1）木楼板

木楼板是在由墙或梁支撑的木搁栅上铺钉木板,木搁栅间设置增强稳定性的剪力撑构成的。木楼板具有自重轻、保温性能好、舒适、有弹性、节约钢材和水泥等优点。但易燃、易腐蚀、易被虫蛀、耐久性差,特别是需耗用大量木材,所以此种楼板较少采用。

2）钢筋混凝土楼板

钢筋混凝土楼板具有强度高、防火性能好、耐久、便于工业化生产等优点。此种楼板形式多,是我国应用最广泛的一种楼板。按其施工方法不同,可分为现浇式、装配式和装配整体式三种。

3）压型钢板组合楼板

是在钢筋混凝土基础上发展起来的,利用钢衬板作为楼板的抗弯构件和底模使用,既提高了楼板的强度和刚度,又加快了施工进度,是目前正大力推广的一种新型楼板。

(a) 木楼板　　　　(b) 钢筋混凝土楼板　　　　(c) 压型钢板组合楼板

图6-3　楼板的类型

6.2 钢筋混凝土楼板构造

钢筋混凝土楼板按施工方法不同可分为现浇整体式钢筋混凝土楼板、预制装配式钢筋混凝土楼板和装配整体式钢筋混凝土楼板三种。前两种在工程中采用较多,装配整体式一般用在高层建筑中。

6.2.1 现浇整体式钢筋混凝土楼板

现浇整体式钢筋混凝土楼板是现场经过支模板、绑扎钢筋、浇注混凝土、养护等工序而形成的。其优点是整体性好、刚度大、强度高、抗震性能好、结构布置灵活,能适应各种不同的平面形状;缺点是劳动强度大、现场湿作业多、模板利用率不高、施工工期长。

按钢筋混凝土楼板的基本构成形式可分为平板式楼板、肋梁式楼板、井式楼板和无梁楼板四种。

1) 平板式楼板

板内不设置梁,将板直接搁置在墙上的楼板称为平板式。板有单向板与双向板之分(图6-4)。当板的长边与短边之比大于 2 时,这种板称为单向板。在荷载作用下,板基本上只在 l_1 的方向挠曲,而在 l_2 方向的挠曲度很小,这表明荷载主要沿短边的方向传递。当板的长边与短边之比小于等于 2 时,在荷载作用下,板的两个方向都有挠曲,即荷载向两个方向传递,称为双向板。

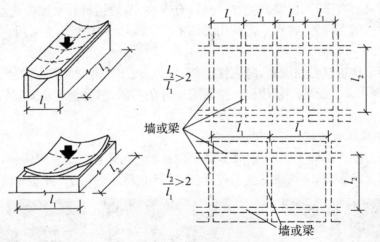

图 6-4 四边支承的楼板的荷载传递情况

单向板的板厚为板短边跨度的 1/35～1/30,双向板的板厚为板短边跨度的 1/40～1/35。板的最小厚度为 60 mm,民用建筑楼板板厚一般为 70～100 mm,工业建筑楼板板厚 80～180 mm,双向板板厚 80～160 mm。

板式楼板底面平整、美观、施工方便,适用于小跨度房间,如走廊、厕所和厨房等。

2）肋梁式楼板

当房间的平面尺度较大，采用板式楼板会因跨度太大而增加板的厚度，且增加结构自重，如果在楼板中增设主梁和次梁，形成肋梁式楼板，就能满足较大空间楼板的需要。当板为单向板时称为单向板肋梁楼板，当板为双向板时称为双向板肋梁楼板。

单向板肋梁楼板由板、次梁和主梁组成(图6-5)，其中梁的截面尺寸的确定与房间的大小有关。

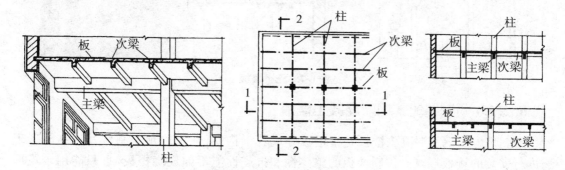

图6-5　单向板肋梁楼板

次梁楼板：楼板的跨度在4~6 m时，板中设次梁。荷载传递顺序为：板→次梁→墙或柱。

肋梁楼板：楼板跨度超过5 m时，板中设主、次梁形成肋梁楼板。荷载传递顺序为：板→次梁→主梁→墙或柱。

主梁的经济跨度为5~8 m，梁高为跨度的1/14~1/8，梁宽为高度的1/3~1/2；次梁的经济跨度为4~6 m，梁高为跨度的1/18~1/12，梁宽为高度的1/3~1/2；板的经济跨度为1.7~3 m，厚度为60~80 mm。

双向板肋梁楼板常无主次梁之分，由板和梁组成，荷载传递顺序为：板→梁→墙或柱。

3）井式楼板

当双向板肋梁楼板的板跨相同，且两个方向的梁截面也相同时，就形成了井式楼板(图6-6)。井式楼板上部传下的力由两个方向的梁相互支撑，其梁间距一般不超过2.5 m，最大不超过3 m，板跨度可达30~40 m，故可营造较大的建筑空间，这种形式多用于无柱的大厅。

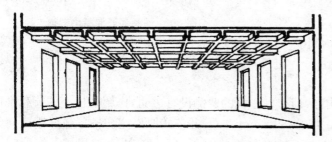

图6-6　井式楼板

4）无梁楼板

楼板不设梁，而将楼板直接支撑在柱上时为无梁楼板(图6-7)。无梁楼板大多在柱顶设置柱帽,尤其是楼板承受的荷载很大时,以加强板与柱连接和减小跨度,且一般把板做得比较厚。柱帽形式多样,有圆形、方形和多边形等。无梁楼板的柱网通常为正方形或近似正方形,常用的柱网尺寸 6 m 左右,较为经济。板厚不小于 120 mm。

无梁楼板一般用于荷载较大的商场、仓库、书库、车库等需要较大空间的建筑中。

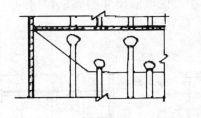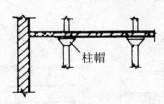

图 6-7 无梁楼板

6.2.2 预制装配式钢筋混凝土楼板

预制装配式钢筋混凝土楼板是将楼板分成若干构件,在工厂预先制作好后在施工现场进行安装的楼板形式。预制楼板的整体性和抗震性能不如现浇楼板,且只能用于矩形房间,但由于能加快施工进度,改善工人的劳动条件,还能节省模板,所以在我国得到广泛运用。

预制板的长度与房间开间或进深一致,并为 3M 的倍数,板的宽度一般为 1M 的倍数,板的截面尺寸需经过结构计算并考虑与砖的尺寸相协调,以便砌筑。比较常用的有 120 mm 和 180 mm。

预制装配式钢筋混凝土楼板构造可分三类:实心平板、槽形板、空心板(图 6-8)。

1) 实心平板

实心平板的规格尺寸较小,如中南地区板宽有 500 mm、600 mm、700 mm 三种;板长有 1 200 mm、1 500 mm、1 800 mm、2 100 mm、2 400 mm 五种;板厚有 60 mm(用于 1 200 mm、1 500 mm 板长)、80 mm 两种。荷载等级分为两级:1 级允许设计值为 4 kN/m², 2 级允许设计值为 7 kN/m²。平板上下板面平整,制作简单,但自重大,隔声效果较差。适用于走道板、阳台板、搁板、盖板等。

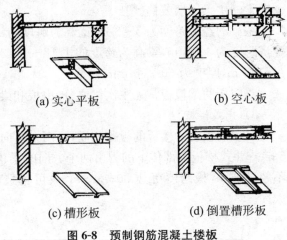

图 6-8 预制钢筋混凝土楼板

2) 槽形板

槽形板系梁板合一的槽形构件,即在实心板的两侧设有边肋,作用在板上的荷载都由边肋来承担。板宽≥400 mm,板高 120~300 mm 左右,并依砖厚而定。槽形板分槽口向上和槽口向下两种,槽形向下的槽形板受力较为合理,但板底不平整、隔声效果差。槽形向上的倒置槽形板受力不甚合理,铺地时需另加构件,但槽内可填轻质构件,顶棚处理、保温、隔热及隔音的施工较容易。

3) 空心板

空心板也是一种梁板结合的预制构件,其结构计算理论与槽形板相似,每条肋都可看成一个工字形梁,受力合理。由于空心板上下板面平整,内部设孔洞,减轻了自重,也增加了隔声能力,因此运用较广泛。

空心板的孔洞有矩形、方形、圆形、椭圆形等(图 6-9);孔数有单孔、双孔、三孔、多孔。其中圆形板有预应力和非预应力、中型板和大型板之分。圆孔板的规格各地均有标准图集选用,以中南地区为例,板厚有 120 mm、180 mm 两种,板长从 2.4 mm 至 6.0 m;板宽有 500 mm、600 mm、700 mm、900 mm、1 200 mm 五种。常用板厚为 120 mm,板长最大为 4.2 mm。荷载等级分为三级:1 级为 4 kN/m²,2 级为 7 kN/m²,3 级为 10 kN/m²,能满足大多数住宅、宿舍、办公楼的需要,如图 6-10 所示。

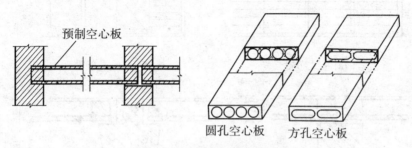

图 6-9 预制空心板

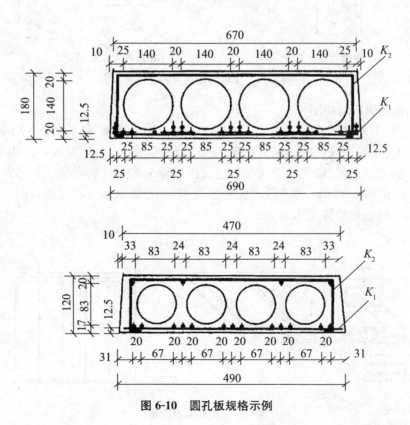

图 6-10 圆孔板规格示例

4) 板的结构布置方式

(1) 结构布置

板的布置方式要受到空间大小、布板范围、尽量减少板的规格、经济合理等因素的制约,板的支承方式有板式和梁板式两种。预制板直接搁置在墙上的称板式布置;楼板支承在梁上,梁再搁置在墙上的称梁板式布置。板的布置大多以房间短边为跨进行,狭长空间最好沿横向铺板(图 6-11)。为了便于施工,板的选择应尽量减少板的规格、类型,板宽一般不多于两种。

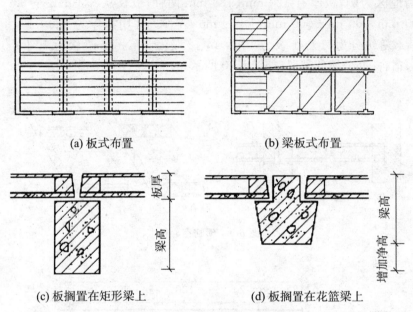

图 6-11 梁板的布置方式及搁置

(2) 梁、板的搁置及锚固

圆孔板在墙上的支承长度不小于 100 mm,在梁上的支承长度不小于 80 mm。板端孔洞处应塞入混凝土短圆柱(堵头)进行加强,防止板端被压碎。布板时板的长边不应压入墙内,应避免三边支承现象,以免由于受力不均而出现板上方裂缝的现象(图 6-12)。铺板前,先在墙或梁上用 10~20 mm 厚 M5 水泥砂浆找平(即坐浆),然后再铺板,使板与墙或梁有较好的粘结,同时也使墙体受力均匀。

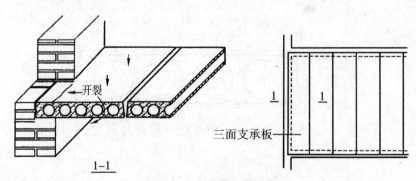

图 6-12 三面支承的板

为了增加楼层的整体性刚度,无论板间、板与纵墙、板与横墙等处,常用锚固钢筋予以锚固。锚固筋又称拉结钢筋,配置后浇入楼面整筑层内(图6-13)。

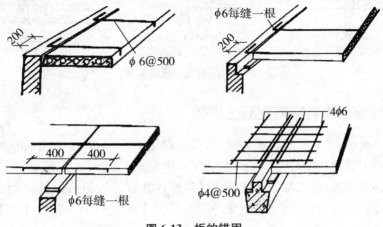

图6-13 板的锚固

(3) 板缝的处理

为了便于安装,板的标志尺寸与构造尺寸之间有10～20 mm的差值,这样就形成了板缝。为了加强其整体性,必须在板缝填入水泥砂浆或细石混凝土(即灌缝)。

当缝隙小于60 mm时,可调节板缝,使其不大于30 mm,用C20细石混凝土灌缝;当缝隙在60～120 mm之间时,可在灌缝的混凝土中加配2φ6通长钢筋;当缝隙在120～200 mm之间时,设现浇钢筋混凝土板带,且将板带设在墙边或有穿管的部位;当缝隙大于200 mm时,调整预制板的规格。如图6-14所示。

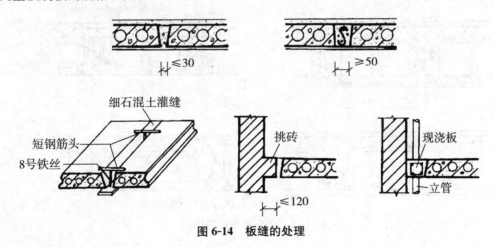

图6-14 板缝的处理

(4) 楼板与隔墙

采用轻质材料制作的隔墙或其他构件、荷载较轻的设备可以直接设置在楼板上,自重较大的隔墙、构件或设备应避免将荷载集中在一块板上。通常设梁支撑着力点,为了板底平整,可使梁的截面与板的厚度相同,或在板缝内配筋。当楼板为槽形板时,可将隔墙搁置于板的纵肋上(图6-15)。

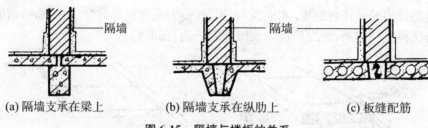

(a) 隔墙支承在梁上　　(b) 隔墙支承在纵肋上　　(c) 板缝配筋

图 6-15　隔墙与楼板的关系

6.2.3　装配整体式钢筋混凝土楼板

装配整体式楼板,是先预制楼板构件,然后在现场安装,再以整体浇筑的办法连接而成的楼板。它综合了现浇式楼板整体性好和装配式楼板施工简单、工期较短的优点,又避免了现浇式楼板湿作业量大、施工复杂和装配式楼板整体性较差的弱点。但由于装配整体式楼板的工序较多,质量要求高,造价较高,也抑制了它的发展。目前,装配整体式楼板多用于高层建筑楼板中。

1) 密肋填充块楼板

密肋填充块楼板由密肋楼板和填充块叠合而成。密肋楼板有现浇密肋楼板、预制小梁现浇楼板、带骨架芯板填充块楼板等。密肋楼板的肋(梁)的间距与高度的尺寸要同填充物尺寸相配合。密肋板的适用跨度为 6～9 m,加预应力后可达 12 m,肋间距一般不大于 1.5 m。

密肋填充块楼板板底平整,保温、隔热、隔音效果好,肋的截面尺寸不大,楼板结构占据的空间较少,是一种较好的结构形式。图 6-16 为密肋楼板的构造示例。

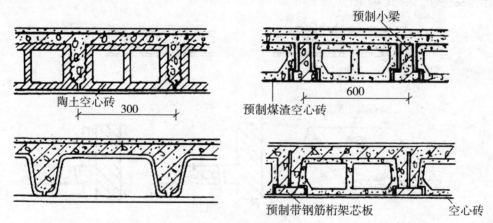

图 6-16　密肋楼板构造示例

2) 叠合式楼板

叠合式楼板是预制薄板与现浇混凝土面层叠合而成的整体装配式楼板。叠合式楼板的钢筋混凝土薄板既是永久性模板,也是整个楼板的组成部分。薄板内配有预应力钢筋,板面现浇混凝土叠合层,并配以少量的支座负弯矩钢筋,所有楼板层中的管线均事先埋在叠合层内。叠合式楼板一般跨度为 4～6 m,经济跨度为 5.4 m,最大跨度可达 7.5 m;预应力薄板厚度通常为 50～70 m,板宽 1.1～1.8 m。预制薄板的表面处理有两种形式,一种是表面刻槽,槽直径是 50 mm,深 20 mm,间距 150 mm;另一种是板面上留出三角形结合钢筋。现浇叠合层的混凝土标号为 C20,厚度 70~120 mm。叠合楼板的总厚度一般为 150~250 mm,以薄板厚度的两倍为宜(图 6-17)。

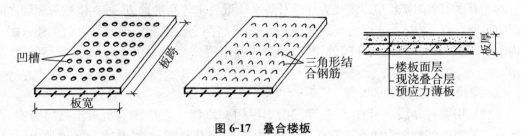

图 6-17 叠合楼板

3) 压型钢板组合楼板

压型钢板组合楼板是用压型薄钢板作底板,再与混凝土整浇层浇筑在一起。压型钢板本身截面经压制成凹凸状,有一定的刚度,可以作为施工时的底模。经过构造处理,可使上部现浇的混凝土和下部的钢衬板共同受力,即混凝土承受剪力和压应力,而钢衬板则承受下部的拉弯应力。这样,压型钢板组合楼板受正弯矩的部分可不需再放置或绑扎受力钢筋,仅需部分构造钢筋即可。不过,底部钢板外露,需做防火处理。图 6-18 为压型钢板组合楼板构造。

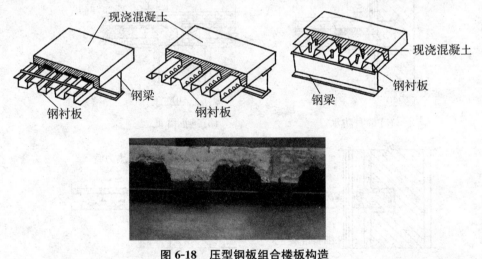

图 6-18 压型钢板组合楼板构造

压型钢板组合楼板只能够作单向板。组合楼板的跨度为 1.5~4.0 m,其经济跨度为 2.0~3.0 m。如果建筑空间较大,需要增加梁以满足组合楼板经济跨度的要求。压型钢板组合楼板由于造价较高,一般用于高层建筑中。

6.2.4 楼板的防水构造

有水侵蚀的房间,如厕所、淋浴室等,由于水管较多,用水频繁,易积水,容易发生漏水现象,因此,设计时需对这些房间的楼板层、墙身采取有效的防潮、防水措施。

1) 楼面排水

楼面需有一定的坡度,并设置地漏,引导水流入地漏。排水坡度一般为 1%~1.5%。为防止室内积水外泻,对于有水房间的楼面或地面标高应比其他房间或走廊低 30~

50 mm。

2）楼板、墙身的防水处理

（1）楼板防水

对于有水侵袭的楼板应以现浇为佳。对防水质量要求较高的地方,可在楼板与面层之间设置防水层一道。为防止水沿房间四周侵入墙身,应将防水层沿房间四周墙边向上伸入踢脚线内 100～150 mm。当遇到开门处,其防水层应铺出门外至少 250 mm。如图 6-19(a)、(b)所示。

（2）穿楼板立管的防水处理

一般采用两种办法：一是在管道穿过的周围用 C20 级干硬性细石混凝土捣固密实,再以两布二油橡胶酸性沥青防水涂料作密实处理；二是对某些暖气管、热水管穿过楼板层时,为防止由于温度变化出现胀缩变形,致使管壁周围漏水,常在楼板走管的位置埋设一个比热水管直径稍大的套管,以保证热水管能自由伸缩而不致影响混凝土开裂,套管比楼面高出 30 mm。如图 6-19(c)、(d)所示。

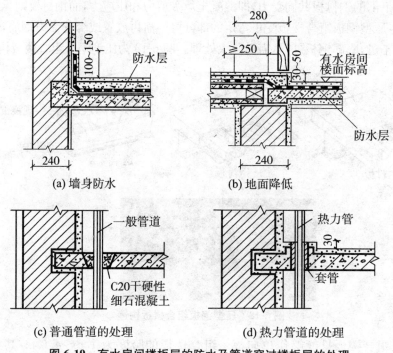

图 6-19 有水房间楼板层的防水及管道穿过楼板层的处理

（3）对淋水墙面的处理

淋水墙面常包括浴室和小便槽等处有水侵蚀墙体的情况,不仅影响室内,也严重影响到室外或其他房间。对小便槽的处理首先是迅速排水,其次是小便槽本身需用混凝土材料制作,内配构造钢筋($\phi 6$@200—300 双向钢筋网),壁槽厚 40 mm 以上。为提高防水质量,可在槽底加设防水层一道,并将其延伸到墙身,然后在槽表面做水磨石面层或贴瓷砖。水磨石面层由于经常受人尿侵蚀或水冲刷,使用时间长,表面受到腐蚀,致使面层呈粗糙状,变成水刷石,容易积脏,一般贴瓷砖或刷涂防水防腐蚀涂料效果较好。但贴瓷砖其拼缝要严,且需用酚醛树脂胶泥勾缝,否则水、尿仍能侵蚀墙体,致使瓷砖剥落。

6.3 地面构造

地面构造包括楼板层地面和地坪层地面的构造。面层由饰面材料及其下面的找平层两部分组成。按其材料和做法可分为四大类：整体地面、块料地面、塑料地面和木地面。根据不同的要求设置不同的地面。地面名称以表面层命名。

6.3.1 地面的设计要求

(1) 具有足够的坚固性。即要求在各种外力作用下不易被磨损、破坏，且要求表面平整、光洁、易清洁和不起灰。

(2) 保温性能好。作为人们经常接触的地面，应给人们以温暖舒适的感觉，保证寒冷季节脚部舒适。

(3) 具有一定的弹性。当人们行走时不致有过硬的感觉，同时有弹性的地面对减弱撞击声也有利。

(4) 满足隔声要求。隔声要求主要针对楼地面，可通过选择楼地面垫层的厚度与材料类型来达到。

(5) 美观要求。地面是建筑内部空间的重要组成部分，应具有与建筑功能相适应的外观形象。

(6) 其他要求。对有水作用的房间，地面应防潮防水；对有火灾隐患的房间，应防火耐燃烧；对有酸碱作用的房间，则要求具有耐腐蚀的能力等。

6.3.2 地面的构造

1) 整体地面

整体地面包括水泥砂浆地面、水泥石屑地面、水磨石地面等现浇地面。

(1) 水泥砂浆地面

水泥砂浆地面通常是用水泥砂浆抹压而成的，它有原料供应充足方便、造价低且耐水、构造简单、施工方便等优点；但有易结露、易起灰、无弹性、热传导性高等缺点。常作为普通地面使用。

水泥砂浆地面有单层和双层构造之分。单层做法是先刷素水泥砂浆结合层一道，再用20～25 mm厚1:2水泥砂浆压实抹光。双层做法是增加一层10～20 mm厚1:3水泥砂浆找平，再以5～10 mm厚1:2或1:2.5的水泥砂浆抹面（图6-20）。分层构造虽增加了施工程序，却容易保

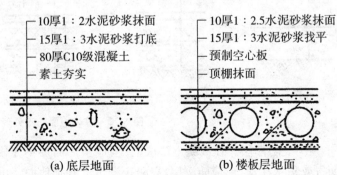

图 6-20 水泥砂浆地面

证质量,减少了表面干缩时产生裂纹的可能性。

(2) 水泥石屑地面

如将水泥砂浆里的中粗砂换成3~6 mm的石屑就形成水泥石屑地面,也称豆石或瓜米石地面。在垫层或结构层上直接做1∶2水泥石屑25 mm厚,水灰比不大于0.4,刮平拍实,碾压多遍,出浆后抹光。

这种地面近似于水磨石,表面光洁,不易起尘,易清洁,造价低于水磨石地面。

(3) 水磨石地面

水磨石地面是在水泥砂浆找平层上面铺水泥白石子,面层达到一定强度后加水用磨石机磨光、打蜡而成。为了适应地面变形,防止开裂,在做法上要注意的是在做好找平层后用玻璃、铜条、铝条将地面分隔成若干小块或各种图案(图6-21),然后用水泥砂浆将嵌条固定,固定用水泥砂浆不宜过高,以免嵌条两侧仅有水泥而无石子,影响美观。也可以用白水泥替代普通水泥并掺入颜料,形成美术水磨石地面,但造价较高。水磨石地面具有耐磨、耐久、防水、防火、表面光洁、不起尘、易清洁等优点。

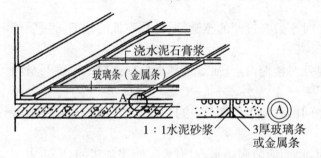

图 6-21 水磨石地面

(4) 整体地面的防潮处理

整体地面由于导热系数大,在湿度大的季节里易结露而影响使用,可采用以下方法进行处理(图6-22):

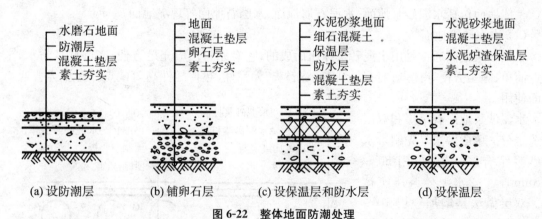

(a) 设防潮层　　(b) 铺卵石层　　(c) 设保温层和防水层　　(d) 设保温层

图 6-22 整体地面防潮处理

① 设防潮层。在混凝土垫层上、刚性整体面层下先刷一道冷底子油,然后铺憎水的热沥青或防水涂料,形成防潮层,以防止潮气上升到地面。也可在垫层下铺一层粒径均匀的卵石或碎石、粗砂等,以切断毛细水的上升通路。

② 设保温层。一种方法是在地下水位低、土壤较干燥的地面,可在垫层下铺一层1:3水泥炉渣或其他工业废料做保温层;另一种方法是在地下水位较高的地区,可在面层与混凝土垫层间设保温层,并在保温层下做防水层。

③ 设架空层。将地层底板搁置在地垄墙上,将地层架空,形成空铺地层。

2) 块材地面

块材地面是利用各种人造的预制块材、板材镶铺在基层上面,形成块材地面。块材有粘土砖、水泥砖、缸砖、陶瓷地面砖、陶瓷锦砖等。

(1) 铺砖地面

铺砖地面有粘土砖地面、水泥砖地面、预制混凝土块地面等。铺设方式有干铺和湿铺两种。干铺是在基层上铺一层20～40 mm厚砂子,将砖块等直接铺设在砂上,板块间用砂或砂浆填缝。这种做法施工简单,便于维修,造价低廉,但牢固性较差,不易平整。湿铺是在基层上铺1:3水泥砂浆12～20 mm厚,用1:1水泥砂浆灌缝。这种做法坚实平整,但施工较复杂,造价略高于平铺砖块地面,适用于要求不高或庭园小道等处。

(2) 缸砖、地面砖及陶瓷锦砖地面

缸砖是陶土加矿物颜料烧制而成的一种无釉砖块,主要有红棕色和深米黄色两种,形状有正方形、矩形、菱形和六角形、八角形等。缸砖质地细密坚硬,强度较高,耐磨、耐水、耐油、耐酸碱,易于清洁,不起灰,施工简单,因此广泛应用于卫生间、盥洗室、浴室、厨房、实验室及有腐蚀性液体的房间地面。做法为20 mm厚1:3水泥砂浆找平,3～4 mm厚水泥胶(水泥:107胶:水＝1:0.1:0.2)粘贴缸砖用素水泥浆擦缝(图6-23(a))。

地面砖的各项性能都优于缸砖,且色彩图案丰富,装饰效果好,但造价也较高,多用于装修标准较高的建筑物地面,构造做法类同于缸砖。

陶瓷锦砖质地坚硬,经久耐用,色泽多样,耐磨、防水、耐腐蚀、易清洁,适用于有水、有腐蚀地面。做法为15～20 mm厚1:3水泥砂浆找平,3～4 mm厚水泥胶粘贴陶瓷锦砖(纸胎),用滚筒压平,使水泥胶挤入缝隙,用水洗去牛皮纸,用白水泥浆擦缝(图6-23(b))。

图6-24分别为陶瓷地砖及陶瓷锦砖的应用实例。

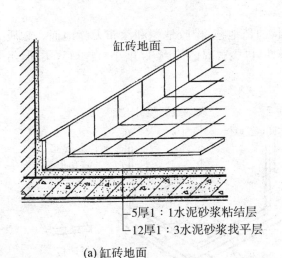

图6-23 块材地面

图 6-24　陶瓷砖用于厨房、卫生间

（3）天然石板地面

常用的天然石板指大理石和花岗石板，由于它们质地坚硬，色泽丰富艳丽，属高档地面装饰材料，特别是磨光花岗石板，色泽花纹丝毫不亚于大理石板，耐磨、耐腐蚀等性能均优于大理石，但造价昂贵，一般多用于高级宾馆、会堂、公共建筑的大厅、门厅等处。做法是在基层上刷素水泥浆一道，30 mm 厚 1∶3 干硬性水泥砂浆找平，面上撒 2 mm 厚素水泥（洒适量清水），粘贴 20 mm 厚大理石板（花岗石板），素水泥浆擦缝。粗琢面的花岗石板可用于纪念性建筑、公共建筑的室外台阶、踏步上，既耐磨又防滑（图 6-25）。

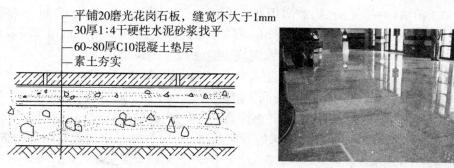

图 6-25　花岗石地面

3）人造软质地面

按材料分，人造软质地面可分为塑料地面、油毡地毯、橡胶地毯和涂布无缝地面。软质地面施工灵活，维修保养方便，脚感舒适，有弹性，可缓解固体传声，厚度小，自重轻，柔韧，耐磨，外表美观。下面介绍几种人造软质地面。

（1）塑料地面

塑料地面是选用人造合成树脂（如聚氯乙烯等塑化剂）加入适量填充料，掺入颜料，经热压而成，底面衬布。聚氯乙烯地面品种多样，有卷材和块材之分，有软质和半硬质之分，有单层和多层之分，有单色和复色之分。常用的聚氯乙烯地面有聚氯乙烯石棉地砖、软质和半硬质聚氯乙烯地面。图 6-26 为塑料地面构造示例。

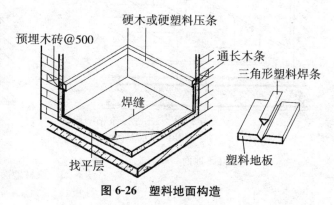

图 6-26　塑料地面构造

(2) 橡胶地面

橡胶地面是在橡胶中掺入一些填充料制成。橡胶地面表面可做成光滑的或带肋的,可制成单层的或双层的。双层橡胶地面的底层如改用海绵橡胶弹性会更好。橡胶地面有良好的弹性,耐磨,保温,消声性能也很好,行走舒适。适用于很多公共建筑,如阅览室、展馆和实验室。

(3) 涂料地面和涂布地面

涂料地面和涂布地面的区别在于前者以涂刷方法施工,涂层较薄;后者以刮涂方式施工,涂层较厚。用于地面的涂料有过氯乙烯地面涂料、苯乙烯地面涂料等,这些涂料施工方便,造价低,能提高地面的耐磨性和不透水性,故多用于民用建筑中。但涂料地面涂层较薄,不适于人流较多的公共场所。

4) 木地面

木地面有较好的弹性、蓄热性和接触感,目前常用于住宅、宾馆、体育馆、舞台等建筑中。木地面可采用单层地板或双层地板。按板材排列形式,有长条地板和拼花地板。长条地板应顺房间采光方向铺设,走道沿行走方向铺设。为了防止木板开裂,木板底面应开槽;为了加强板与板之间的连接,板的侧面开有企口或截口。木地板按其构造方法有实铺和架空两种。

(1) 粘贴、实铺木地板

粘贴和实铺木地板是在钢筋混凝土楼板上做好找平层,然后用粘结材料将木板直接贴上的木地板形式。它具有结构高度小、经济性好的优点。木地板弹性差,使用中维修困难。实铺地板直接粘贴在找平层上,应注意粘贴质量和基层平整。粘贴材料常用沥青胶、环氧树脂、乳胶等。图 6-27 为实铺木地板构造。

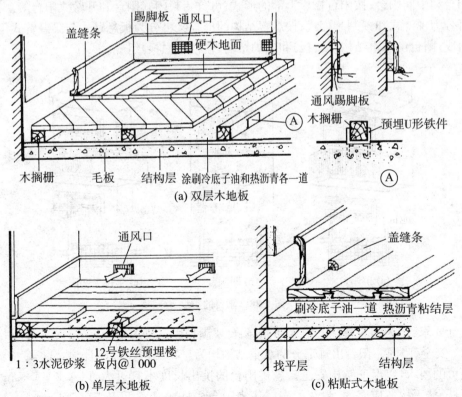

图 6-27 实铺木地面

（2）架空木地板

架空木地板有单层架空木地板和双层架空木地板两种。单层架空木地板是在找平层上固定梯形截面的小搁栅，然后在搁栅上钉长条木地板的形式。双层架空木地板是在搁栅上铺设毛板再铺面板，毛板与面板最好成45°或90°交叉铺钉，毛板与面板之间可衬一层油纸，作为缓冲层。为了防潮，要在结构层上刷冷底子油和热沥青各一道，并组织好板下架空层的通风。通常在木地板与墙面之间留有10~20 mm的空隙，踢脚板或地板上可设通风箅子以保持地板干燥。搁栅间可填以松散材料，如经过防腐处理的木屑，经过干燥处理的木渣、矿渣等，能起到隔声的作用。

6.4 阳台、雨篷与顶棚构造

6.4.1 阳台

阳台是多层、高层建筑中连接室内的室外平台，给人们创造一个舒适的室外活动空间，是多层住宅、高层住宅和旅馆等建筑中不可缺少的一部分。

1）阳台的类型及设计要求

类型：阳台按使用要求的不同，可分为生活阳台、服务阳台；按其与建筑物外墙的关系，可分为挑阳台（凸阳台）、半挑半凹阳台和凹阳台（图6-28）；按阳台在外立面的位置，可分为转角阳台和中间阳台；按阳台栏板上部的形式，可分为封闭式阳台和开敞式阳台等。按施工形式可分为现浇式和预制装配式；按悬臂结构的形式又可分为板悬臂式与梁悬臂式等。

组成：阳台由承重结构（梁、板）和围护结构（栏杆或栏板）组成。

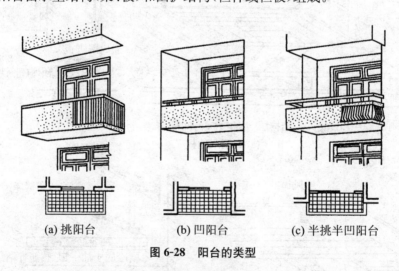

图6-28 阳台的类型
(a) 挑阳台　(b) 凹阳台　(c) 半挑半凹阳台

设计要求：作为建筑特殊的组成部分，阳台要满足以下要求：

（1）安全、坚固。阳台出挑部分的承重结构均为悬臂结构，所以阳台挑出长度应满足结构抗倾覆的要求，以保证结构安全。悬挑阳台的挑出长度不宜过大，以1.2~1.5 m为宜。阳台栏杆、扶手构造应坚固、耐久。多层住宅阳台栏杆净高不低于1 050 mm，中高层住宅阳台栏杆净高不低于1 100 mm,但也不应大于1 200 mm。阳台栏杆垂直栏杆间净距不应大于110 mm,设水平栏杆时应有保护措施。

(2) 适用、美观。阳台出挑根据使用要求确定,不能大于结构允许的出挑长度,阳台地面标高要低于室内地面标高30～50 mm,并将地面抹出1%的排水坡,坡向地漏或泄水管,使雨水能顺利排出。阳台造型应满足立面要求。

2) 阳台结构布置方式

(1) 挑板式

当楼板为现浇楼板时,可选择挑板式阳台。

挑板有两种形式:一种是由楼板挑出的阳台板构成,出挑不宜过多,但阳台长度可任意调整,施工较麻烦。这种方式阳台板底平整,造型简洁。另一种是墙梁悬挑阳台板,阳台板与墙梁浇在一起,靠墙梁和梁上外墙的自重平衡(外墙不承重时),或靠墙梁和梁上支撑楼板荷载平衡。可以将阳台板和墙梁做成整块预制构件,吊装就位后用铁件与预制板焊接(图6-29)。

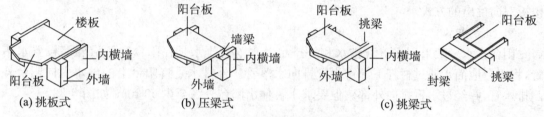

(a) 挑板式　　(b) 压梁式　　(c) 挑梁式

图 6-29　现浇钢筋混凝土挑阳台

为满足板的刚度要求,现浇挑板厚度不小于挑出长度的1/12,则悬挑长度受到限制,一般为1 200 mm左右。

(2) 挑梁式

从横墙内向外悬挑钢筋混凝土梁,其上搁置预制楼板,称为挑梁式阳台。即当楼板为预制楼板,结构布置为横墙承重时,可选择挑梁式。这种结构布置简单,传力直接明确,阳台长度与房间开间一致,也可将阳台长度延长几个房间形成通长阳台。

挑梁根部截面高度 H 为$(1/5～1/6)L$,L 为悬挑净长,截面宽度为$(1/2～1/3)H$。为美观起见,可在挑梁端部设置面梁,既可以遮挡挑梁头,又可以承受阳台栏杆重量,还可以加强阳台的整体性。

图 6-30 为挑梁式和挑板式阳台实例。图 6-31 为阳台结构布置示例。

(a) 挑板式　　　　　　　　(b) 挑梁式

图 6-30　挑板和挑梁式阳台

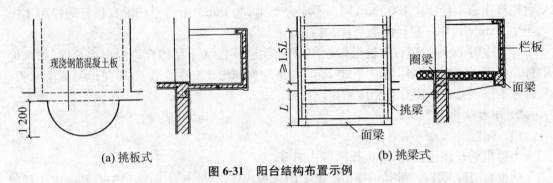

图 6-31 阳台结构布置示例

(3) 凹阳台

在凹阳台中,将阳台板搁置于阳台两侧凸出来的墙上即形成搁板式阳台。阳台板型和尺寸与楼板一致,施工方便。

转角阳台结构布置较为复杂,通常采用现浇阳台挑梁和转角阳台板的方式,也可以采用楼板双向挑出的方式。

3) 阳台排水

阳台排水一般采用水落管排水和外排水。水落管排水是在阳台内侧沿外墙设置水落管,将阳台地面水通过栏杆下部排水管排向水落管。外排水是将阳台上的雨水引向阳台外侧排水管,并经过水舌排向外部。但要求水舌伸出阳台外缘至少 60 mm,如图 6-32。

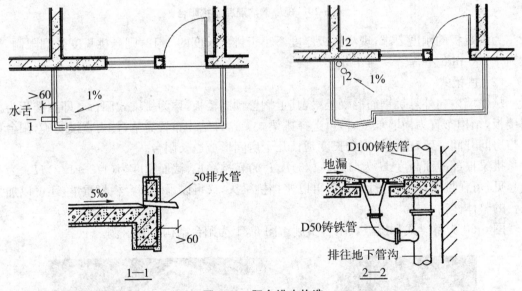

图 6-32 阳台排水构造

4) 阳台栏杆、栏板和扶手

阳台栏杆是防人下坠的设施,凭栏眺望应注意其侧压力。

(1) 使用要求

栏杆是漏空的,栏板则多是实心的。扶手是栏杆、栏板顶面供人手扶的设施。该部位的制作要符合地区气候特征、人的心理要求及材料特点,在做到安全、坚固、美观、舒适的同时,也要经济合理、施工方便。

(2) 材料

制作该部位的材料有砖、木、钢筋混凝土、金属、有机玻璃和各种塑料板等。它们价格不一,形式多样,丰富多彩。

(3) 构造

栏杆压顶或扶手:钢筋混凝土栏杆通常设置钢筋混凝土压顶,压顶可采用现浇的方式,也可采用预制好的压顶。预制压顶与下部的连接可采用预埋铁件焊接和榫接坐浆的方式,即在压顶底面留槽,将栏杆插入槽内,并用M10水泥砂浆坐浆填实的方式。金属扶手可采用焊接、铆接的方式。木扶手及塑料制品往往采用铆接的方式。

栏杆与阳台板的连接:为了提防儿童穿越攀登漏空栏杆,要注意栏杆空格大小,最好不用横条。为了阳台排水和防止物品坠落,栏杆与阳台板的连接处需采用C20混凝土设置挡水带。栏杆与挡水带采用预埋铁件焊接、榫接坐浆,或插筋连接。

栏板的拼接:钢筋混凝土的拼接有直接拼接法,即分别在栏板和阳台板上预埋铁件焊接;立柱拼接法,即先将钢筋混凝土立柱与阳台预埋件焊接,再将栏板的预埋件与立柱焊接,形成整体刚度强的栏板形式,这种方式多用于较长的外廊。砖砌栏板有1/2砖和1/4砖两种,应有水平配筋和外侧配筋,但自重较大,抗侧推力较差,使用较少。

栏杆与墙的连接:一般在砌墙时预留240 mm×180 mm×120 mm深的孔洞,将压顶伸入锚固。当使用栏板时,将栏板的上下肋伸入洞内,或在栏杆上预留钢筋伸入洞内,用C20细石混凝土填实。

图6-33为阳台栏杆与扶手构造。

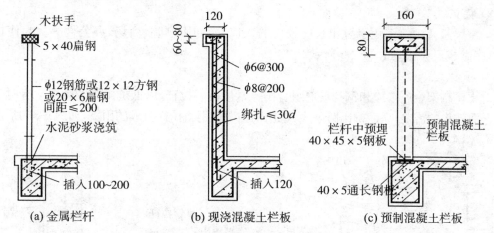

图6-33 阳台栏杆(栏板)与扶手的构造

6.4.2 雨篷

雨篷多设在房屋出入口的上部,起遮挡风雨和太阳照射、保护大门、使入口更显眼、丰富建筑立面等作用。雨篷的形式多种多样,可以根据建筑的风格、当地气候状况选择。雨篷的受力作用与阳台相似,为悬臂结构或悬吊结构,只承受雪荷载与自重。钢筋混凝土雨篷有过梁悬挑板式,也有采用墙柱支撑的。悬挑板式雨篷过梁与板面不在同一标高上,梁面必须高出板面至少一砖,以防雨水渗入室内。板面需做防水处理,并在靠墙处做泛水。目前很多建筑中采用轻型材料雨篷的形式,这种雨篷美观轻盈,造型丰富,体现出现代建筑技术的特色。

1) 悬板式

悬板式雨篷外挑长度一般为 0.8～1.5 m，板根部厚度不小于挑出长度的 1/12。雨篷宽度比门洞每边宽 250 mm。悬板式雨篷设计与施工时务必注意控制板面钢筋的保护层厚度，防止施工时将板面钢筋下压而降低了结构安全度甚至出现安全事故。雨篷排水可采用无组织排水和有组织排水两种方式，如图 6-34。雨篷顶面抹 20 mm 厚 1∶2 水泥砂浆内掺 5%防水剂，雨篷与墙体相接处应抹防水砂浆，泛水高不少于 250 mm，且不少于雨篷翻边。板底抹灰可采用纸筋灰或水泥砂浆。采用有组织排水时，板边应做翻边。如反梁，高度不小于 200 mm，并在雨篷边设泄水管，小型雨篷常用水舌排水。

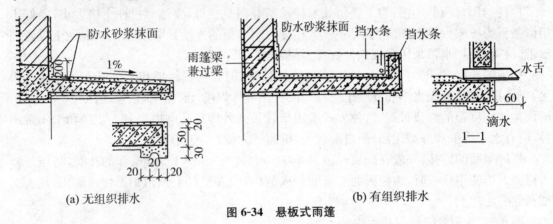

图 6-34 悬板式雨篷

2) 梁板式

悬挑梁板式雨篷多用于挑出长度较大的入口处，如影剧院、商场、办公楼等。为使板底平整，多做成反梁式，如图 6-35 所示。

3) 吊挂式

对于钢构架金属雨篷和钢与玻璃组合雨篷常用钢斜拉杆，以抵抗雨篷的倾覆。有时为了建筑立面效果的需要，立面挑出跨度大，也用钢构架带钢斜拉杆组成的雨篷，如图 6-36 所示。

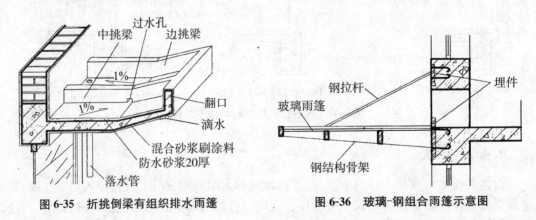

图 6-35 折挑倒梁有组织排水雨篷　　图 6-36 玻璃-钢组合雨篷示意图

6.4.3 顶棚

顶棚按构造方式不同，分为直接式顶棚和悬吊式顶棚两种类型。

1) 直接式顶棚

直接式顶棚是指直接在钢筋混凝土楼板下做饰面层而形成的顶棚。这种顶棚构造简单，施工方便，造价较低，适用于多数房间。

(1) 直接喷刷涂料顶棚

当楼板底面平整，室内装饰要求不高时，可在楼板底面填缝刮平后直接喷刷大白浆、石灰浆等涂料，以增加顶棚的反射光照作用。

(2) 抹灰顶棚

当楼板底面不够平整或室内装修要求较高时，可在楼板底抹灰后再喷刷涂料。顶棚抹灰可用纸筋灰、水泥砂浆和混合砂浆等，其中纸筋灰应用最普遍。纸筋灰抹灰应先用混合砂浆打底，再用纸筋灰罩面（图6-37(a)）。

(3) 贴面顶棚

对于某些有保温、隔热、吸声要求的房间，以及楼板底不需要敷设管线而装修要求又高的房间，可于楼板底面用砂浆打底找平后用粘结剂粘贴墙纸、泡沫塑料板、铝塑板或装饰吸音板等，形成贴面顶棚（图6-37(b)）。

图 6-37 直接式顶棚构造

2) 悬吊式顶棚

悬吊式顶棚又称吊顶，是指悬挂在屋顶或楼板下，由骨架和面板所组成的顶棚。吊顶构造复杂、施工麻烦、造价较高，一般用于装修标准较高而楼板底部不平或楼板下面敷设管线的房间以及有特殊要求的房间。

(1) 吊顶构造组成

吊顶由龙骨和面板组成（图6-38）。

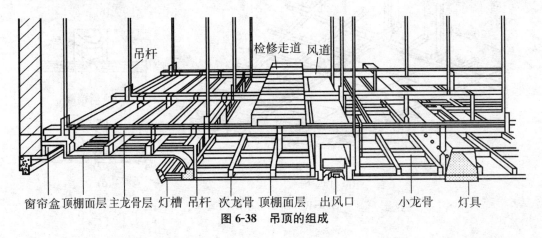

图 6-38 吊顶的组成

吊顶龙骨用来固定面板并承受其重力，一般由主龙骨（又称主搁栅）和次龙骨（又称次搁栅）两部分组成。主龙骨通过吊筋与楼板相连，一般单向布置；次龙骨固定在主龙骨上，其布置方式和间距视面层材料和顶棚外形而定。主龙骨按所用材料不同分为金属龙骨和木龙骨两种。为节约木材、减轻自重以及提高防火性能，现多采用薄钢带或铝合金制作的轻型金属龙骨。面板有木质板、石膏板和铝合金板等。

（2）木龙骨吊顶

木龙骨吊顶的主龙骨截面一般为 50 mm×70 mm 方木，中距 900～1 200 mm，用 ϕ8 螺栓钢筋或 ϕ6 钢筋与钢筋混凝土楼板固定（图 6-39）。次龙骨截面为 40 mm×40 mm 方木，间距根据面板规格而定，一般为 400～500 mm，通过吊木垂直于主龙骨单向布置。

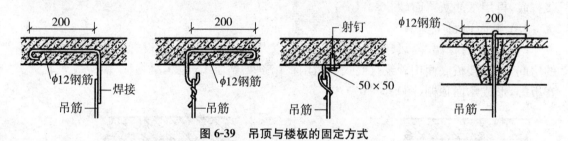

图 6-39 吊顶与楼板的固定方式

当面板采用板条抹灰时，可直接在次龙骨上钉板条，再抹灰，即形成传统的板条抹灰顶棚。这种吊顶造价较低，但抹灰湿作业量大，面层易出现龟裂，甚至破坏脱落，且防火性能差。若在板上加钉一层钢板网再抹灰，即形成板条钢板网抹灰吊顶，这种吊顶可防止抹灰层的开裂脱落，防火性能好，适用于要求较高的建筑。

木龙骨的面层还可采用木质板材。木质板材品种多，如胶合板、纤维板、木丝板、刨花板等。其优点主要是施工速度快、干作业，故比抹灰吊顶应用更广（图 6-40）。为了防止板材因吸湿而产生凹凸变形，面板宜锯成小块板铺钉在次龙骨上，板块接头必须留 3～6 mm 的间隙作为预防板面翘曲的措施。接缝可做成密缝、斜缝和立缝。

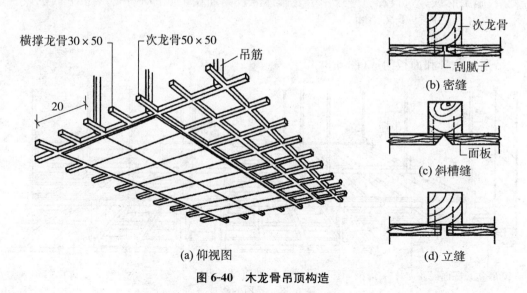

图 6-40 木龙骨吊顶构造

(3) 金属龙骨吊顶

金属龙骨吊顶一般以轻钢或铝合金型材做龙骨,具有自重轻、刚度大、防火性能好、施工安装快、无湿作业等特点,应用较为广泛。

主龙骨一般是通过 φ6 钢筋或 φ8 螺栓悬挂于楼板下,间距为 900～1 200 mm,主龙骨下挂次龙骨。龙骨截面有 U 形、⊥形和凹形。为铺钉装饰面板和保证龙骨的整体刚度,应在龙骨之间增设横撑,间距视面板类型及规格而定。最后在次龙骨上固定面板。

面板有各种人造板和金属板。人造板一般有纸面石膏板、浇筑石膏板、水泥石棉板、铝塑板等;金属板有铝板、铝合金板、不锈钢板等,形状有条形、方形、长方形、折棱形等。面板可用自攻螺钉固定在龙骨上或直接搁置于龙骨内。图 6-41 为轻钢龙骨吊顶构造示例,图 6-42 为开敞式铝合金吊顶示例。

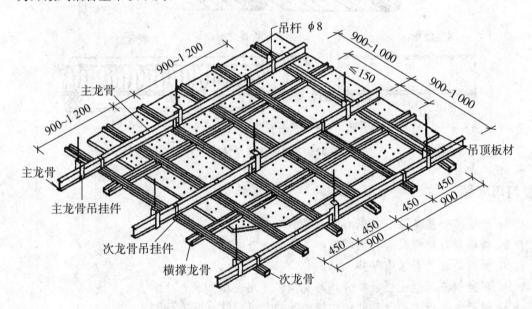

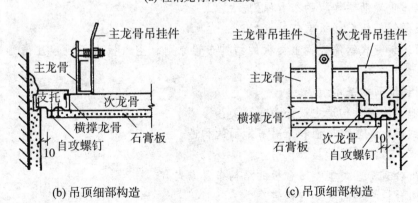

图 6-41 轻钢龙骨吊顶构造示例

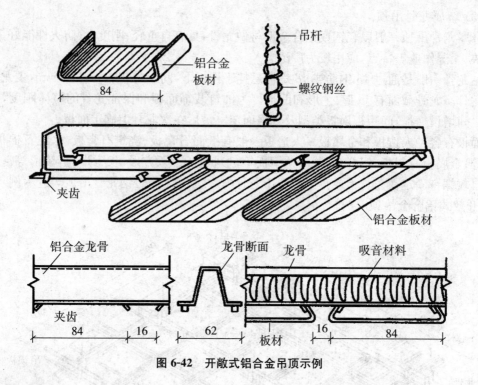

图 6-42 开敞式铝合金吊顶示例

复习思考题

1. 楼板有哪些类型？其基本组成是什么？
2. 楼板层与地坪层有什么相同和不同之处？
3. 楼板的设计要求有哪些？
4. 现浇钢筋混凝土楼板有哪几种类型？适用范围如何？
5. 梁板式楼板的各种尺寸如何确定？布置时应注意什么问题？
6. 试述现浇肋梁楼板的布置原则。
7. 压型钢筋组合楼板有何特点？
8. 简述装配式钢筋混凝土楼板的结构布置原则。空心板布板时应注意哪些问题？板缝如何处理？
9. 简述地面的基本组成。
10. 地面的装修构造主要分为哪几类？
11. 试述水泥砂浆地面和水磨石地面的构造。
12. 有水房间的楼地层如何防水？
13. 阳台有哪些类型？阳台板的结构布置方式有哪些？
14. 阳台栏杆的高度如何确定？
15. 简述悬挑雨篷的构造做法。
16. 顶棚有什么作用？有哪两种形式？

7 屋顶构造

本章提要：本章主要讲述屋顶的类型和设计要求；屋顶排水设计；平屋顶防水设计，包括卷材防水屋面的构造、刚性防水屋面构造、涂膜防水屋面构造；瓦屋面的防水构造及屋顶的保温与隔热。重点讲述了屋顶的排水设计内容及设计步骤、平屋面防水中卷材防水刚性防水的构造及细部构造设计、瓦屋面的防水构造。

7.1 概述

屋顶是房屋最上层覆盖的外围护结构，其主要作用是抵御自然界的风霜雨雪、太阳辐射、气温变化和其他外界的不利因素，以使屋顶覆盖下的空间有一个良好的使用环境。因此，它的核心功能是防水，其次是保温隔热。同时，屋顶的形式对建筑物的造型有很大程度的影响。

7.1.1 屋顶的类型

屋顶通常按其外形或屋面所用防水材料分类。按其外形一般可分为平屋顶、坡屋顶、其他形式的屋顶。

1) 平屋顶

平屋顶通常是指排水坡度小于5%的屋顶，常用坡度为2%~3%。平屋顶表面平整，其屋顶结构采用和楼板层相同的平板或梁板式支承结构（图7-1），人们可以在上面活动，还可以做屋顶花园和其他设施，同时平屋面覆盖下的室内空间高度一致，无空间浪费，经济适用，应用广泛。

图7-1 平屋顶建筑

图7-2 坡层顶别墅

2) 坡屋顶

坡屋顶通常是指屋面坡度较陡的屋顶，其坡度一般大于10%。其屋顶结构采用屋架、屋面梁、斜板等支承结构(图7-2)。坡屋顶是一种传统的屋顶形式,表面防水材料一般采用各种瓦材。由于屋面坡度比较大,因此建筑室内有许多空间不能利用,比较浪费。但由于坡屋顶造型美观,为满足景观或建筑风格的需求,也被广泛应用,城市建筑中各种坡屋顶的造型极大地丰富了建筑的第五立面。

3) 其他形式的屋顶

当屋顶结构采用薄壳、网架、悬索等支承结构时,屋顶外观形式往往与结构形式一致。这些屋顶结构形式一般用于大跨度建筑,其造型多样、美观。图7-3为各种屋顶形式示例。

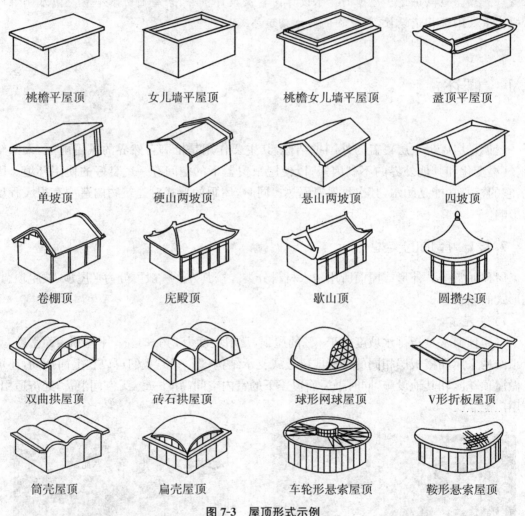

图7-3 屋顶形式示例

7.1.2 屋顶的组成

屋顶主要由屋顶支承结构和屋面围护构件两大部分组成。屋顶支承结构有屋面板、屋架、屋面梁、网架、薄壳、悬索等;屋面围护构件有防水层、保温层、隔热层等满足基本功能要求的层次,还有为这些功能层起连接作用的构造层(如图7-4)。

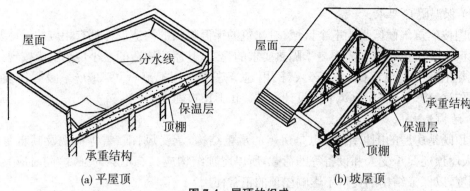

图 7-4 屋顶的组成

7.1.3 屋顶的设计要求及内容

屋顶设计应考虑其功能、结构、建筑艺术三方面的要求。

1) 功能要求

屋顶是建筑物的围护结构,应能抵御自然界各种环境因素对建筑物的不利影响,首先是能抵御风、霜、雨、雪的侵袭,因此,在屋顶设计中,防止屋面雨水渗漏是屋顶的基本功能要求,其次是屋顶的保温隔热。

(1) 防水要求

屋面工程防水设计应遵循"合理设防、防排结合、因地制宜、综合治理"的原则,应做好两方面的工作,首先是屋面防水材料的选择,其次是屋面的排水组织设计,根据建筑物的性质、重要程度、使用功能及防水层合理使用年限,结合工程特点、地区自然条件等,按不同等级进行设防。《屋面工程技术规范》(GB 50345-2004)对防水等级的划分和设防要求做出了规定,将屋面防水划分为四个等级,见表 7-1 所示。

表 7-1 屋面防水等级和防水要求

项目		建筑物类别	防水层使用年限	设防要求	防水选用材料
屋面防水等级	I级	特别重要或对防水有特殊要求的建筑	25年	三道或三道以上防水设防	宜选用合成高分子防水卷材、高聚物改性沥青防水卷材、金属板材、合成高分子防水涂料、细石防水混凝土等材料
	II级	重要的建筑和高层建筑	15年	两道防水设防	宜选用高聚物改性沥青防水卷材、合成高分子防水卷材、金属板材、合成高分子防水涂料、高聚物改性沥青防水涂料、细石防水混凝土、平瓦、油毡瓦等材料
	III级	一般建筑	10年	一道防水设防	宜选用三毡四油沥青防水卷材、高聚物改性沥青防水卷材、合成高分子防水卷材、金属板材、高聚物改性沥青防水涂料、合成高分子防水涂料、细石防水混凝土、平瓦、油毡瓦等材料
	IV级	非永久性建筑	5年	一道防水设防	可选用二毡三油沥青防水卷材、高聚物改性沥青防水涂料等材料

注:(1) 本表中所采用的沥青均指石油沥青,不包括煤沥青和煤焦油沥青等材料。
(2) 石油沥青纸胎油毡和沥青复合胎柔性防水卷材是限制使用材料。
(3) 一道防水设防是指有单独防水能力的一道防水层次。
(4) 在 I、II 级屋面防水设防中,如仅做一道金属板材时应符合有关技术规定。

注:摘自《屋面工程技术规范》(GB 50345-2004)第 3.0.1 条。

(2) 保温隔热要求

我国按建筑气候区划为七个区域,对建筑的保温隔热的构造设计都有相应的设计要求。不同地区采暖居住建筑和需要夏季隔热要求的建筑,其屋顶构造的最小传热阻应按现行《民用建筑热工设计规范》(GB 50176)、《民用建筑热工设计规范》(JG 26)(采暖居住建筑部分)、《夏热冬冷地区居住建筑节能设计标准》(JGJ 134)确定。

2) 结构要求

屋顶既是房屋的围护结构,也是房屋的承重结构,承受风、雨、雪等荷载及其自身的重量,上人屋顶还要承受人和设备等的荷载,所以屋顶结构应具有足够的强度,同时应具有一定的刚度,以保证结构的变形不影响屋顶的正常使用。

3) 建筑艺术要求

屋顶是建筑物外部体型的重要组成部分,屋顶的形式对建筑物特征有很大的影响。现代建筑设计中,屋顶作为建筑的第五立面已越来越受到重视。屋顶的建筑造型不仅要考虑到整个建筑体形的协调美观,同时细部的处理也应满足美观要求。

4) 设计内容

屋面工程设计的主要内容有:

(1) 根据建筑物的重要性确定屋面防水等级和设防要求。

(2) 进行屋面排水系统的设计,即屋面排水方式的选择,坡度、坡向、坡面的确定,排水设施的设置等。

(3) 选择屋面防水构造方案,合理选择防水材料、保温隔热材料,使其主要物理性能满足建筑物所在地的气候条件,并应符合环境保护要求。

(4) 进行屋面工程的细部构造设计。

7.2 屋顶排水设计

屋顶排水设计的内容包括选择屋顶排水坡度、确定屋顶排水方式、屋顶排水组织设计。

7.2.1 屋顶排水坡度

1) 屋顶排水坡度的表示方法

屋顶坡度的常用表示方法有斜率法、百分比法和角度法三种(如图 7-5)。斜率法是以屋顶高度与坡面的水平投影长度之比表示,如 1:2、1:5 等,可用于平屋顶或坡屋顶;百分比法是以屋顶高度与坡面的水平投影长度的百分比表示,如 2%、3% 等,多用于平屋顶;角度

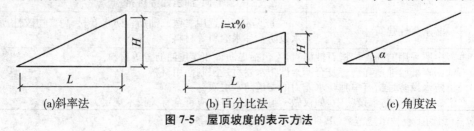

图 7-5 屋顶坡度的表示方法

法是以倾斜屋面与水平面的夹角表示,多用于有较大坡度的坡屋顶,如30°、45°等。

2) 影响屋顶坡度的因素

屋顶坡度的确定与屋顶结构形式、防水构造方式、屋面基层类别、防水材料性能及尺寸、气候条件等因素有关,对于一般民用建筑,主要考虑以下两方面因素:

(1) 屋面防水材料与排水坡度的关系。

防水材料如尺寸较小,接缝必然就多,容易产生缝隙渗漏,因而屋面应有较大的排水坡度,以便将屋面积水迅速排除。坡屋顶的防水材料多为瓦材(如小青瓦、机制平瓦、琉璃筒瓦等),其覆盖面积较小,故屋面坡度较陡。如果屋面的防水材料覆盖面积大,接缝少而且严密,屋面的排水坡度就可以小一些。平屋顶的防水材料多为各种卷材、涂膜或现浇混凝土等,故其排水坡度通常较小。

(2) 降雨量大小与坡度的关系

降雨量大的地区,屋面渗漏的可能性较大,屋顶的排水坡度应适当加大;反之,屋顶排水坡度则宜小一些。

3) 屋顶坡度的形成方法

屋顶排水坡度的形成主要有材料找坡和结构找坡两种。

材料找坡,又称垫置坡度或填坡,是指将屋面板像楼板一样水平搁置,然后在屋面板上采用轻质材料铺垫而形成屋面坡度的一种做法(如图7-6)。常用的找坡材料有水泥炉渣、石灰炉渣等;材料找坡坡度宜为2%左右,从檐口往屋脊找坡,找坡材料最薄处一般应不小于30 mm厚。材料找坡的优点是可以获得水平的室内顶棚面,空间完整,便于直接利用;缺点是找坡材料增加了屋面自重。如果屋面有保温要求时,可利用屋面保温层兼作找坡层。目前这种做法被广泛采用。

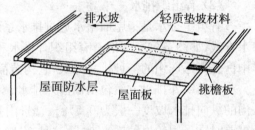

图 7-6 屋顶材料找坡示例

结构找坡,又称搁置坡度或撑坡,是指将屋面板倾斜地搁置在下部的承重墙或屋面梁及屋架上而形成屋面坡度的一种做法(如图7-7)。这种做法不需另加找坡层,屋面荷载小,施工简便,造价经济,坡屋顶和大跨度屋顶都属于结构找坡。但室内顶棚是倾斜的,故常用于室内设有吊顶棚或室内美观要求不高的建筑工程中。

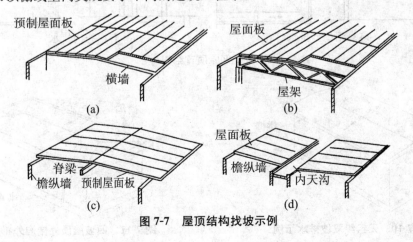

图 7-7 屋顶结构找坡示例

对于平屋面来说,当屋面单坡跨度不大于 9 m 时宜采用材料找坡;单坡跨度大于 9 m 的屋面宜做结构找坡,坡度不应小于 3%。

7.2.2 屋顶排水方式

1) 排水方式

屋顶的排水方式分为无组织排水和有组织排水两大类。

(1) 无组织排水

无组织排水是屋面挑出外墙面形成檐口,屋面雨水经檐口直接滴落至地面的一种排水方式。由于不用天沟、雨水管等排水设施,故又称为自由落水(如图 7-8)。

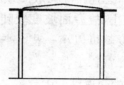

图 7-8 平屋顶无组织排水

无组织排水构造简单、经济实惠,但存在一些不足,如:雨水直接从檐口流泻至地面,外墙脚被飞溅的雨水侵蚀,降低了外墙的坚固耐久性;从檐口滴落的雨水可能影响人行道的交通等等。无组织排水一般适用于低层建筑、少雨地区建筑及积灰较多的工业厂房。

(2) 有组织排水

有组织排水是指屋面雨水通过排水系统,有组织地排至室外地面或地下管沟的一种排水方式(如图 7-9)。一般有有组织外排水和有组织内排水两种方案。有组织外排水是建筑中优先考虑选用的一种排水方式,它构造简单、施工方便、便于检修,适用于多层建筑。

有组织外排水方案包括檐沟外排水、女儿墙外排水、女儿墙檐沟外排水等多种形式,檐沟的纵向排水坡度一般为 0.5%~1%;内排水是在大面积多跨屋面、高层建筑以及有特殊需要时常采用的一种排水方式,这种方式会使雨水经雨水口流入室内雨水管,再由地下管道将雨水排至室外排水系统。

图 7-10~图 7-15 是平屋顶各类常用排水方案的示例。

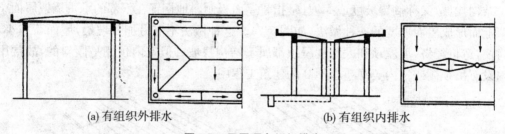

(a) 有组织外排水　　　　　　　　(b) 有组织内排水

图 7-9 平屋顶有组织排水

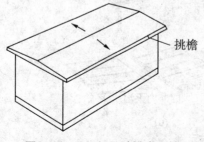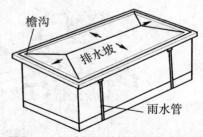

图 7-10　无组织双坡排水示例　　　图 7-11　四坡屋顶外檐沟外排水示例

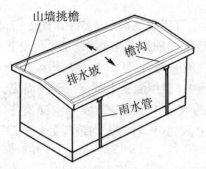
图 7-12 双坡屋顶纵墙檐沟外排水示例

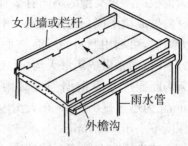
图 7-13 女儿墙外设檐沟外排水示例

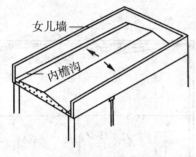
图 7-14 女儿墙内设檐沟外排水示例

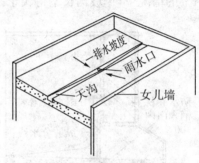
图 7-15 女儿墙内天沟内排水示例

2) 排水方式选择

排水方式一般可按下述原则进行选择：

(1) 高度较低的建筑和临时性建筑优先选择无组织排水，可降低造价。

(2) 积灰多的建筑优先选择无组织排水，如铸工车间、炼钢车间等工业厂房，主要是避免屋面积灰被雨水冲进雨水口，造成雨水管的堵塞而影响排水。

(3) 降雨量大的地区和多层、高层建筑选择有组织排水，避免雨水对地面和墙面的冲刷。

(4) 临街建筑的雨水排向人行道时宜采用有组织排水，以免影响行人的通行。

7.2.3 屋顶排水组织设计

屋顶排水设计的主要任务是：首先将屋顶划分成若干个排水区，然后通过适宜的排水坡和排水沟，分别将雨水引向各自的落水管再排至地面。屋顶排水的设计原则是排水通畅、简捷，雨水口负荷均匀。一般按下列步骤进行：

1) 确定排水坡面的数目，划分排水区

为避免水流路线过长，由于雨水的冲刷力使防水层损坏，应合理地确定屋面排水坡面的数目。一般情况下，临街建筑平屋顶屋面宽度小于 12 m 时可采用单坡排水，其宽度大于 12 m 时宜采用双坡排水。坡屋顶应结合建筑造型要求选择单坡、双坡或四坡排水。

排水区域划分的目的在于合理的布置水落管。排水区的面积是指屋面水平投影的面积，每一根水落管的屋面最大汇水面积不宜大于 200 m^2。

2) 确定天沟断面形式、尺寸和坡度

天沟即屋面上的排水沟，位于檐口部位时又称檐沟。设置天沟的目的是汇集屋面雨水，并将屋面雨水有组织地迅速排除。

天沟根据屋顶类型的不同有多种做法,如坡屋顶中可用钢筋混凝土、镀锌铁皮、石棉水泥等材料做成槽形或三角形天沟。平屋顶的天沟一般用钢筋混凝土制作,当采用女儿墙外排水方案时,可利用倾斜的屋面与垂直的墙面构成三角形天沟(见图 7-16);当采用檐沟外排水方案时,通常做成矩形天沟(见图 7-17)。矩形天沟一般用混凝土现浇或预制而成。

天沟断面尺寸应根据当地降雨量和汇水面积的大小来确定,一般天沟净宽不小于 200 mm。为迅速排出雨水,在天沟内应设纵坡,其坡度不小于1‰,天沟最浅处(分水线处)沟的深度不小于 120 mm。

为了减少雨水对防水层的冲刷,沟底水落差不得超过 200 mm。也就是说,在纵坡坡度等于1‰的情况下,单坡沟长不得大于 20 m。

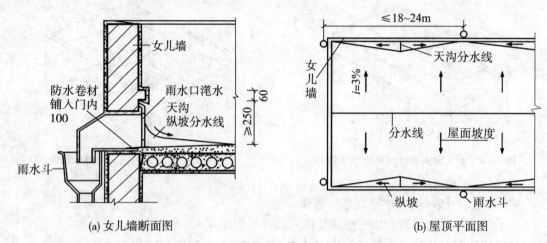

图 7-16 平屋顶女儿墙外排水天沟示例

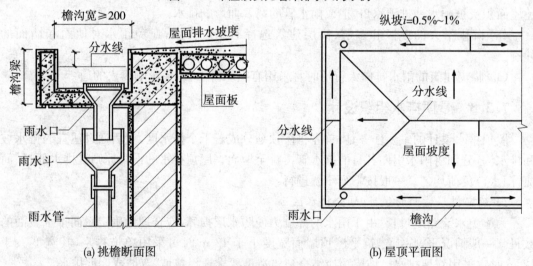

图 7-17 平屋顶檐沟外排水天沟示例

3) 雨水管的设置,绘制屋顶排水平面图

屋面雨水管的数量、管径应通过计算确定。雨水口的位置设置应均衡,便于快速排除雨水。一个雨水口可排除 150～200 m² 屋面的雨水。当屋面有高差时,如高处屋面集水面积小于 100 m² 时，可将高处屋面雨水直接排在低屋面上，落水管下方设水簸箕；当高处屋面集水面积大于 100 m² 时，则高屋面应自成排水系统。

常用雨水管按材料分有铸铁雨水管、硬质 PVC 塑料雨水管、玻璃钢雨水管。雨水管管径有 50 mm、75 mm、100 mm、150 mm、200 mm 等，阳台排水可采用 100 mm 的雨水管，空调冷凝水管可采用 50 mm 的雨水管，屋面排水采用 100～150 mm 的雨水管。为使雨水快速排出，减少屋面滞水的可能性，外排水时雨水管间距不得大于 24 m，内排水时雨水管间距不得大于 18 m。

图 7-18 为挑檐沟平屋顶平面排水图和檐沟尺寸示意图。

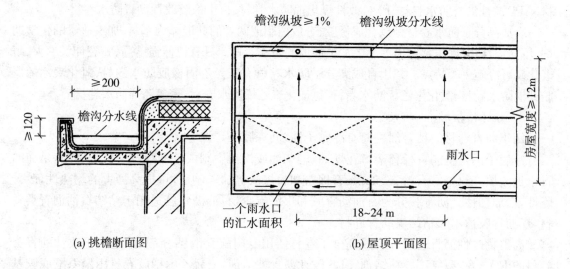

图 7-18　平屋顶檐沟外排水平面图

7.3　平屋顶防水构造

平屋顶防水屋面按其防水层做法的不同常分为卷材防水屋面、刚性防水屋面和涂膜防水屋面等多种类型。

7.3.1　卷材防水屋面

卷材防水屋面是将柔性的防水卷材或片材用胶结料粘贴在屋面上，形成一个大面积的封闭防水覆盖层。这种防水层具有一定的延伸性，能适应屋面的温度变形和结构变形，又被称为柔性防水屋面。适用于防水等级为Ⅰ～Ⅳ级的屋面防水。

1）防水卷材

防水卷材分为石油沥青防水卷材、高聚物改性沥青防水卷材和合成高分子防水卷材三大类。

石油沥青防水卷材是传统的防水材料，是以原纸、织物、纤维毡、塑料膜等材料为胎基，浸涂石油沥青、矿物粉料或塑料膜为隔离材料而制成的防水卷材。我国过去一直沿用石油沥青防水卷材作为屋面防水材料，其优点是造价较低，有一定的防水能力，但需热施工，易污染环境，且低温下易脆裂，高温下易熔化流淌，隔几年就要重修。这类防水卷材只用于要求较低的屋面工程。

高聚物改性沥青防水卷材是以高分子聚合物改性沥青为涂盖层，以聚酯毡、玻纤毡或聚酯玻纤复合为胎基，以细砂、矿物粉料或塑料膜为隔离材料而制成的防水卷材。这类卷材是用适量的合成高分子聚合物对石油沥青进行改性，使得改性后的石油沥青油毡的耐热性、低温柔性、延伸率、抗老化性能都有提高。常用的高聚物改性沥青防水卷材有 SBS 改性沥青防水卷材、APP 改性沥青防水卷材、PVC 改性煤焦油防水卷材、再生橡胶改性沥青防水卷材等。

合成高分子防水卷材是以合成橡胶、合成树脂或两者的共混体为基料，加入适量的化学助剂、填充剂，经混炼压延挤出等工艺加工而成的防水卷材。具有拉伸强度高、断裂伸长率大、耐老化及可冷施工等特点。常用合成高分子防水卷材有三元乙丙橡胶防水卷材、氯化聚乙烯橡胶共混防水卷材、氯化聚乙烯防水卷材、氯璜化聚乙烯防水卷材、聚氯乙烯防水卷材等。

2）卷材粘合剂

用于沥青卷材的粘合剂主要有冷底子油、沥青胶等。

冷底子油是将沥青稀释溶解在煤油、轻柴油或汽油中制成。沥青胶又称玛琋脂，是在沥青中加入填充料如滑石粉、云母粉、石棉粉和粉煤灰等加工制成，可提高沥青的耐热性，改善脆性，增加韧性。沥青胶分为石油沥青胶和煤沥青胶，石油沥青胶适用于粘结石油沥青类卷材，煤沥青胶适用于粘结煤沥青卷材。

高聚物改性沥青卷材和合成高分子卷材使用专门配套的粘合剂，如适用于改性沥青类卷材的 RA-86 型氯丁胶粘结剂、SBS 改性沥青粘结剂，三元乙丙橡胶卷材用聚氨酯底胶基层处理剂等。

3）卷材防水屋面构造

卷材防水屋面具有多层次构造的特点，其构造组成分为基本层次和辅助层次两类。

基本构造层次按施工顺序依次为结构层、找平层、结合层、防水层、保护层。如图 7-19 所示。

辅助构造层次是为了满足房屋的使用要求，或提高屋面的性能而补充设置的构造层，如保温层、隔热层、隔气层、找坡层等。

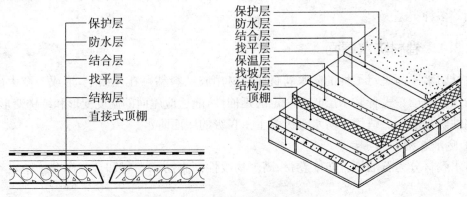

图 7-19 卷材防水屋面的构造组成

(1) 结构层

一般为具有一定强度和刚度的预制或现浇钢筋混凝土屋面板。为了保证屋顶的防水性能，结构层一般采用现浇钢筋混凝土板，若结构层为装配式钢筋混凝土板时，应按构造要求对板缝进行灌缝处理。

(2) 找平层

卷材防水层要求铺贴在坚固而平整的基层上，以避免卷材凹陷或断裂，因而在铺设卷材前必须先做找平层。

找平层是在屋面结构层或保温层上铺设一层刚性材料起找平作用，使得基层表面平整光滑，又具有一定的强度和刚度，便于铺贴防水卷材。一般采用15~30 mm厚1:2.5~1:3水泥砂浆做找平层，内宜掺抗裂纤维；也可以采用30~35 mm厚C20细石混凝土做找平层，设在板状材料的保温层之上。现浇钢筋混凝土板可做15~20 mm厚找平层，预制楼板由于平整度较差和施工误差，可做20~30 mm厚找平层。

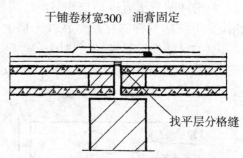

图 7-20 卷材防水屋面找平层分格缝构造

此外，由于找平层是刚性材料，在屋面变形下容易开裂，所以在屋面板支承处应设分格缝，防止找平层变形而影响其上的防水层。分格缝的宽度一般为5~20 mm，纵横间距不大于6 m。屋面板为预制装配式时，分格缝应设在预制板的端缝处。分格缝上面应覆盖一层200~300 mm宽的附加防水卷材，用粘结剂单边点贴，如图7-20所示，以使分格缝处的卷材有较大的伸缩余地，避免开裂。

(3) 结合层

结合层是在找平层上涂刷的一层基层处理剂，其作用是在卷材与基层间形成一层胶质薄膜，使卷材与基层胶结牢固，同时封闭找平层毛细孔隙，起到一定的防水作用。等基层处理剂干燥后，就可铺贴防水卷材了。

(4) 防水层

防水层的施工方法一般有热粘法、冷粘法、热熔法、自粘法和焊接法。卷材的铺贴方法有满贴法、空铺法、条粘法、点粘法等。

① 沥青卷材防水层（以石油沥青防水层为例）。石油沥青防水层一般采用沥青玛琋脂热粘法。施工时一般采用满粘法，由多层油毡和沥青玛琋脂交替粘合形成。做法是：先在找平层上涂刷冷底子油一道，然后将调制好的沥青胶均匀地涂刷在找平层上，边刷边铺油毡；铺好后再刷沥青胶、铺油毡。如此交替进行直至防水层所需层数为止，最后一层油毡面上也需刷一层沥青胶。

如将四层沥青玛琋脂和三层油毡交替粘合（沥青玛琋脂的厚度一般控制在1~1.5 mm），油毡上下左右搭接，形成一层完整的不透水的屋面防水层，这种做法叫三毡四油，可单独用于Ⅲ级防水层面。用三层沥青玛琋脂和两层油毡交替粘合而成的防水层，叫两毡三油，用于Ⅳ级防水屋面。如图7-21所示。

防水卷材铺设方向：当屋面坡度小于3%时，油毡宜平行于屋脊，从檐口到屋脊层层向上铺贴，如图7-22所示。当屋面坡度为3%~15%时，油毡可平行或垂直于屋脊铺贴。当屋面坡度大于15%或屋面受震动时,油毡应垂直于屋脊铺贴,如图7-23所示。油毡接头处应相互搭接,沿油毡长边方向搭接宽度为70～100 mm,短边方向搭接100～150 mm。卷材防水屋面的坡度不宜超过25%,当坡度超过25%时应采取防止卷材下滑的措施。

② 高聚物改性沥青防水层。高聚物改性沥青卷材的铺贴方法有冷粘法和热熔法两种。冷粘法是用胶粘剂将卷材粘贴在找平层上,或利用卷材的自粘性进行铺贴。热熔法施工是用火焰加热器将卷材均匀加热至表面光亮发黑,然后立即滚铺卷材使之平展并辊压牢固。

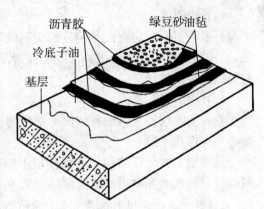

图7-21 两毡三油卷材防水屋面示例

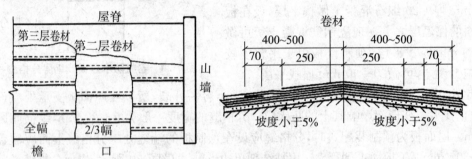

图7-22 卷材平行于屋脊的铺贴方法

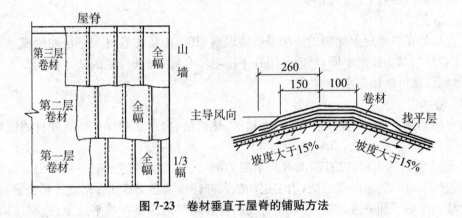

图7-23 卷材垂直于屋脊的铺贴方法

③ 合成高分子防水层。合成高分子防水层采用冷贴法施工。以三元乙丙橡胶卷材为例,其构造做法是:先在找平层上涂刮基层处理剂为聚氨酯底胶,固化后涂刷基层胶如CX—404胶,要求薄而均匀,待处理剂干燥不粘手后即可铺贴卷材。卷材长边应最少搭接50 mm,短边最少搭接70 mm。卷材铺好后立即将其辊压密实,搭接部位用胶粘剂均匀涂刷粘全。

(5) 保护层

保护层的作用是保护防水层,减少太阳辐射和气候变化对防水层的破坏作用,延长防水层的使用寿命。

保护层的构造做法视屋面的利用情况而定。不上人屋面可在沥青防水层表面粘铺粒径

3~5 mm 的绿豆砂(无棱石子)、中砂和粒径 10~30 mm 的卵石，SBS 等高聚物改性沥青防水卷材有自带砂保护层，合成高分子卷材可在表面涂刷水溶性或溶剂性浅色反光保护剂等。

上人屋面要求屋面表面坚硬耐磨，一般采用刚性保护层，如水泥砂浆、细石混凝土、地砖、缸砖等。

可采用 8~10 mm 厚地砖块材或预制混凝土板，用 20 mm 厚 1:3 水泥砂浆铺贴，板缝用 1:2 水泥砂浆填实。用水泥砂浆做保护层时，表面应抹平压光，并应设表面分格缝，分格面积宜为 1 m²。当采用 30~40 mm 厚的细石混凝土面层，表面分格缝纵横间距不大于 6 m。保护层分格缝应尽量与找平层分格缝错开。

卷材防水屋面基本构造示例如图 7-24 所示。

(a) 不上人屋面

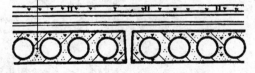

(b) 上人屋面

图 7-24　卷材防水屋面基本构造示例

（6）辅助层次

辅助构造层次中，找坡层是采用轻质材料加水泥浆拌和现浇而成，具有一定的刚度，变形较小。如 1:8 水泥蛭石、1:8 水泥膨胀珍珠岩、1:8 水泥加气混凝土碎渣等，设在找平层下方、结构层上方。最薄处 20~40 mm 厚，向屋脊方向找 2%~5%的坡度。

保温层、隔热层、隔气层等在本章第五节讲述。

4）卷材防水屋面细部构造

卷材防水屋面在处理好大面积屋面防水的同时，应注意泛水、檐口、雨水口以及变形缝等部位的细部构造处理。一般采用柔性连接来适应屋面变形，构造防水与材料防水相结合、局部增强补强与整体防水相结合、多道设防的方法来防水。

（1）泛水

泛水是指屋面与其高出垂直构件下部相交处的防水构造。山墙、女儿墙、高跨墙面、烟囱、管道等根部与屋面相交处都应做泛水构造。

泛水构造应注意以下几点：

① 泛水应有足够的高度，泛水高度一般不小于 250 mm，并加铺一层附加卷材。

② 屋面与立墙相交处应做成弧形或 45°斜面，使卷材紧贴于找平层上，而不致出现空鼓现象。

③ 做好泛水上口的卷材收头固定，防止卷材在垂直墙面上向下滑动。一般做法是：在垂直墙中凿出凹槽，凹槽距屋面找平层高度不小于 250 mm，卷材边缘压入凹槽固定密封，凹槽上部墙体做防水处理。当墙体为混凝土时，可将卷材边缘用金属压条钉压，并用密封材料封闭固定。

④ 泛水顶部应有挡雨措施，防止雨水顺立墙流入卷材收口处而引起渗漏。

图 7-25、图 7-26 为泛水构造示例。

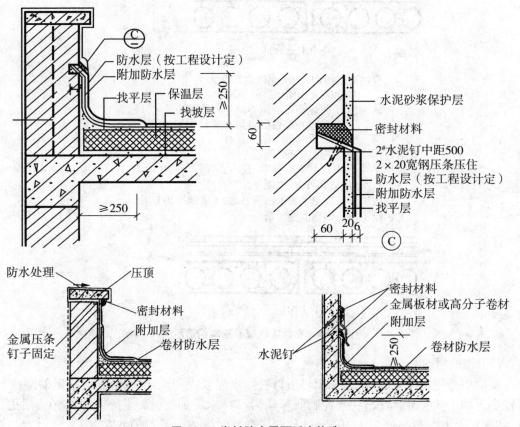

图 7-25　卷材防水屋面泛水构造

图 7-26 防水卷材收头示例

(2) 檐口构造

檐口是指无组织排水屋面挑出外墙的部分,起着排出雨水和保护墙身的作用。无组织排水挑檐口不宜直接采用屋面板外挑,因其温度变形大,易使檐口抹灰砂浆开裂,引起爬水和尿墙现象。一般采用现浇钢筋混凝土悬挑板与圈梁连成整体。檐口 800 mm 范围内的防水卷材应采用满粘法,附加防水层设在卷材防水层之下,空铺宽度不小于 200 mm,以适应檐口温度变形的需要。卷材收头应固定密封,檐口下端应做滴水处理。如图 7-27 所示。

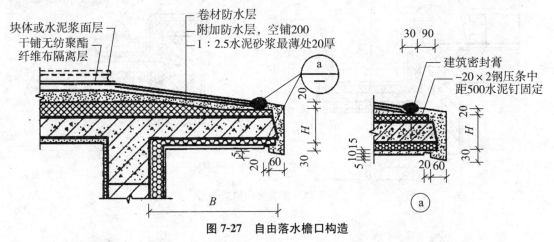

图 7-27 自由落水檐口构造

(3) 天沟构造

屋面上的排水沟称为天沟,设在檐口处的天沟称为檐沟,也称有组织排水挑檐沟构造。根据排水方式不同,有外挑檐沟和内檐沟两种。外挑檐沟一般采用现浇钢筋混凝土檐沟板与圈梁连成整体,预制檐沟板搁置在挑梁上。也可按工程设计采用挑檐沟与屋面板、圈梁整体现浇成一体。内檐沟和内天沟可采用与屋面板一起现浇,当屋面板为预制空心板时,檐沟板也可采用预制。天沟板一般突出室内,沟的宽度一般不小于 500 mm,最浅处不小于 120 mm。也可在屋面上用轻质材料做垫坡,形成三角形檐沟。

挑檐沟构造要点是:

① 天沟、檐沟内空铺 1～2 层附加卷材,空铺宽度不应小于 200 mm,主要是为了适应屋面温度变形。

② 沟内转角部位找平层应做成圆弧形或 45°斜面。

③ 为了防止檐沟壁面上的卷材下滑,通常是在檐沟边缘用水泥钉钉压条,将卷材的收头处压牢固,再用密封膏嵌固。如图 7-28、图 7-29 所示。

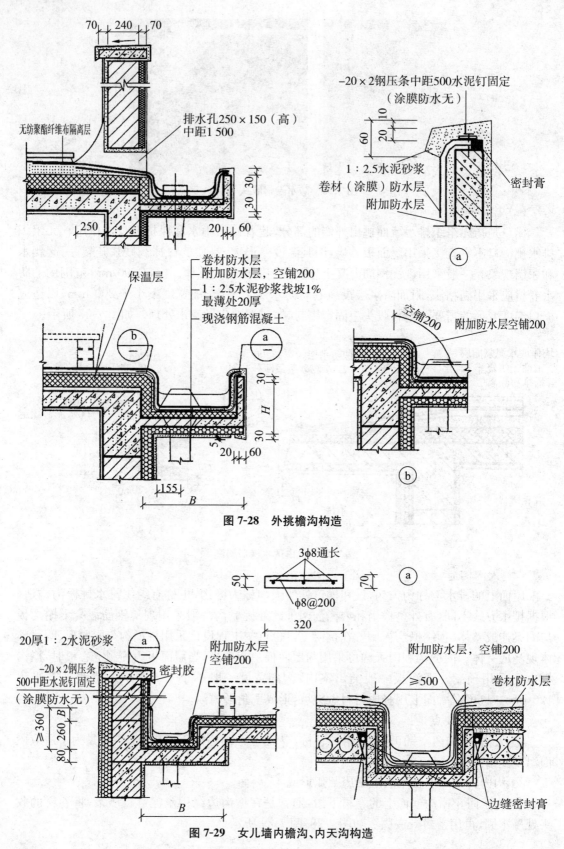

图 7-28 外挑檐沟构造

图 7-29 女儿墙内檐沟、内天沟构造

(4) 雨水口构造

屋面雨水口是设在天沟、檐沟和外墙上的排水口,是连接屋面和雨水管的排水设施。雨水口为金属或塑料定型产品,过去一般用铸铁制作,易锈,不美观。现在多改为硬质聚氯乙烯塑料PVC管,具有质轻、不锈、色彩多样等优点,已逐渐取代铸铁管。雨水口分为直落雨水口和侧向雨水口两种。直落雨水口一般设在檐沟和天沟底部,适用于外挑檐沟外排水和天沟内排水。侧向雨水口一般设在女儿墙上,适用于内檐沟外排水。

直管式雨水口的构造要点是:将各层卷材(包括附加卷材)粘贴在套管内壁上,表面涂防水油膏,用环形筒将卷材压紧,嵌入的深度不小于100 mm。

侧向雨水口的构造要点是:将屋面防水层及泛水的卷材铺贴到套管内壁四周,铺入深度不少于100 mm,套管口用铸铁箅遮盖,以防污物堵塞雨水口。如图7-30所示。

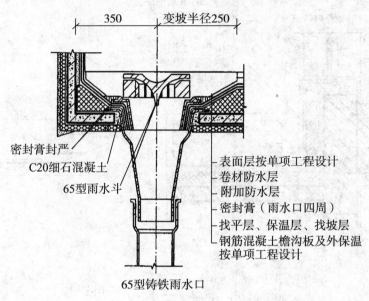

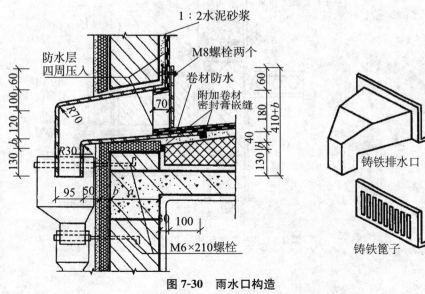

图 7-30 雨水口构造

(5) 上人屋面出口处、屋面检修口构造

突出屋面的楼梯、电梯间均需设置出入口。由于屋面构造复杂、构造层较多、厚度较大，屋面面层往往高于室内地面，为了防止雨水倒灌，必须在上人口处设置门槛，在室内设置台阶，或者把楼梯间平台提高，减少屋面与室内高差。屋面出入口构造类同于泛水构造，如图 7-31 所示。

不上人屋面须设屋面检修孔。检修孔一般设在楼梯间或走廊内，利用钢爬梯上下。净宽尺寸一般不小于 600 mm×600 mm。检修孔四壁可用砖块砌筑，也可以和屋面板同时现浇。上翻高度从防水层算起应不小于 300 mm，即满足泛水高度要求，壁外侧的防水层卷材应压入检修孔上方的混凝土压顶圈内，用建筑油膏嵌封，如图 7-32 所示。

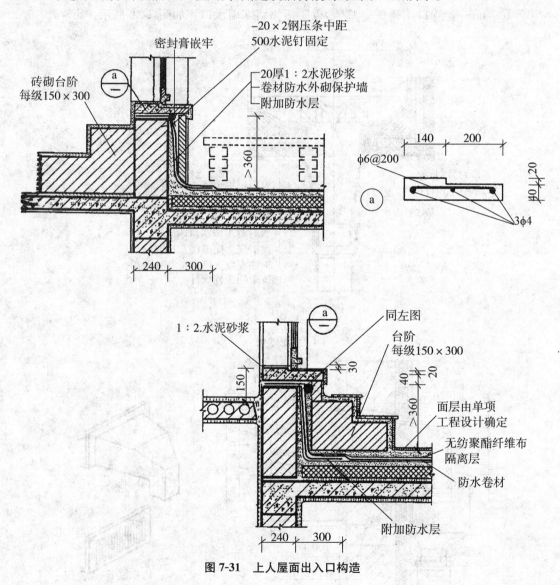

图 7-31 上人屋面出入口构造

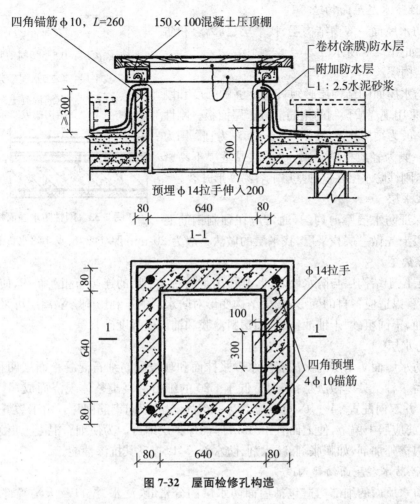

图 7-32 屋面检修孔构造

7.3.2 刚性防水屋面

刚性防水屋面是指以刚性材料作为防水层的屋面,如防水砂浆、细石混凝土、配筋细石混凝土防水屋面等。这种屋面具有构造简单、施工方便、造价低廉的优点,但对温度变化和结构变形较敏感,容易产生裂缝而渗水。

刚性防水屋面主要适用于日温差较小的地区,防水等级为Ⅲ级的屋面防水,也可作Ⅰ、Ⅱ级屋面多道防水设防中的一道,不适用于受较大振动或冲击的建筑屋面。目前较为理想的防水方法是将柔性防水和刚性防水做成复合防水屋面,可以刚柔相济、刚柔互补。

1) 刚性防水层材料

刚性防水层施工用的水泥宜采用普通硅酸盐水泥或硅酸盐水泥,不得使用火山灰质硅酸盐水泥。

防水层内配置的钢筋宜采用冷拔低碳钢丝,直径为 4~6 mm、间距为 100~200 mm 的双向钢筋网片。

细石混凝土内粗骨料粒径不宜大于 15 mm,含泥量不应大于 1%;细骨料应采用中砂或粗砂,含泥量不应大于 2%。

2）刚性防水层屋面构造

刚性防水屋面一般由结构层、找平层、隔离层和防水层组成，如图 7-33 所示。

（1）结构层

刚性防水屋面的结构层必须具有足够的强度和刚度，故通常采用现浇或预制的钢筋混凝土屋面板。刚性防水屋面一般为结构找坡，坡度以 3%～5% 为宜。因为材料找坡一般为轻质松软材料，找平层或基层不易密实、刚性差，刚性防水层在这种基层上容易变形开裂。

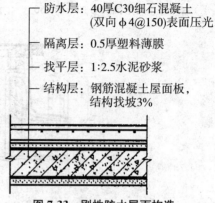

图 7-33 刚性防水屋面构造

（2）找平层

为了保证防水层厚薄均匀，通常应在预制钢筋混凝土屋面板上先做一层找平层，找平层的做法一般为 20 mm 厚 1:2.5 或 1:3 水泥砂浆。

（3）隔离层

隔离层位于结构层与防水层之间，其作用是隔断上下层的连接与相互制约，使找平层与防水层分离，以适应各自的变形，减少结构变形对防水层的不利影响。隔离层可采用涂刷沥青冷底子油、干铺粗砂、干铺油毡、干铺塑料薄膜和铺设低强度砂浆等。

（4）防水层

刚性防水屋面防水层的做法有防水砂浆抹面和现浇配筋细石混凝土面层两种。目前，通常采用后一种。具体做法是：采用不低于 C20 的细石混凝土整体现浇而成，其厚度不小于 40 mm，并双向配置 $\phi 4$～$\phi 6$，间距为 100～200 mm 的双向钢筋网片。由于裂缝容易出现在面层，钢筋应居中偏上，使上面有 15 mm 厚的保护层即可。为使细石混凝土更为密实，可在混凝土内掺外加剂，如膨胀剂、减水剂、防水剂等，以提高其抗渗性能。

3）刚性防水层屋面细部构造

刚性防水屋面的细部构造包括屋面防水层的分格缝、泛水、檐口及天沟等部位的构造处理。

（1）分格缝构造

屋面分格缝实质上是在屋面防水层上设置的变形缝。其目的在于：①防止温度变形引起防水层开裂；②防止结构变形将防水层拉坏。因此，屋面分格缝的位置应设置在温度变形允许的范围以内和结构变形敏感的部位。

由于大面积的整浇混凝土防水层受外界温度的影响会出现热胀冷缩，导致防水层开裂，因此一般情况下分格缝间距不宜大于 6 m。结构变形敏感的部位主要是指装配式屋面板的支承端、屋面转折处、现浇屋面板与预制屋面板的交接处、泛水与立墙交接处等部位。采用横墙承重的民用建筑中，屋面分格缝的位置如图 7-34 所示。图中屋脊是屋面转折处，故设有一纵向分格缝；在预制屋面板的支承端即横墙部位，设有横向分格缝。女儿墙与泛水之间应做柔性封缝处理以防女儿墙或刚性防水层开裂而引起渗漏。

分格缝的构造如图 7-35 所示。设计时还应注意：

① 防水层内的钢筋在分格缝处应断开。

② 屋面板缝用浸过沥青的麻丝等密封材料嵌填，缝口用油膏等嵌填。

③ 缝口表面用防水卷材铺贴盖缝，卷材的宽度为 200～300 mm。

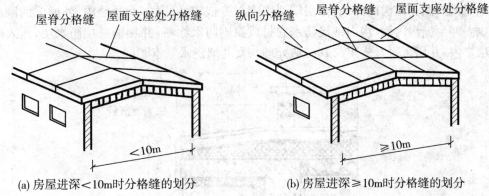

图 7-34 分格缝位置

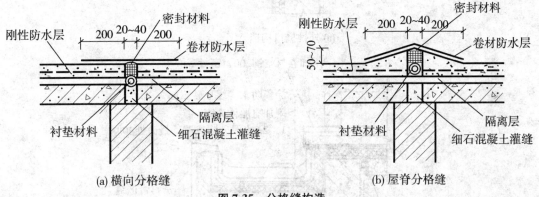

图 7-35 分格缝构造

(2) 泛水构造

刚性防水屋面的泛水构造要点与卷材屋面相同的地方是：泛水应有足够的高度，一般不小于 250 mm，泛水应嵌入立墙上的凹槽内并用压条及水泥钉固定。不同的地方是：刚性防水层与屋面突出物（女儿墙、烟囱等）间须留分格缝，一般应预留 30 mm 宽的缝隙，并用密封材料嵌填，另铺贴附加卷材盖缝形成泛水。如铺设卷材防水，则在泛水处满铺至凹槽内或压顶下，收头处用压条钉固定并用密封材料密封。如涂刷防水涂料，则直接涂刷至压顶下，收头处用防水涂料多遍涂刷封严。如图 7-36 所示。

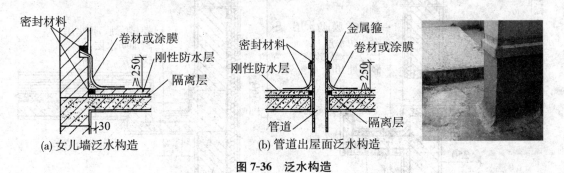

图 7-36 泛水构造

(3) 檐口、天沟构造

同卷材防水屋面一样，刚性防水层檐口一般也用自由落水檐口、挑檐沟外排水、女儿墙内外檐沟排水等。如图 7-37、图 7-38 所示。其构造要点是：檐口及外挑檐沟的刚性防水层需伸至檐口外侧和檐沟内侧,隔离层端部用密封膏嵌牢。同样,女儿墙内、外檐沟的刚性防水层也需伸至檐沟内侧,沟内铺设防水卷材或涂刷防水涂料,并加铺一层防水层,压入刚性防水层之内,并用密封膏嵌牢。其构造处理与女儿墙泛水基本相同。

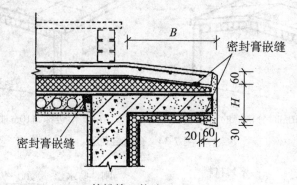

(a) 外挑檐口构造

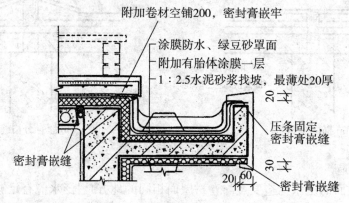

(b) 外挑檐沟构造

图 7-37 檐口及外挑檐沟构造

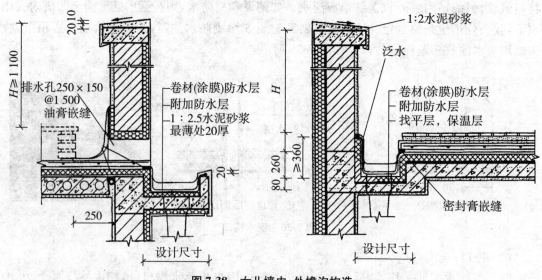

图 7-38 女儿墙内、外檐沟构造

7.3.3 涂膜防水屋面

涂膜防水屋面又称涂料防水屋面,是用防水涂料直接涂刷在屋面基层上,利用涂料干燥或固化以后的不透水性来达到防水的目的。

涂膜防水的特点是防水效果好、抗渗力强、粘结力强、耐腐蚀、耐老化、延伸率大、弹性好、不延燃、无毒、施工简单方便,特别适用于表面形状复杂的屋面防水。涂膜防水屋面适用于防水等级为Ⅲ、Ⅳ级的屋面防水,也可作为Ⅰ、Ⅱ级屋面多道防水设防中的一道防水层。

1) 防水材料

防水材料主要由底漆、防水涂料、胎体增强材料组成。

底漆主要有合成树脂、合成橡胶以及橡胶沥青等材料,刷涂或喷涂于基层表面,作为防水施工第一阶段的基层处理材料。

防水涂料有合成高分子类防水涂料,如聚氨酯防水涂料、聚氨酯煤焦油防水涂料、石油沥青聚氨酯防水涂料、丙烯酸酯防水涂料、硅橡胶防水涂料等;高聚物改性沥青类防水涂料,如氯丁橡胶沥青防水涂料、再生橡胶沥青防水涂料、SBS改性沥青防水涂料等;机硅类防水涂料以及其他防水涂料等。防水涂料是涂膜防水的主要成膜物质,使屋顶表面与水隔绝,起到防水与密封作用。

胎体增强材料主要有玻璃纤维纺织物、合成纤维纺织物、合成纤维非纺织物等,如玻璃纤维网格布、中碱玻璃布、聚酯无纺布(涤纶)。其作用是增强涂膜防水层的强度,当基层发生裂缝时可防止涂膜破裂和流坠。

2) 涂膜防水屋面构造

涂膜防水屋面的构造基本层次同卷材防水屋面,也是由结构层、找坡层、找平层、结合层、防水层、保护层构成。结构层、找坡层、找平层构造同卷材防水做法。

(1) 结合层

结合层涂料,即基层处理剂。在防水涂料涂布前,先喷涂或刷涂一道较稀的涂料,以增强涂料与基层的黏结。结合层的涂料应与涂层涂料配套使用。如水乳性防水涂料配套使用2%~5%乳化剂的水溶液稀释涂料;高聚物改性沥青防水涂料配套冷底子油等。

(2) 防水层

在大面积防水涂料涂布前,先按设计要求在女儿墙根部、天沟、檐沟、雨水口等特殊部位涂刷一层防水涂料,随即铺贴胎体增强材料,然后用软刷反复干刷使之贴牢,待防水涂料干燥后再涂刷一层防水涂料。

涂膜防水屋面的防水层涂刷时应分多次进行。乳剂性防水材料应采用网状布织层如玻璃布等,可使涂膜均匀,一般手涂三遍可做成1.2 mm的厚度;溶剂性防水材料,手涂一次可涂0.2~0.3 mm左右,干后重复涂4~5次,可做1.2 mm以上的厚度。图7-39为滚涂防水涂料实例。

图7-39 平屋面涂膜防水

(3) 保护层

涂膜的表面一般需撒细砂作保护层,为防太阳辐射影响及色泽需要,可适量加入银粉或颜料作着色加强保护作用。上人屋顶一般要在防水层上涂抹一层 5~10 mm 厚粘结性好的聚合物水泥砂浆,干燥后再抹水泥砂浆面层。当采用水泥砂浆、块体材料或细石混凝土作保护层时,应在涂膜与保护层之间铺设塑料薄膜作隔离层,防止涂膜被保护层刺伤。

3）涂膜防水屋面细部构造

（1）泛水

山墙、女儿墙泛水处的涂膜防水层宜直接涂刷至压顶下,收头处理应用防水涂料多遍涂刷封严,压顶应做防水处理。如图 7-40 所示。

较高的山墙、女儿墙和立墙,应在距屋面板不低于 360 mm 的墙上预留凹槽,将涂膜防水层涂刷在凹槽内部,并用密封膏嵌牢。在涂膜防水层内增设一层有胎体材料的附加层。

伸出屋面管道周围的找平层应做成圆锥台,管道与找平层间应留凹槽,并嵌填密封材料;用防水涂料涂刷一遍,加铺胎体增强材料的附加层,用软刷反复干刷使之贴牢,再用防水涂料多遍涂刷封严;防水层收头处用金属箍箍紧,并用密封材料填实。如图 7-41 所示。

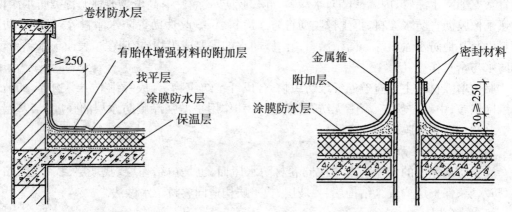

图 7-40 涂膜防水屋面女儿墙泛水构造　　图 7-41 涂膜防水管道出屋面泛水构造

（2）檐口、天沟构造

无组织排水檐口的涂膜防水层收头,应用防水涂料多遍涂刷并用密封材料封严。檐口下方应做滴水处理(如图 7-42)。天沟、檐沟与屋面交接处的附加层宜空铺,空铺宽度不应小于 200 mm,以增加防水层抗拉伸的能力(如图 7-43)。

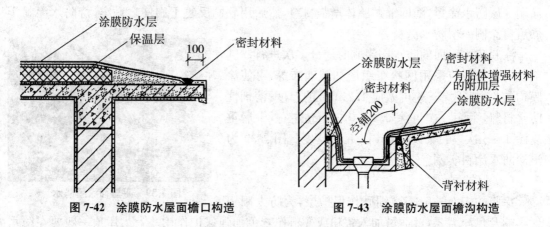

图 7-42 涂膜防水屋面檐口构造　　图 7-43 涂膜防水屋面檐沟构造

（3）雨水口

雨水口四周与檐沟交接处应先用密封材料进行密封，再加铺有两层胎体增强材料的附加层，附加层伸入雨水口的深度不少于50 mm，其余做法同卷材防水屋面。

屋面防水方式的选择与建筑物的类型、建筑物所处环境、建筑物的防水等级有关。当屋面防水采用多道设防时，可将卷材、涂膜、细石防水混凝土、瓦等材料复合使用，也可使用卷材叠层设计。屋面防水设计采用多种材料复合时，耐老化、耐穿刺的防水层应放在最上面，相邻材料之间应具有相容性。

刚性防水屋面宜与卷材防水屋面组成复合防水屋面，刚性防水屋面宜设在卷材防水屋面上面，两者用隔离层隔开。图7-44为防水等级为Ⅰ级、Ⅱ级的复合防水屋面构造示例。

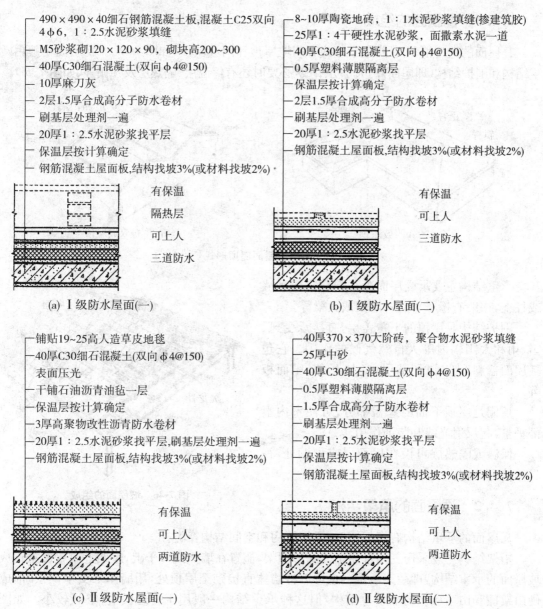

图7-44 女儿墙内、外檐沟构造

7.4 瓦屋面构造

如前所述,坡屋顶作为我国传统的建筑屋顶形式,广泛应用于民居及工业厂房建筑中,在现代城市建设中为满足景观或建筑风格的要求也广泛采用坡屋顶形式。

由于坡屋顶多采用瓦材防水,即在坡屋顶基层上铺设各种防水瓦材,利用瓦材的搭接来排除雨水的一种传统的屋面构造方式。因此,我们着重讲述瓦屋面的构造。

7.4.1 瓦屋面的组成

瓦屋面的造型很多,常用屋顶形式有四坡屋顶和两坡屋顶(如图7-45)。瓦屋面一般由承重结构和围护结构(即屋面)两大部分组成,必要时还有保温层、隔热层及顶棚等(如图7-46)。

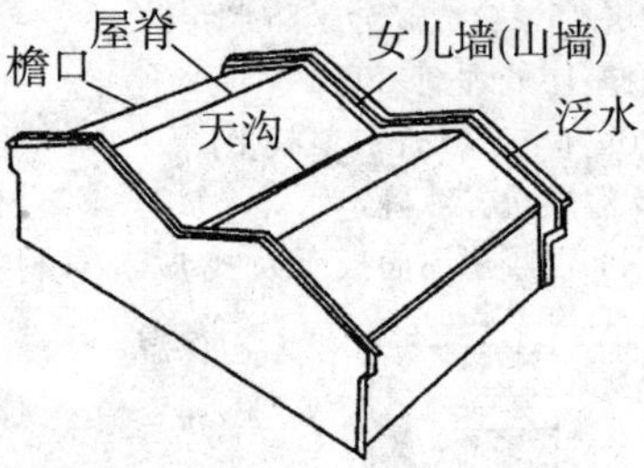

图7-45 坡屋面屋顶形式

承重结构主要承受屋面荷载并把它传到墙或柱上,一般有椽子、檩条、屋架或大梁等。

围护结构是屋顶的上覆盖层,直接承受风、雪、雨和太阳辐射等大自然气候的作用。它包括屋面盖料(如瓦)和基层(如挂瓦条、屋面板等)。

顶棚是屋顶下面的遮盖部分,可使室内上部平整,起反射光线和装饰作用。

保温或隔热层可设在屋面层或顶棚处,视具体情况而定。

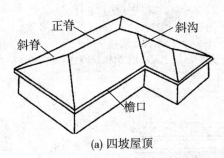

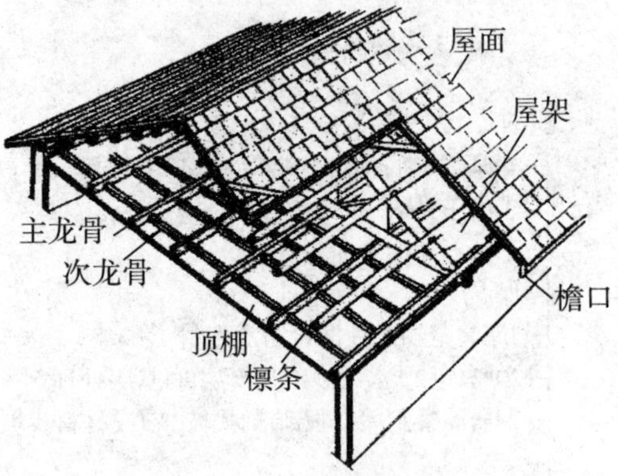

图7-46 坡屋面的组成

7.4.2 瓦屋面的承重结构

瓦屋面的承重结构有桁架结构、梁架结构和空间结构三类。

桁架结构一般采用三角形屋架或梯形屋架,搁置在墙体或柱子上,屋架上放置檩条构成坡屋面的承重结构,即屋架承重。也可以将墙体直接砌至屋顶处,用墙体来支承檩条,形成硬山架檩和山墙承檩的墙承重结构,但这种承重结构一般用于普通民宅,空间较小。如图7-47所示。

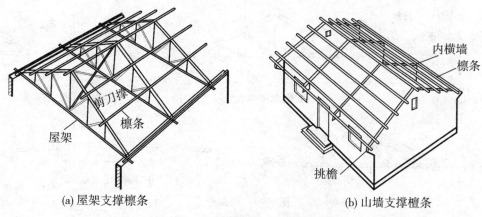

图 7-47 屋架承重和山墙承重结构

梁架结构是由木柱、木梁、木枋构成的梁架结构,是我国传统的木构架形式,它一般由立柱和横梁组成屋顶和墙身部分的承重骨架,檩条把一排排梁架联系起来形成整体骨架。有叠梁式和穿斗式两种,主要用于民居和仿古建筑(如图 7-48)。

近年来,一些新建筑中所采用的坡屋顶形式,常用现浇钢筋混凝土板作为坡屋面的承重结构,此做法类似于平屋面构造,较为成熟方便。楼板上的瓦材多起装饰作用。

空间结构有网架、悬索、拱结构等,主要用于大跨度建筑,如影剧院、体育馆等。

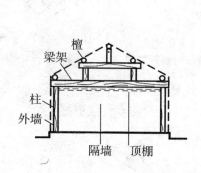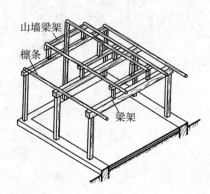

图 7-48 梁架结构

7.4.3 瓦屋面的基层

瓦屋面的基层按构造方式分为有檩体系和无檩体系。

有檩体系是在屋架或山墙上架设檩条,檩条上面架设椽条或屋面板,使屋面形成一个完整的坡面,以便支撑防水层和其他构造层次。

檩条一般搁置在屋架的节点上或山墙预留的凹口上。屋架的间距就是檩条的跨度,也是房间的开间,檩条的选择与屋架间距有关,间距在 4 m 以内时可选用木檩条,当间距在 4~6 m 时可选用钢筋混凝土檩条或钢檩条。屋架一般有木屋架、钢筋混凝土屋架、钢屋架和钢木组合屋架。当跨度较小时可采用钢木组合屋架,当跨度大于 18 m 时可采用钢筋混凝土屋架或钢屋架。

当室内空间比较大时,一般均采用有檩体系,其特点是自重轻、施工较简单。常用的屋架形式如图 7-49 所示,常用的檩条形式如图 7-50 所示。

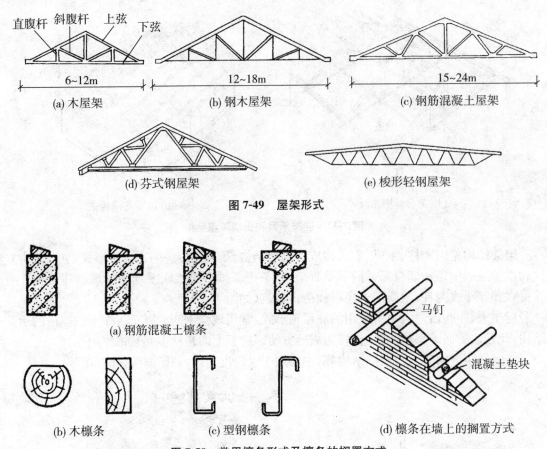

图 7-49 屋架形式

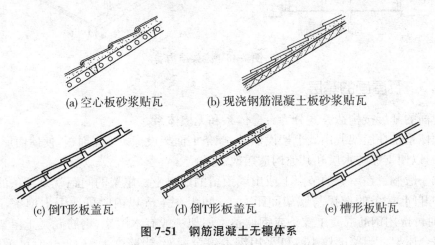

图 7-50 常用檩条形式及檩条的搁置方式

无檩体系是将屋面板直接搁置在山墙、承重墙、屋架或屋面梁上,如图 7-51 所示。在住宅等小开间建筑中,往往采用现浇钢筋混凝土斜板,整体性和防水性能更好。

(a) 空心板砂浆贴瓦　　(b) 现浇钢筋混凝土板砂浆贴瓦

(c) 倒T形板盖瓦　　(d) 倒T形板盖瓦　　(e) 槽形板贴瓦

图 7-51 钢筋混凝土无檩体系

7.4.4 瓦屋面的屋面构造

瓦屋面的名称是根据瓦的名称而定，如平瓦屋面、小青瓦屋面、英红瓦屋面、油毡瓦屋面、金属瓦屋面等。瓦屋面的防水层有瓦材、卷材防水和涂膜防水等。

1) 平瓦屋面

平瓦主要指传统的粘土机制平瓦和混凝土平瓦，图7-52为各种平瓦示例。平瓦屋面适用于防水等级为Ⅱ级、Ⅲ级、Ⅳ级的屋面防水。当平瓦单独使用时，可用于Ⅲ级、Ⅳ级的屋面防水；平瓦与防水卷材或防水涂膜复合使用时，可用于Ⅱ级、Ⅲ级的屋面防水。平瓦屋面的排水坡不应小于20%，当平瓦屋面坡度大于50%时应采取固定加强措施。

图 7-52 各种平瓦示例

平瓦屋面的基层可为木基层或钢筋混凝土板。木基层构造做法是：先在基层上铺设一层卷材，其搭接宽度不小于100 mm，再用顺水条将卷材压钉在基层上，顺水条的间距一般为500 mm，再在顺水条上铺钉挂瓦条，在挂瓦条上铺挂平瓦。图7-53为木制基层平瓦屋面构造。

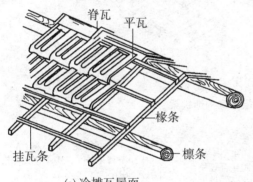
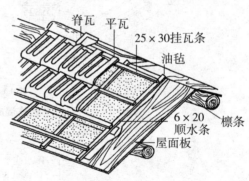

(a) 冷摊瓦屋面　　　　　　　　(b) 木望板瓦屋面

图 7-53 木制基层平瓦屋面构造

当基层为钢筋混凝土板时，平瓦与基层的连接方法有木(钢)挂条挂瓦、水泥砂浆(麦秸泥)卧瓦、挂瓦板挂瓦等形式(如图7-54)。

根据屋面是否需要保温隔热和屋面防水等级不同，其构造做法也不同，图7-55为几种平瓦屋面构造，且适用于水泥彩瓦和西式陶瓦构造。

2) 油毡瓦屋面

油毡瓦是以玻璃纤维为胎基，经浸涂石油沥青后面层热压各色彩砂，背面撒以隔离材料而制成的瓦状材料，形状有方形和半圆形等，又称沥青瓦(如图7-56)。由于色彩丰富、形状多样，近年来已得到广泛应用。

油毡瓦适用于防水等级为Ⅱ级、Ⅲ级的屋面防水。当油毡瓦单独使用时，可用于Ⅲ级的屋面防水；与防水卷材或防水涂膜复合使用时，用于Ⅱ级的屋面防水。同时，油毡瓦适用于排水坡度大于20%的坡屋面，当屋面坡度大于150%时，应采取固定加强措施。

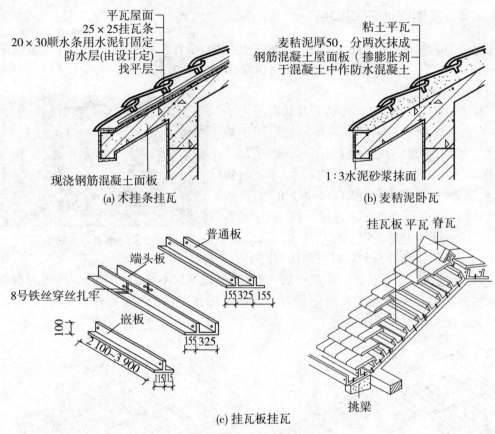

图 7-54 钢筋混凝土基层平瓦构造挑梁

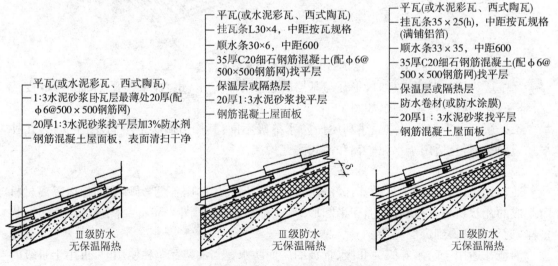

图 7-55 钢筋混凝土基层平瓦构造示例

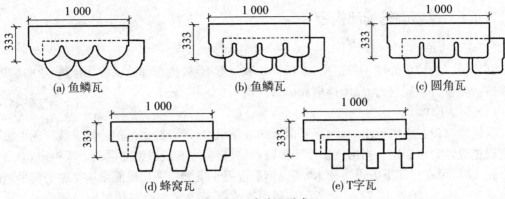

图 7-56 油毡瓦形式

油毡瓦屋面的基层可为木基层或钢筋混凝土板(如图 7-57)。当采用木基层时,应在基层上先铺一层卷材垫毡,从檐口往上用油毡钉铺钉,钉帽应盖在垫毡下面,垫毡搭接宽度不小于 50 mm,垫毡可采用 350 号石油沥青油毡。当在混凝土基层上铺设油毡瓦时,应在基层表面抹 20 mm 厚 1∶3 水泥砂浆找平层,其上涂抹基层处理剂,进行卷材防水或涂膜防水施工,然后在防水层上做细石混凝土找平层。如果有保温隔热层,则做在防水层之上,再做细石混凝土找平层。图 7-58 为油毡瓦屋面构造示例。

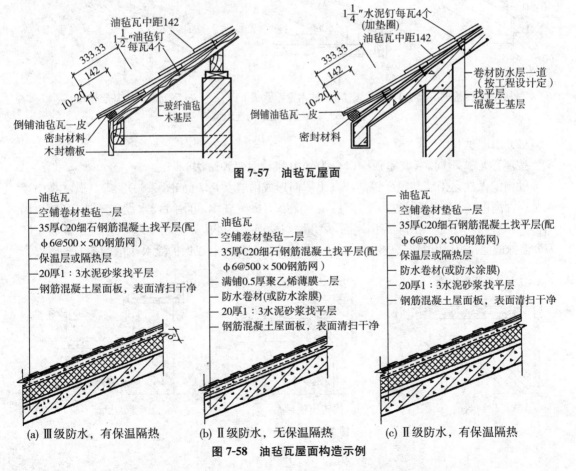

图 7-57 油毡瓦屋面

图 7-58 油毡瓦屋面构造示例

7.4.5 瓦屋面的细部构造

1) 檐口构造

瓦屋面一般伸出外墙一段距离,以保护外墙免遭雨淋,挑出部分就称为挑檐,也叫檐口。挑檐按所处位置不同,分为纵墙挑檐和山墙挑檐。

(1) 纵墙檐口

纵墙檐口设在纵墙挑出一侧,当屋面为四坡排水时,横墙挑檐口构造同纵墙。挑檐挑出长度根据设计要求而定。当出挑长度不大时,可直接将木基层或钢筋混凝土板挑出;当出挑长度较大时,可在屋架下方设挑檐木,或设钢筋混凝土挑梁。平瓦屋面纵墙挑檐的常见做法如图 7-59 所示。其中,图 7-59(a)所示是利用砖挑檐,即在檐口处将砖每层向外挑出 1/4 砖长(60 mm),直到挑出的总长度不大于墙厚的一半为止。

传统木基层檐口为了提高屋面的耐久性和增加美观,在檐口处设封檐板封住椽条和屋面板端部,檐口下方做板条灰吊顶,如图 7-59(b)所示;钢筋混凝土檐口则不需要设置,但是为了美观起见,在端部也可做边梁收头,如图 7-59(c)所示。平瓦屋面的瓦头挑出封檐板的长度宜为 50~70 mm,以便排水。

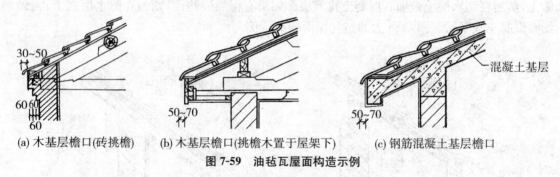

(a) 木基层檐口(砖挑檐)　　(b) 木基层檐口(挑檐木置于屋架下)　　(c) 钢筋混凝土基层檐口

图 7-59　油毡瓦屋面构造示例

(2) 山墙檐口

按屋顶形式不同,双坡屋顶檐口分为硬山和悬山两种做法。

硬山的做法是山墙与屋面等高或高出屋面形成山墙女儿墙(如图 7-60)。等高做法是山墙砌至屋面高度,屋面铺瓦盖过山墙,然后用水泥麻刀砂浆嵌填,再用 1:3 水泥砂浆抹瓦出线,如图 7-60(a)、(b)所示。当山墙高出屋面,女儿墙与屋面交接处应做泛水处理,一般用水泥石灰麻刀砂浆抹成泛水,或用镀锌铁皮做泛水。女儿墙顶应做压顶板,以保护泛水,如图 7-60(c)所示。

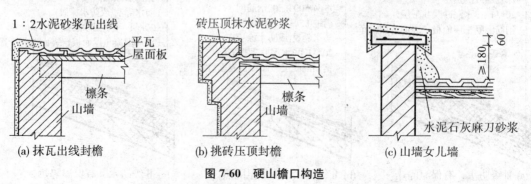

(a) 抹瓦出线封檐　　(b) 挑砖压顶封檐　　(c) 山墙女儿墙

图 7-60　硬山檐口构造

悬山屋顶的檐口构造,先将檩条外挑形成悬山,挑檐上面覆瓦,下面做吊顶,檩条端部钉木封檐板(也叫博风板),沿山墙挑檐的一行瓦,应用1:2的水泥砂浆做出披水线,将瓦封固(图7-61)。

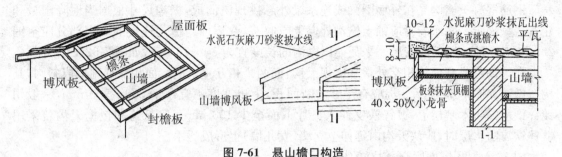

图7-61 悬山檐口构造

2) 檐沟、天沟、斜沟构造

檐沟分为外挂檐沟和现浇檐沟两种。

传统瓦屋面是在木基层固定扁钢挂钩来挂住镀锌铁皮檐沟,平瓦伸入檐沟50～70 mm,如图7-62(a)所示。

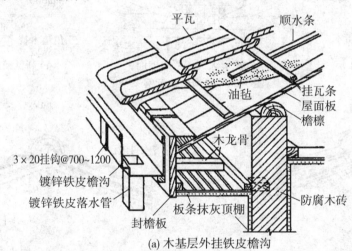

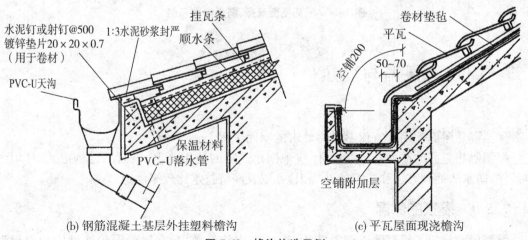

图7-62 檐沟构造示例

由于铁皮易生锈,近年来多采用硬质 PVC-U 型塑料檐沟,用厂家提供的配件进行安装固定,檐沟大小可根据设计进行选择。由于塑料檐沟重量轻、施工方便、外形美观,因此得到了广泛运用,具体构造如图 7-62(b)所示。

钢筋混凝土檐沟是在外墙圈梁或连系梁外悬挑现浇而成,檐沟尺寸根据当地降雨量和建筑造型而定。防水卷材应铺至檐沟外壁上方收头,在屋面与檐沟连接的突出部分应空铺 200 mm,以适应屋面的变形。平瓦伸出檐沟的长度宜为 50~70 mm,如图 7-62(c)所示。

在等高跨或高低跨相交处常常出现天沟,而两个相互垂直的屋面相交处则形成斜沟,其构造做法如图 7-63 所示。沟应有足够的断面积,上口宽度不宜小于 300~500 mm,一般用镀锌铁皮铺于木基层上,镀锌铁皮伸入瓦片下面至少 150 mm。高低跨和包檐天沟若采用镀锌铁皮防水层时,应从天沟内延伸至立墙(女儿墙)上形成泛水。

图 7-64 为瓦屋面屋脊、斜脊的构造示例。

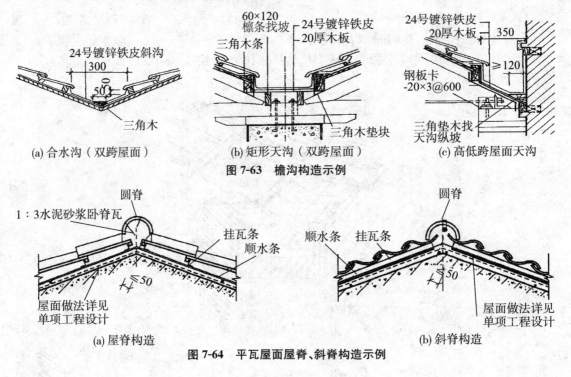

图 7-63 檐沟构造示例

图 7-64 平瓦屋面屋脊、斜脊构造示例

7.5 屋顶的保温与隔热

保温隔热屋面适用于有保温隔热要求的屋面工程。

保温隔热屋面的类型和构造设计,应根据建筑物的使用要求、屋面的结构形式、环境气候条件、防水的处理方法和施工条件等因素,以及经济技术比较来确定。

7.5.1 屋顶的保温

保温屋面是为了提高屋面保温能力,防止室内热量散失,在屋面围护构件中加设保温层,提高屋面热阻,从而达到保温的目的。保温材料应选择导热系数小、重量轻、吸湿性小的材料,保温层的厚度应根据热工计算得出。

1) 保温材料

常见保温材料有炉渣、矿渣、加气混凝土碎渣、蛭石、珍珠岩、陶粒、矿棉、岩棉等,一般导热系数不大于 0.29W/(m·K) 的材料都可以称为保温材料。

屋面保温一般采用整体现浇保温层或板状材料保温层。

整体现浇保温层是将散料保温材料用水泥浆拌和后浇筑在屋面上,干燥后具有一定的强度和刚度,且不影响保温能力的保温层。一般有 1:8 水泥加气混凝土碎渣、1:8 水泥蛭石、1:8 水泥珍珠岩、1:8 水泥炉渣等,此外还有现喷硬质聚氨酯泡沫塑料等整体保温层。

板块保温层有预制膨胀珍珠岩板、膨胀蛭石板、加气混凝土板、矿棉、岩棉等,还有聚氯乙烯泡沫塑料板、聚苯乙烯泡沫塑料板、聚氨酯泡沫塑料板等。

保温层的选择须根据使用要求、气候条件、屋顶的结构形式、防水处理方法、施工条件等综合考虑。目前采用较多的是加气混凝土板,其价格较为低廉。聚苯乙烯泡沫塑料板等由于价格较高,一般用在建筑等级较高的工程中。

2) 平屋顶保温屋面构造

平屋顶的保温层构造形式有两种,一种是正铺保温屋面,另一种是倒铺保温屋面。

(1) 正铺保温屋面

正铺保温屋面是传统的构造形式。由于过去传统的保温材料吸湿性较大,受水浸泡后会失去保温性能,所以将保温层铺设在结构层之上、防水层之下,既能保温,又不怕雨水的侵袭。图 7-65 为正铺保温屋面构造示例。

从图 7-65(a)中可以看出,保温层直接铺设在结构层之上,由于强度和刚度较弱,必须在其上做找平层以便于防水层的铺设。

图 7-65(b)中除了增设保温层之外,还增设了隔气层,这是因为冬季采暖房屋内水蒸气含量较大,水蒸气分子从压力高的一侧通过屋面围护结构向外渗透,当水蒸气进入到保温层内时,如果水蒸气实际压力超过饱和蒸汽压力,就会在保温层内产生内部凝结,使保温层受潮而降低保温效果,严重的甚至会出现保温层冻结而使屋面破坏。为了防止室内水蒸气进入屋面保温层,可在保温层之下做隔气层。根据规范要求,在我国纬度 40°以北地区且室内

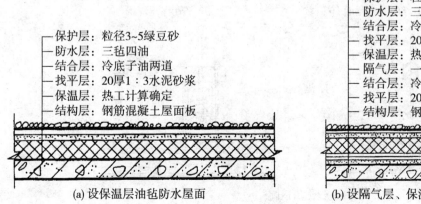

图 7-65　正铺保温屋面构造示例

空气湿度大于75%,或其他地区室内空气湿度常年大于80%时,保温层下面应设置隔气层。

（2）倒铺保温屋面

倒铺保温屋面组成与正铺保温屋面组成相反,其保温层铺设在防水层上方,防水层设在结构层上方。图7-66为倒铺保温屋面构造示例。

倒铺屋面保温构造的优点是防水层设在保温层之下,不直接受到太阳辐射和气候变化的影响,不易受到外来的破坏,防水层的温度变化幅度小,可提高防水层的耐老化性能,延长使用寿命。缺点是保温材料的选用受限制,应选用吸湿性小、耐候性强的材料,如聚苯乙烯板或现喷硬质聚氨酯泡沫塑料等。但这些保温材料价格较高,应用不太广泛。泡沫塑料保温层因重量较轻,其上应采用较重的覆盖层来作为保护层。

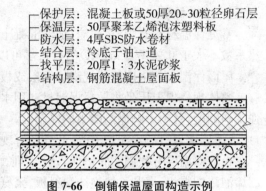

图 7-66　倒铺保温屋面构造示例

倒铺保温屋面的细部构造基本同卷材屋面构造。屋面泛水处加铺一层防水卷材,泛水高度应高出保护层 250 mm 左右；在预制钢筋混凝土板边缝和找平层分格缝,应空铺 300 mm 宽卷材一层,并用油膏嵌缝；檐沟、檐口、雨水口等部位,应采用现浇混凝土封边,并做好排水措施。

整个屋面防水层做好后应进行蓄水试验,合格后方可进行保温层施工。施工时保温层的铺设应平整,拼缝应严密。保护层施工时应避免损坏保温层和防水层。

3）坡屋面保温构造

坡屋顶的保温层一般布置在瓦材与檩条之间或吊顶棚上面（如图 7-67 所示）。保温材料

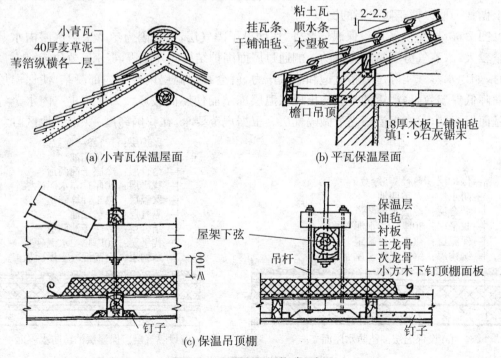

图 7-67　瓦屋面保温构造示例

可根据工程具体要求选用松散材料、块体材料或板状材料。在一般的小青瓦屋面中，采用基层上铺一层厚厚的粘土稻草泥作为保温层，小青瓦片粘结在该层上，如图7-67(a)所示。在平瓦屋面中，可将保温材料填充在檩条之间，如图7-67(b)所示。在设有吊顶的坡屋顶中，常常将保温层铺设在顶棚上面，可收到保温和隔热双重效果。图7-67(c)就是这种做法的一个示例。

7.5.2 屋顶的隔热

隔热屋面是在屋面上进行隔热构造处理，降低太阳辐射对室内的影响。隔热的主要目的是降低屋面内表面温度，从而减少对人体的烘烤感，所以隔热构造应从这个方面进行设计。常用的隔热屋面有三种，即架空隔热屋面、蓄水隔热屋面和种植隔热屋面。

1) 架空隔热屋面

架空隔热屋面是在屋面设置能够通风的空气间层，利用层间通风带走一部分热量，使屋面由一次传热变成两次传热，以降低传至屋顶内表面的温度。

架空隔热屋面宜在通风较好的屋面上采用，不宜在寒冷地区使用。对于平屋面来说，架空层一般设在屋顶表面之上，如图7-68所示。对于坡屋顶来说，架空层一般设在结构层与顶棚层之间，如图7-69所示。

图 7-68 通风层在屋面上的构造示例

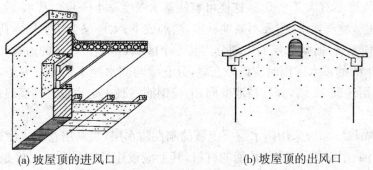

图 7-69 设在坡屋面结构层下的通风间层

屋面架空层设置时一定要保证通风,这是通风降温的关键。即设置进风口和排风口。架空层的高度为180~300 mm,太低不起作用,太高通风降温效果不明显。设架空隔热屋面的屋顶排水坡度不宜大于5%,太大会增加风的阻力。一般来说,屋面坡度大、宽度大,则架空层的高度要高,反之则降低架空层高度。

坡屋顶的通风层设在结构层之下,有两个作用:一是在炎热的夏季,打开进风口和出风口,当屋顶内的空气被烘烤加热后,从出风口排出,较冷的空气从进风口进入,如此不断循环,使得热量不断被带走,从而起到降温隔热作用;二是在寒冷的冬季,关闭进出风口,顶棚内的空气在太阳辐射作用下被加热,由于空气不流通,热量被保存下来并向室内和室外散发,同时空气的绝缘作用也可以阻止室内的热量向屋面传递,对室内来说,这时的空气层就是一个保温层。

图7-70为几种通风屋顶的示意,图(a)气窗,图(b)老虎窗,图(c)风兜(山墙上的百叶通风窗),图(d)檐口通风洞。

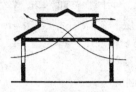 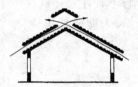 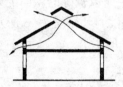 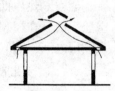

(a) 在顶棚和天窗设通风孔　　(b) 在外墙和天窗设通风孔之一　　(c) 在外墙和天窗设通风孔之二　　(d) 在山墙及檐口设通风孔

图7-70　坡屋顶通风示意图

2) 蓄水隔热屋面

蓄水隔热是在平屋面上建蓄水池,利用水面对太阳辐射的反射和蒸发作用带走热量以达到隔热的目的。

蓄水隔热屋面将间歇式的屋面防水转变为长期蓄水,对于刚性防水层来说,混凝土长期在水的养护下,可减少其开裂和碳化的可能,延长使用寿命。对于柔性防水层来说,防水材料应具有良好的耐水性,不因水的浸泡而降低物理性能,更不能减弱接缝的密闭程度。

蓄水隔热屋面主要在我国南方地区使用,不宜在寒冷地区、地震地区和振动较大的建筑物上采用。当屋面防水等级为Ⅰ级、Ⅱ级时,不宜采用蓄水隔热屋面。图7-71为蓄水隔热屋面的构造示例。

蓄水隔热屋面的构造要点如下:

(1) 屋面坡度不宜大于0.5%,这样可以使蓄水深度基本一致。蓄水深度一般为150~200 mm。太薄易被蒸发干,需要不断地补水,增加成本;太厚又会增加屋面荷载。

(2) 为了便于管理,蓄水层面应划分为若干个区域,每个蓄水区的边长不宜超过10 m。当长度超过40 m的蓄水屋面时应设分仓缝,分仓缝两侧水池不连通。另外,检修所用的人行通道一般采用砖砌12墙,高度与池壁同,上覆钢筋混凝土走道板。挡墙底部设过水孔,间距1 000mm左右。

(3) 蓄水隔热屋面应采用防水混凝土做的刚性防水层,当采用卷材或涂膜防水层时,应选择具有耐腐蚀、耐霉烂、耐穿刺性能的材料,其上应设刚性保护层。最好是在卷材或涂膜防水层上做刚性防水层,形成复合防水。

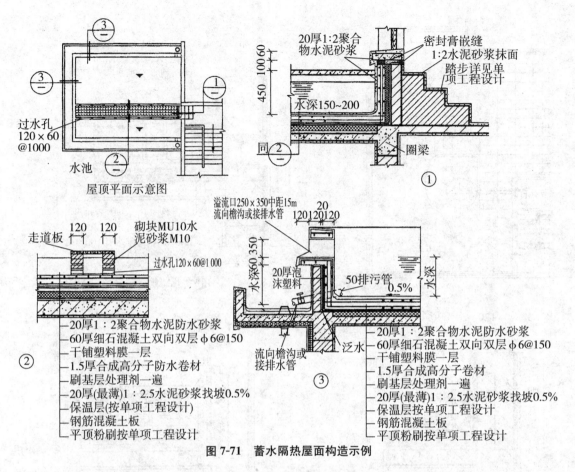

图 7-71 蓄水隔热屋面构造示例

3) 种植隔热屋面

种植隔热屋面是在平屋顶上种植植物,借助栽培介质隔热。植物通过吸收阳光进行光合作用和遮挡阳光的双重功效来达到降温隔热的目的。

种植隔热屋面的特点是荷载大、植物根系穿刺力强、防水要求高、返修困难。在进行种植隔热屋面设计时,应根据地域、气候、建筑环境、建筑功能的条件选择相适应的屋面构造形式。

近年来,随着人们绿化、美化、环保意识的增强,种植隔热屋面受到人们的重视,而由于种植隔热屋面的隔热效果优于架空隔热屋面和蓄水屋面,又有一定的保温能力,发展前景较好。

种植隔热屋面按构造做法不同可分为一般种植隔热屋面和蓄水种植隔热屋面。图 7-72 即为一般种植隔热屋面的构造示例。

蓄水种植隔热屋面是将蓄水屋面与种植屋面结合起来的一种隔热屋面,如图 7-73 所示。它增加了一个连通整个屋面的蓄水层,弥补了种植屋面隔热不完整,以及对人工补水依赖较多的缺点,但造价比一般屋面高。

种植隔热屋面的构造要点是:

(1) 种植土应尽量采用轻质的谷壳、蛭石、陶粒、泥炭、岩棉、锯末加腐殖土、塑料泡沫等作为栽培介质,以减轻屋面荷载。

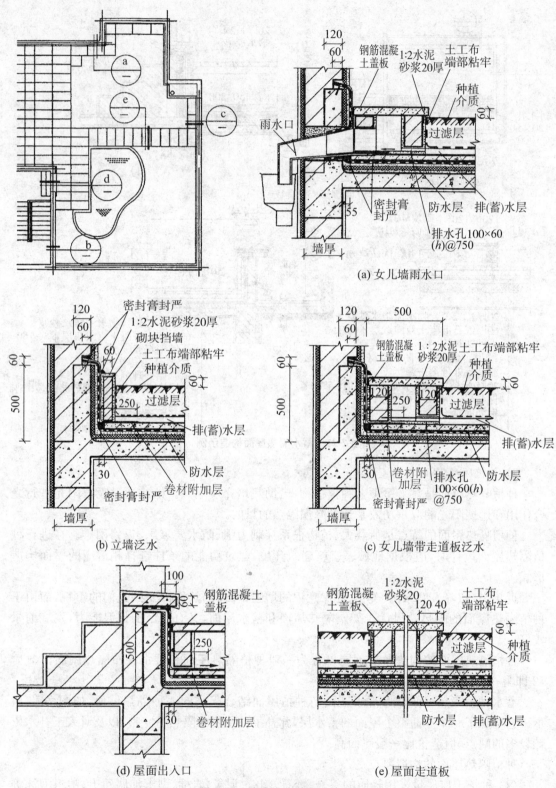

图 7-72 种植隔热屋面构造示例

(2) 种植屋面根据植物及环境布置的要求可分区布置,也可整体布置。分区布置时每区面积不大于 100 m²,种植床四周采用砖砌 12 墙作为挡墙即种植床埂,床埂宜设在承重墙体或结构梁上,种植床与檐沟连接处设排水孔。种植床上的排水孔应每隔 1 500 mm 设一个。种植床之间的空地即可作为走道和活动场地,其表面为刚性保护层或刚性防水层,不需要另加面层。

(3) 屋面上应设天沟和雨水口便于排水,设给水阀便于补水。为使用、管理方便,在种植土下方设滤水层(厚度 60~80 mm,填充粒径为 5~20 mm 的轻骨料)。在泄水口处设滤水网,避免杂物堵塞排水口。

(4) 种植屋面的防水层宜采用刚性防水与卷材防水复合防水。当采用卷材防水和涂膜防水时应采用耐腐蚀、耐霉烂、防植物根系穿刺、耐水性好的防水材料。卷材防水、涂膜防水层上部应设置刚性保护层。

4) 其他隔热屋面

反射降温屋顶是利用各种材料对太阳辐射反射程度来进行隔热设计。表 7-2 为各种屋面材料的反射率。在屋面覆盖或涂刷反射率高的材料也能达到一定的隔热效果。

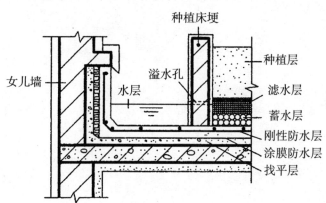

图 7-73 蓄水种植隔热屋面构造示例

表 7-2　各种屋面材料的反射率

屋面材料与颜色	反射率(%)	屋顶表面材料与颜色	反射率(%)
沥青、玛琋脂	15	石灰刷白	80
油毡	15	砂	59
镀锌薄钢板	35	红	26
混凝土	35	黄	65
铅箔	89	石棉瓦	34

复习思考题

1. 简述屋顶的设计要求。
2. 屋面排水方式有哪些?什么是无组织排水和有组织排水?各有何特点?
3. 影响屋顶坡度的因素有哪些?如何形成屋顶的排水坡度?
4. 屋顶由哪几部分组成?它们的主要功能是什么?
5. 屋顶防水等级分为几级?有什么具体要求?
6. 如何选择屋面排水方式?屋面排水设计的步骤有哪些?
7. 卷材防水屋面的基本构造和细部构造如何?试绘图表示。
8. 什么是刚性防水屋面?它的构造组成是什么?细部构造如何?

9. 什么是涂膜防水屋面？有何优缺点？
10. 什么是分格缝？为什么刚性防水屋面要设分格缝？瓦屋面的承重结构体系有哪些？如何根据屋顶平面形状进行结构布置？
11. 平屋面有上人和不上人、保温和不保温等各种构造，它们在构造层次和构造做法上有何不同？
12. 常用的屋面保温构造有哪几种？平屋顶保温常用的形式是什么？构造层次如何？
13. 简述瓦屋面的构造做法和细部构造做法，试绘图表示。
14. 常用的屋面隔热构造有哪几种？简述其构造原理。

8 门窗构造

本章提要：本章重点介绍门窗的形式与尺度；各种门窗的适用范围；木门窗构造；铝合金及塑料门窗。重点讲述了门窗选用的尺度及其形式，以及木门的组成与构造。

8.1 门窗的形式与尺度

8.1.1 门窗的作用及构造要求

门窗是建筑物的两个重要的围护部件。门在房屋建筑中的作用主要是交通联系，并兼采光和通风；窗的作用主要是采光、通风及眺望。在设计门窗时，必须根据有关规范和建筑的使用要求来决定其形式及尺寸大小，并符合现行《建筑模数协调统一标准》(GBJ 2-1986)的要求，以降低成本和适应建筑工业化生产的需要。

在建筑中窗的设置和构造要求主要有以下几个方面：满足采光要求，必须有一定的窗洞口面积；满足通风要求，窗洞口面积中必须有一定的活扇面积；开启灵活、关闭紧密，能够方便使用和减少外界对室内的影响；坚固、耐久，保证使用安全；符合建筑立面装饰和造型要求，必须有适合的色彩及窗洞口形状；同时必须满足建筑的某些特殊要求，如保温、隔热、隔声、防水、防火、防盗等要求。门的设置和构造要求主要是满足交通和疏散要求，必须有足够的宽度和适宜的数量及位置，其他方面要求基本同上述窗的设置和构造要求。

8.1.2 门的形式与尺度

1) 门的形式

门按其开启方式通常有平开门、弹簧门、推拉门、折叠门、转门、升降门、卷帘门、上翻门等，如图 8-1 所示。

(1) 平开门

平开门可做单扇或双扇，开启方向可以选择内开或外开，其构造简单，开启灵活，制作安装和维修均较方便，所以使用最广泛。但其门扇受力状态较差，易产生下垂或扭曲变形，所以门洞一般不宜大于 3.6 m×3.6 m。门扇可以由木、钢或钢木组合而成，门的面积大于 5 m² 时，例如用于工业建筑时，宜采用角钢骨架。而且最好在洞口两侧做钢筋混凝土的壁柱，或者在砌体墙中砌入钢筋混凝土砌块，使之与门扇上的铰链对应。如图 8-1(a) 所示。

(2) 弹簧门

弹簧门可以单向或双向开启。其侧边用弹簧铰链或下面用地弹簧传动，构造比平开门稍复杂。考虑到使用的安全，门上一般都安装玻璃，以方便其两边的使用者能够互相观察到对方的行为，以免相互碰撞。但幼托、中小学等建筑中不得使用弹簧门，以保证使用安全。如图 8-1(b) 所示。

(3) 推拉门

推拉门亦称扯门或移门,开关时沿轨道左右滑行,可藏在夹墙内或贴在墙面外,占用空间少。五金件制作相对复杂,安装要求较高。在一些人流众多的公共建筑,还可以采用传感控制自动推拉门。推拉门由门扇、门轨、地槽、滑轮及门框组成。门扇可采用钢木门、钢板门、空腹薄壁钢门等。根据门洞大小不同,可采取单轨双扇、双轨双扇、多轨多扇等形式。导轨可设在门洞上方,也可上下都设。前者为上挂式,适用于高度小于 4 m 的门扇,后者为下滑式,多适用于高度大于 4 m 的门扇,这时下面的导轨承受门扇的重量。如图 8-1(c)所示。

(4) 折叠门

折叠门一般门洞较宽,门由多道门扇组合,门扇可分组叠合并推移到侧边,以使门两边的空间在需要时合并为一个空间。其五金件制作相对复杂,安装要求较高。折叠门一般有侧挂式、侧悬式和中悬式折叠三种。侧挂式可使用普通铰链,它不适用于较大洞口。侧悬式和中悬式则在洞口上方设有导轨,门扇顶部还装有带滑轮的铰链。开闭时滑轮沿导轨移动,带动门扇折叠,适用于较大洞口。如图 8-1(d)所示。

(5) 转门

转门对防止室内外空气的对流有一定作用,可作为公共建筑及有空调房屋的外门。一般为 2~4 扇门连成风车形,在两个固定弧形门套内旋转。加工制作复杂,造价高。转门的通行能力较弱,不能作疏散用,故在人流较多处在其两旁应另设平开门或弹簧门。如图 8-1(e)所示。

(6) 升降门

升降门多用于工业建筑,一般不经常开关,需要设置传动装置及导轨。

(7) 卷帘门

卷帘门多用于较大且不需要经常开关的门洞,例如商店的大门及某些公共建筑中用作防火分区的构件等。其五金件制作复杂,造价较高。卷帘门适用于 4~7 m 宽非频繁开启的高大门洞,它是用很多冲压成型的金属页片连接而成,页片可用镀锌钢板或合金铝板轧制而成,页片之间用铆钉连接。另外还有导轨、卷筒、驱动机构和电气设备等组成部件。页片上部与卷筒连接,开启时页片沿着门洞两侧的导轨上升,卷在卷筒上。传动装置有手动和电动两种。开启时充分利用上部空间,不占使用面积。五金件制作相对复杂,安装要求较高。有的可用遥控装置。

(8) 上翻门

上翻门多用于车库、仓库等场所,按需要可以使用遥控装置。

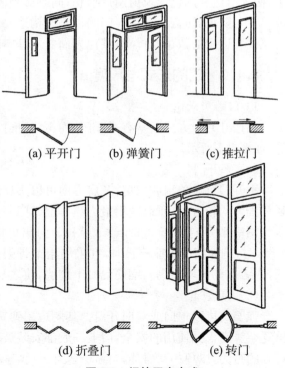

图 8-1 门的开启方式

2) 门的尺度

门的尺度通常是指门洞的高度和宽度尺寸。门作为交通疏散通道，其尺度取决于人的通行要求、家具器械的搬运及与建筑物的比例关系等，并要符合现行《建筑模数协调统一标准》(GBJ 2-1986)的规定。

(1) 门的高度：不宜小于 2 100 mm。如门设有亮子时，亮子高度一般为 300～600 mm，则门洞高度为 2 400～3 000 mm。公共建筑大门高度可视需要适当提高。

(2) 门的宽度：单扇门为 700～1 000 mm，双扇门为 1 200～1 800 mm。宽度在 2 100 mm 以上时做成三扇、四扇门或双扇带固定扇的门，因为门扇过宽易产生翘曲变形，同时也不利于开启。辅助房间(如浴厕、储藏室等)门的宽度可窄些，一般为 700～800 mm。

我国各地区按照建筑模数和使用要求等均有各类门的标准系列尺寸和定型构造通用图，可按需要选用。

8.1.3 窗的形式与尺度

窗的形式一般按开启方式确定。通常窗的开启方式有以下几种(图8-2)：

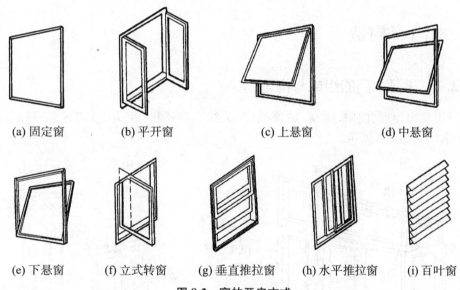

图 8-2 窗的开启方式

(1) 固定窗。固定窗不需窗扇，玻璃直接镶嵌于窗框上，不能开启，因此只供采光而不能通风。构造简单，密闭性好。

(2) 平开窗。平开窗有外开、内开之分，外开可以避免雨水侵入室内，且不占室内面积，故常采用；平开窗构造简单，五金便宜，维修方便，所以使用较为普遍。

(3) 悬窗。悬窗按转动铰链或转轴位置的不同有上悬、中悬、下悬之分。上悬和中悬窗向外开启，防雨效果较好，常用于高窗；下悬窗外开不能防雨，内开又占用室内空间，只适用于内墙高窗及门上亮子(又叫腰头窗)。

(4) 立式转窗。立式转窗在窗扇上下冒头中部设转轴，立向转动。有利于采光和通风，但安装纱窗不便，密闭和防雨性能较差。

(5) 推拉窗。推拉窗分垂直推拉和水平推拉两种。水平推拉窗一般在窗扇上下设滑轨槽，垂直推拉窗需要升降及制约措施，窗扇都是前后交叠不在一条直线上。推拉窗开启时不占室内空间，窗扇受力状态好，窗扇及玻璃尺寸均可较平开窗大，尤其适用于铝合金及塑料门窗。但通风面积受限制，五金及安装也较复杂。

(6) 百叶窗。百叶窗的百叶板有活动和固定两种。活动百叶板常作遮阳和通风之用，易于调整；固定百叶窗常用于山墙顶部作为通风之用。

8.1.4 窗的尺度

窗的尺度主要取决于房间的采光、通风、构造做法和建筑造型等要求，并要符合现行《建筑模数协调统一标准》(GBJ 2-1986)的规定。为使窗坚固耐久，一般平开木窗的窗扇高度为800～1 200 mm，宽度不宜大于 500 mm；上下悬窗的窗扇高度为 300～600 mm；中悬窗窗扇高不宜大于 1 200 mm，宽度不宜大于 1 000 mm；推拉窗高宽均不宜大于 1 500 mm。对一般民用建筑用窗，各地均有通用图，各类窗的高度与宽度尺寸通常采用扩大模数 3M 数列作为洞口的标志尺寸，需要时只要按所需类型及尺度大小直接选用。

8.2 木门窗构造

8.2.1 平开木门的组成与构造

木门主要由门樘、门扇、腰窗、贴脸板（门头线）、筒子板（垛头板）和五金零件等部件组成，平开木门如图 8-3 所示。

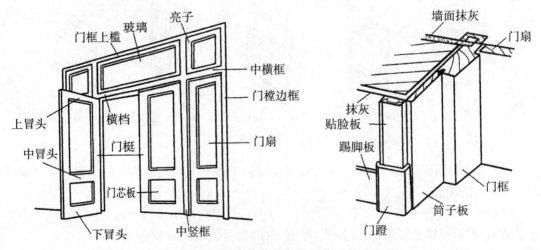

图 8-3 平开木门组成

1) 门樘

门樘又称门框，其主要作用是固定门扇和腰窗并与门洞间相联系，一般由两根边框和上槛组成，有腰窗的门还有中横档；多扇门还有中竖梃，外门及特种需要的门有些还有下槛。门框用料一般分为四级，净料宽为 135 mm、115 mm、95 mm、80 mm，厚度分别为 52 mm、

67 mm两种。框料厚薄与木材优劣有关,一般采用松木和杉木。木门框的构造和断面形式与尺寸分别如图8-4和图8-5所示。

为便于门扇密闭,门框上要有裁口(或铲口)。根据门扇数与开启方式的不同,裁口的形式可分为单裁口与双裁口两种。单裁口用于单层门,双裁口用于双层门或弹簧门。裁口宽度要比门扇宽度大1～2 mm,以利于安装和门扇开启。裁口深度一般为8～10 mm。

由于门框靠墙一面易受潮变形,故常在该面开1～2道背槽,以免产生翘曲变形,同时也利于门框的嵌固。背槽的形状可为矩形或三角形,深度约为8～10 mm,宽约为12～20 mm。

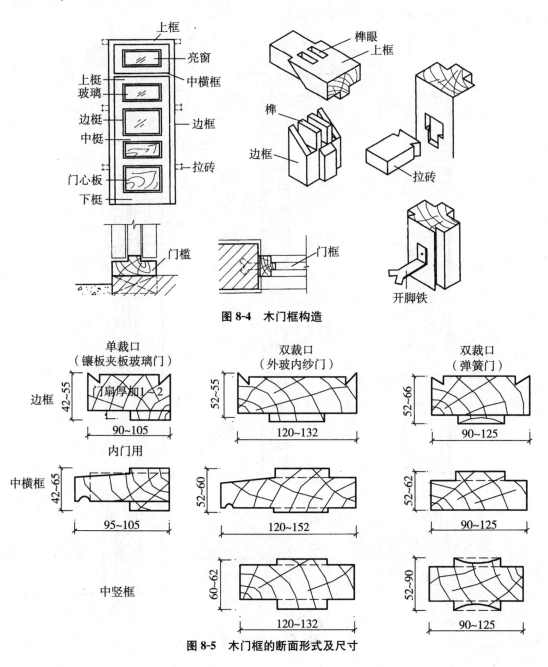

图8-4 木门框构造

图8-5 木门框的断面形式及尺寸

2) 门扇

木门扇主要由上冒头、中冒头、下冒头、门框及门心板等组成。按门板的材料,木门又有全玻璃门、半玻璃门、镶板门、夹板门、纱门和百叶门等类型。

(1) 镶板门、玻璃门、纱门。主要骨架由上下冒头和两根边梃组成框子,有时中间还有一条或几条横冒头或一条竖向中梃,在其中镶装门芯板、纱。门芯板可用 10~15 mm 厚木板拼装成整块,镶入边框。有的地区门芯板用多层胶合板、硬质纤维板或其他塑料板等代替。门扇边框的厚度即上下冒头和门梃厚度一般为 40~45 mm,纱门的厚度为 30~35 mm,上冒头和两旁边梃的宽度为 75~120 mm,下冒头因踢脚等原因一般宽度较大,常用 150~300 mm。镶板门构造如图 8-6 所示。

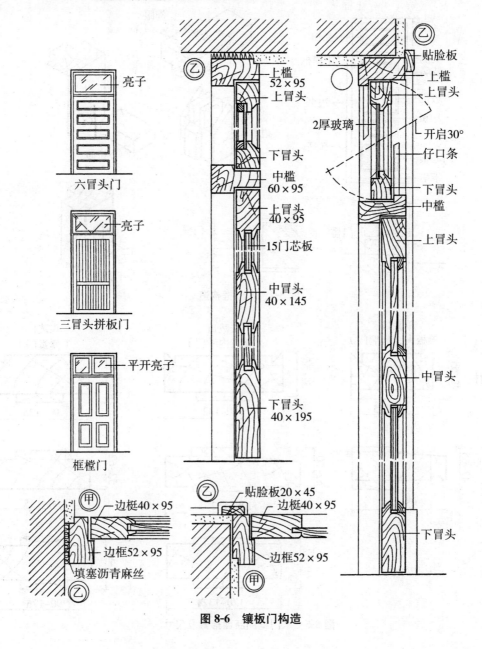

图 8-6 镶板门构造

（2）夹板门和百叶门。先用木料做成木框格，再在两面用钉或胶粘的方法加上面板，框料的做法不一，夹板门和百叶门如图8-7所示。外框用 35 mm×(50～70)mm，内框用 33 mm×(25～35)mm 的木料，中距 100～300 mm。夹板门构造须注意：面板不能胶粘到外框边，否则经常碰撞容易损坏。为了装门锁和铰链，边框料须加宽，也可局部另钉木条。为了保持门扇内部干燥，最好在上下框格上贯通透气孔，孔

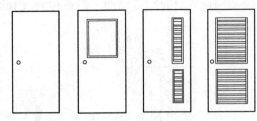

图 8-7 夹板门和百叶门

径为 9 mm。面板一般为胶合板、硬质纤维板或塑料板，用胶结材料双面胶结。有换气要求的房间，选用百叶门，如卫生间、厨房等。

3）门的五金零件

门的五金零件主要有铰链、插销、门锁和拉手(图8-8)、闭门器等，均为工业定型产品，形式多种多样。在选型时，铰链需特别注意其强度，以防止变形影响门的使用；拉手需结合建筑装修进行选型。

4）门的安装

门的安装根据施工方式有先立口和后塞口两类，但均需在地面找平层和面层施工前进行，以便门边框伸入地面 20 mm 以上。先立口安装目前使用较少。后塞口安装是在门洞口侧墙上每隔 500～800 mm 高预埋木砖，用长钉、木

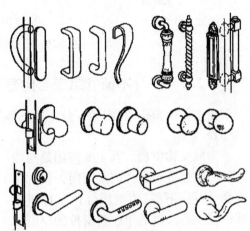

图 8-8 拉手和拉手门锁

螺钉等固定门框。门框外侧与墙面(柱面)的接触面、预埋木砖均需进行防腐处理，门框的安装方式如图8-9所示。

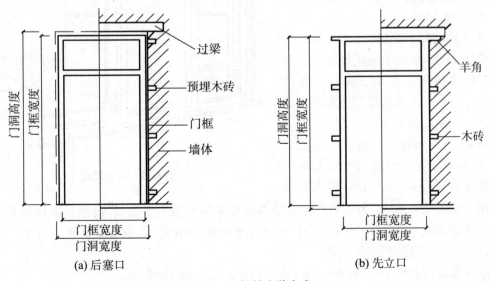

图 8-9 门框的安装方式

门框在墙中的位置,可在墙的中间或与墙的一侧平。一般多与开启方向一侧平齐,尽可能使门扇开启时贴近墙面。门框位置、门贴脸板及筒子板如图 8-10 所示。

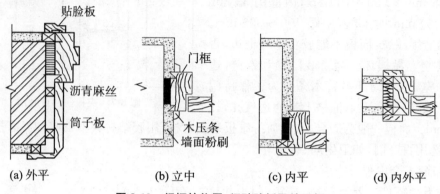

图 8-10　门框的位置、门贴脸板及筒子板

8.2.2　平开木窗的组成与构造

窗主要由窗框、窗扇和五金零件三部分组成,如图 8-11 所示。

1) 窗框

窗框又称窗樘。其主要作用是与墙连接并通过五金零件固定窗扇。窗框由上槛、中槛、下槛、边框用合角全榫拼接成框。一般尺度的单层窗窗樘的厚度常为 40～50 mm,宽度为 70～95 mm,中竖梃双面窗扇需加厚一个铲口的深度 10 mm,中横档除加厚 10 mm 外,若要加披水,一般还要加宽 20 mm 左右。

2) 窗扇

平开玻璃窗一般由上下冒头和左右边梃榫接而成,有的中间还设窗棂。窗扇厚度约为 35～42 mm,一般为 40 mm。上下冒头及边梃的宽度视木料材质和窗扇大小而定,一般为 50～60 mm,下冒头可较上冒头适当加宽 10～25 mm,窗棂宽度约为 27～40 mm。

玻璃常用厚度为 3 mm,较大面积

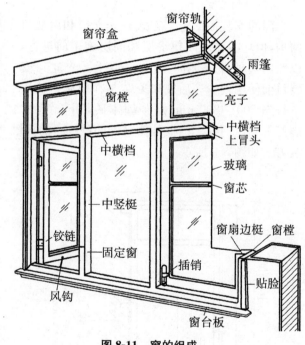

图 8-11　窗的组成

可采用 5 mm 或 6 mm。为了隔声保温等需要可采用双层中空玻璃,需遮挡或模糊视线可选用磨砂玻璃或压花玻璃,为了安全可采用夹丝玻璃、钢化玻璃、有机玻璃等,为了防晒可采用有色、吸热和涂层、变色等玻璃。

纱窗窗扇用料较小,一般为 30 mm×50 mm～35 mm×65 mm。

百叶窗中固定百叶窗(硬百叶窗)用(10～15)mm～(50～75)mm 的百叶板,两端开半榫装于窗梃内侧,成 30°～45°之斜度,间距约为 30 mm。固定百叶窗的规格一般宽为 400 mm、600 mm、1 000 mm、1 200 mm,高为 600 mm、800 mm、1 000 mm。活动百叶窗百叶板间距约为 40 mm,用垂直于百叶板的调节木棒装羊眼螺钉与板联系,该棒俗称"狲狲棒"。

3) 五金零件

五金零件一般有铰链、插销、窗钩、拉手和铁三角等。铰链又称合页、折页,是连接窗扇和窗框的连接件,窗扇可绕铰链转动;插销和窗钩是固定窗扇的零件,拉手为开关窗扇用。

4) 窗的安装

窗的安装分先立口和后塞口两类。

立口又称立樘子,施工时先将窗樘放好后砌窗间墙。上下档各伸出约半砖长的木段(羊角或走头),在边框外侧每 500～700 mm 设一木拉砖(木楔)或铁脚砌入墙身,窗的先立口安装如图 8-12 所示。这种方法的特点是:窗樘与墙的连接紧密,但施工不便,窗樘及其临时支撑易被碰撞,较少采用。

塞口又称塞樘子或嵌樘子,在砌墙时先留出窗洞,以后再安装窗樘。为了加强窗樘与墙的联系,窗洞两侧每隔 500～700 mm 砌入一块半砖大小的防腐木砖(窗洞每侧应不少于两块),安装窗樘时用长钉或螺钉将窗樘钉在木砖上,也可在樘子上钉铁脚,再用膨胀螺丝钉在墙上,或

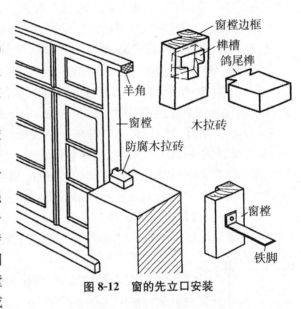

图 8-12 窗的先立口安装

用膨胀螺丝直接把樘子钉在墙上。为了抗风雨,外侧须用砂浆嵌缝,也可加钉压缝条或油膏嵌缝,寒冷地区应用纤维或毡类如毛毡、矿棉、麻丝或泡沫塑料绳等垫塞。塞樘子的窗樘每边应比窗洞小 10～20 mm。

一般窗扇都用铰链、转轴或滑轨固定在窗樘上。通常在窗樘上做铲口,深约 10～12 mm,也有钉小木条形成铲口。为提高防风雨能力,可适当提高铲口深度(约 15 mm)或钉密封条,或在窗樘留槽,形成空腔的回风槽。

外开窗的上口和内开窗的下口一般需做披水板及滴水槽以防止雨水内渗,同时在窗樘内槽及窗盘处做积水槽及排水孔将渗入的雨水排除。

窗框在墙中的位置,一般是与墙内表面平,安装时窗框突出砖面 20 mm,以便墙面粉刷后与抹灰面相平。框与抹灰面交接处应用贴脸板搭盖,以阻止由于抹灰干缩形成缝隙后风透入室内,同时可增加美观。贴脸板的形状和尺寸与门的贴脸板相同。

当窗框立于墙中时,应内设窗台板,外设窗台。窗框外平时,靠室内一面设窗台板。

8.3 铝合金及塑料门窗

8.3.1 铝合金门窗

1) 铝合金门窗的特点

(1) 质量轻。铝合金门窗用料省、质量轻,每平方米耗用铝材平均只有 80～120 N(钢门窗为 170～200 N),较钢门窗轻 50%左右。

(2) 性能好。密封性好,气密性、水密性、隔声性、隔热性都较钢、木门窗有显著的提高。因此,在装设空调设备的建筑,对防火、隔声、保温、隔热有特殊要求的建筑,以及多台风、多暴雨、多风沙地区的建筑中更适合用铝合金门窗。

(3) 耐腐蚀,坚固耐用。铝合金门窗不需要涂涂料,氧化层不褪色、不脱落,表面不需要维修。铝合金门窗强度高,刚性好,坚固耐用,开闭轻便灵活,无噪声,安装速度快。

(4) 色泽美观。铝合金门窗框料型材表面经过氧化着色处理后,既可保持铝材的银白色,又可以制成各种柔和的颜色或带色的花纹,如古铜色、暗红色、黑色等。还可以在铝材表面涂刷一层聚丙烯酸树脂保护装饰膜,制成的铝合金门窗造型新颖大方,表面光洁,外形美观,色泽牢固,增加了建筑立面和内部的美观。

2) 铝合金门窗的设计要求

(1) 应根据使用和安全要求确定铝合金门窗的风压强度性能、雨水渗漏性能、空气渗透性能综合指标。

(2) 组合门窗设计宜采用定型产品门窗作为组合单元。非定型产品的设计应考虑洞口最大尺寸和开启扇最大尺寸的选择和控制。

(3) 外墙门窗的安装高度应有限制。广东地区规定,外墙铝合金门窗安装高度不大于 60 m(不包括玻璃幕墙),层数不大于 20 层;若高度大于 60 m 或层数大于 20 层,则应进行更细致的设计。必要时,还应进行风洞模型试验。

3) 铝合金门窗的构造及选用

铝合金门的形式很多,其构造方法与木门、钢门相似,也由铝合金门框、门扇、腰窗及五金零件组成。按其门芯板的镶嵌材料有铝合金条板门、半玻璃门、全玻璃门等形式,主要有平开、弹簧、推拉三种开启方法,其中铝合金的弹簧门、铝合金推拉门是目前常用的。

铝合金门为避免门扇变形,其单扇门宽度受型材影响有如下限制,平开门最大尺寸:55 系列型材 900 mm×2 100 mm、70 系列型材 900 mm×2 400 mm;推拉门最大尺寸:70 系列型材 900 mm×2 100 mm、90 系列型材 1 050 mm×2 400 mm;地弹簧门最大尺寸:90 系列型材 900 mm×2 400 mm、100 系列型材 1 050 mm×2 400 mm。铝合金门窗的构造均有国家标准图集,各地区也有相应的通用图供选用。图 8-13 为铝合金弹簧门的构造示意图。

铝合金窗常用固定、平开、推拉、滑撑等开启方法,工程中应视窗的尺度、用途、开启方法和环境条件等选用适宜的型材、配套零件及密封件。建筑用窗型材常用 40 mm、55 mm、70 mm、90 mm 厚度系列等。当采用平开窗时,40 mm、55 mm 厚度系列型材开启扇的最大尺寸分别是 600 mm×1 200 mm 和 600 mm×1 400 mm；当采用推拉窗时，55 mm、70 mm、90 mm 厚度系列型材开启扇的最大尺寸分别是 900 mm×1 200 mm、900 mm×1 500 mm 和 900 mm×1 800 mm。图 8-14 为平开铝合金窗的构造示意图。

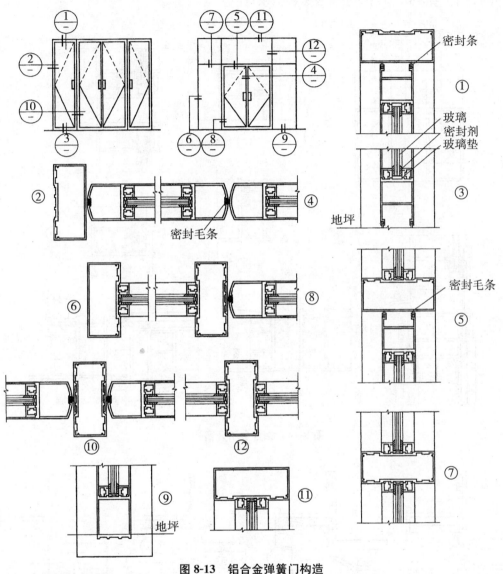

图 8-13　铝合金弹簧门构造

4）铝合金门窗的安装

铝合金门窗是高档门窗产品，对安装要求较高，因此，安装应按一定标准进行。安装主要依靠金属锚固件定位，安装时应保证定位正确、牢固，然后在门窗框与墙体之间分层填以矿棉毡、玻璃棉毡或沥青麻刀等保温、隔声材料，并于门窗框内外四周各留 5～8 mm 深的槽口后填建筑密封膏。铝合金门窗不宜用水泥砂浆作门框与墙体间的填塞材料。

门窗框固定铁件，除四周离边角 180 mm 设一点外，一般间距 400～500 mm，铁件可采用射钉、膨胀螺丝或钢件焊于墙上的预埋件等形式，锚固铁卡两端均须伸出铝框外，然后用射钉固定于墙上，固定铁卡用厚度不小于 1.5 mm 的镀锌铁片，铝合金窗安装构造如图 8-15

所示。铝合金门窗框料及组合梃料除不锈钢外均不能与其他金属直接接触，以免产生电腐蚀现象，所有铝合金门窗的加强件及紧固件均须做防腐蚀处理，一般可采用沥青防腐漆满涂或镀锌处理，应避免将灰浆直接粘到铝合金型材上，铝合金门框边框应深入地面面层20 mm以上，图8-16为铝合金窗安装构造示意图。

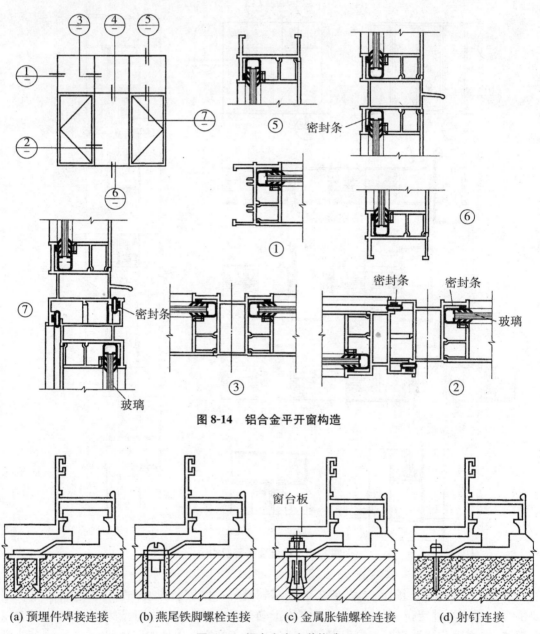

图 8-14　铝合金平开窗构造

(a) 预埋件焊接连接　(b) 燕尾铁脚螺栓连接　(c) 金属胀锚螺栓连接　(d) 射钉连接

图 8-15　铝合金窗安装构造

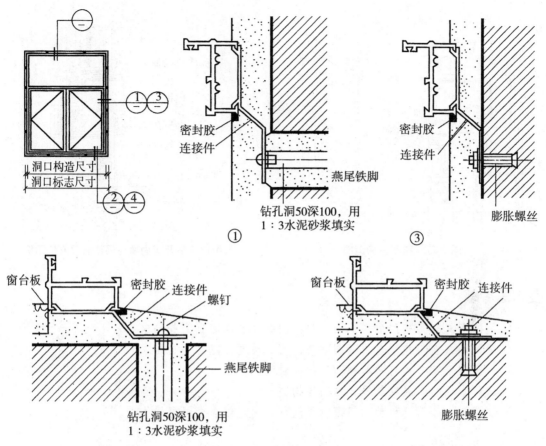

图 8-16 铝合金窗安装构造

8.3.2 塑料门窗

塑料门窗是近几年发展起来的一种新型门窗,它质轻、耐腐蚀,密闭性好,美观新颖,有足够的耐久性,现已大量应用于各种建筑中。塑料门窗是以改性硬质聚氯乙烯(简称 UP-VC)为原料,经挤塑机挤出成型为各种断面的中空异型材,定长切断后,在其内腔衬入钢质型材加强筋,再用热熔焊接机焊接组装成门窗框、扇,装配上玻璃、五金配件、密封条等构成门窗成品。为了改善刚度、强度,在塑料型材空腹内加设薄壁型钢,采用这种型材的称为塑钢门窗,如图 8-17 所示。塑钢门窗的所有缝隙都嵌有橡胶或橡胶封条及毛条,具有良好的气密性和水密性。

塑钢门窗的发展十分迅速,同铝合金门窗相比,它保温效果好,造价经济,单框双玻璃窗的传热系数小于双层铝合金窗的传热系数,而造价仅为其一半左右,但是运输、储存、加工要求严格,现在塑钢门窗已成为主要的门窗类型之一。图 8-18 为平开塑钢门窗与门窗洞口安装示例。

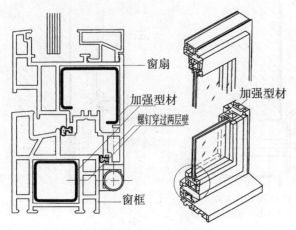
图 8-17 塑料窗构造图

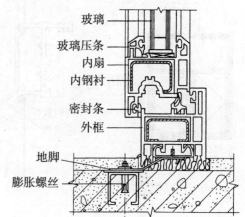
图 8-18 平开塑钢窗与门窗洞口安装示例

复习思考题

1. 门的形式有哪些？适用范围如何？门的尺度确定有哪些要求？
2. 窗的形式有哪些？适用范围如何？窗的尺度确定有哪些要求？
3. 门窗的安装方式有哪两种？试简要说明。
4. 试述木门的组成以及平开木门的构造。
5. 试述铝合金门窗和塑钢门窗的优缺点。简述铝合金门窗的构造。

9 变形缝构造

本章提要： 主要介绍变形缝的概念，变形缝的类型、作用、设置原则及各种变形缝的设置要求、特点、相互区别。重点是变形缝在墙体、楼地面、屋面位置盖缝的节点构造。

9.1 变形缝的作用及分类

当建筑的长度超过规定，平面图形曲折变化比较多或同一建筑物不同部分的高度或荷载差异较大时，建筑构件内部会因气温变化、地基的不均匀沉降或地震等原因产生附加应力。当这种应力较大而又处理不当时，会引起建筑构件产生变形，导致建筑物出现裂缝甚至破坏，影响正常使用与安全。

为了预防和避免这种情况发生，一般可以采取两种措施：一是加强建筑物的整体性，使之具有足够的强度和刚度克服这些附加应力和变形；二是在设计和施工中预先在这些变形敏感部位将建筑构件垂直断开，留出一定的缝隙，将建筑物分成若干独立的部分，形成能自由变形而互不影响的刚度单元（图 9-1）。这种将建筑物垂直分开的预留缝隙称为变形缝。

变形缝按其作用的不同分为伸缩缝、沉降缝、防震缝三种。为避免因温度变化而造成开裂所设的缝称为温度缝，又称为伸缩缝；为避免建筑因不均匀沉降而开裂所设的缝称为沉降缝；为抵抗因地震作用而造成建筑物开裂所设的缝称为防震缝。

建筑中的变形缝应依据工程实际情况设置，并需符合设计规范规定，其采用的构造处理

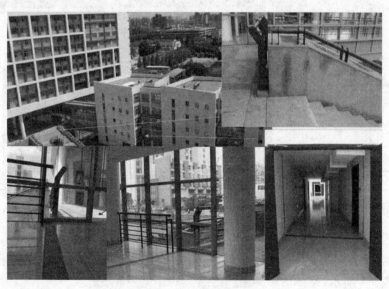

图 9-1 变形缝设置示例

方法和材料应根据其部位和需要分别达到盖缝、防水、防火、保温等方面的要求,并确保缝两侧的建筑构件能自由变形而不受阻碍、不被破坏。

9.2 伸缩缝

9.2.1 伸缩缝的设置要求

当建筑物长度超过一定限度时,建筑平面变化较多或结构类型变化较大时,建筑物会因热胀冷缩变形较大而产生开裂。为防止这种情况发生,常常沿建筑物长度方向每隔一定距离或结构变化较大处预留缝隙,将建筑物断开。这种因温度变化而设置的竖向缝隙就称为伸缩缝或温度缝。

伸缩缝的位置最好设在平面图形有变化处,以利于隐蔽处理(图9-2)。并要求把建筑物的墙体、楼板层、屋顶等地面以上部分全部断开,让缝两侧的建筑沿水平方向作自由的伸缩(图9-3),基础部分因受温度变化较小,不需断开。

图 9-2 伸缩缝设置示例

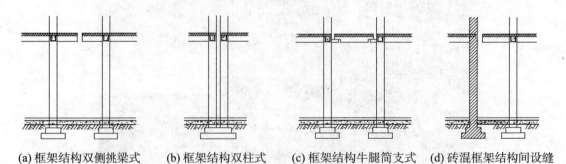

(a) 框架结构双侧挑梁式　　(b) 框架结构双柱式　　(c) 框架结构牛腿简支式　　(d) 砖混框架结构间设缝

图 9-3 伸缩缝处结构简图

伸缩缝的间距,因不同的结构类型、不同的屋面构造而不同。钢筋混凝土结构伸缩缝的最大间距见表9-1所示,砌体房屋伸缩缝的最大间距见表9-2所示。

表 9-1　钢筋混凝土结构伸缩缝的最大间距　　　　　　　　　　单位：m

项次	结构类型		室内或土中	露天
1	排架结构	装配式	100	70
2	框架结构	装配式 现浇式	75 65	50 35
3	剪力墙结构	装配式 现浇式	65 45	40 30
4	挡土墙及地下墙壁等结构	装配式 现浇式	40 30	30 20

注：本表摘自《混凝土结构设计规范》(GB 50010-2002)。

表 9-2　砌体房屋伸缩缝的最大间距　　　　　　　　　　单位：m

屋顶或楼板层的类别		间距
整体式或装配整体式钢筋混凝土结构	有保温层或隔热层的屋顶、楼板层	50
	无保温层或隔热层的屋顶	40
装配式无檩体系钢筋混凝土结构	有保温层或隔热层的屋顶、楼板层	60
	无保温层或隔热层的屋顶	50
装配式有檩体系钢筋混凝土结构	有保温层或隔热层的屋顶、楼板层	75
	无保温层或隔热层的屋顶	60
瓦材屋顶、木屋顶或楼板、轻钢屋顶		100

注：本表摘自《砌体结构设计规范》(GB 5003-2001)。

9.2.2　伸缩缝构造

由于建筑物的伸缩缝是在建筑物的同一位置将基础以上的墙体、楼板层、屋顶等部分全部断开，分为各自独立的能在水平方向自由伸缩的部分，而基础部分因受温度变化影响较小，不需断开。伸缩缝宽一般为 20～40 mm，通常采用 30 mm。

1) **墙体伸缩缝构造**

墙体伸缩缝一般做成平缝形式，当墙体厚度在 240 mm 以上时也可以做成错口缝、企口缝等形式（图 9-4）。为防止外界自然条件对墙体及室内环境的影响，变形缝外墙侧常用沥青麻丝、泡沫塑料条、油膏等有弹性的防水材料填缝，缝口用镀锌铁皮、彩色薄钢板等材料进行盖缝处理；内墙一般结合室内装修用木板、各类金属板等盖缝处理（图 9-5）。图 9-6 为墙体变形缝盖缝实例。

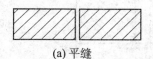　　　

(a) 平缝　　　　　　(b) 错口缝　　　　　　(c) 企口缝

图 9-4　砖墙伸缩缝的截面形式

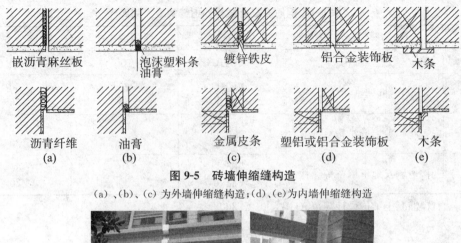

图 9-5　砖墙伸缩缝构造

(a)、(b)、(c) 为外墙伸缩缝构造；(d)、(e) 为内墙伸缩缝构造

图 9-6　建筑墙体变形缝示例

2) 楼地面伸缩缝构造

楼地面伸缩缝的缝内常用油膏、沥青麻丝、金属或塑料调节片等材料做封缝处理。上铺金属、混凝土或橡塑等活动盖板，楼地面伸缩缝的构造如图 9-7 所示。其构造处理需满足地面平整、光洁、防水和卫生等使用要求。顶棚伸缩缝需结合室内装修进行，一般采用金属板、木板、橡塑板等盖缝，盖缝板只能固定于一侧，以保证缝的两侧构件能在水平方向自由伸缩变形。

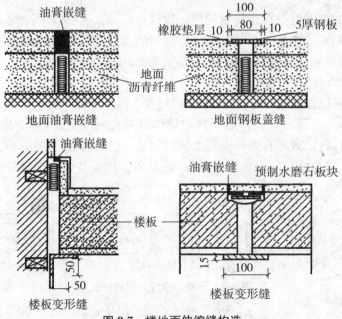

图 9-7　楼地面伸缩缝构造

图 9-8 为混凝土垫层上抹水泥砂浆面层的普通地面伸缩缝做法实例。当楼面为地砖或其他板材时,变形缝盖板选材常与之相同,盖板下垫有沥青麻丝等柔性材料。图 9-9 为楼面伸缩缝盖缝实例。

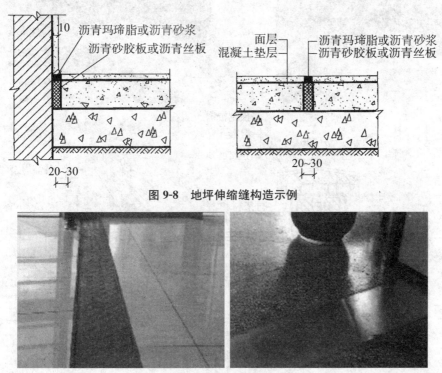

图 9-8 地坪伸缩缝构造示例

图 9-9 楼面伸缩缝盖缝示例

3) 屋面伸缩缝构造

屋面伸缩缝的位置与缝宽亦与墙体、楼地面的伸缩缝一致。一般设在同一标高屋顶或建筑物的高低错落处。屋面伸缩缝要注意做好防水和泛水处理,其基本要求同屋顶泛水构造相似,不同之处在于盖缝处应能允许自由伸缩而不造成渗漏。常见的平屋顶伸缩缝构造如图 9-10、图 9-11 所示。

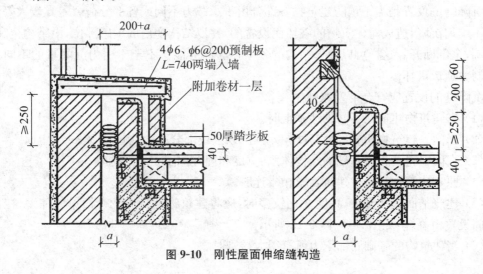

图 9-10 刚性屋面伸缩缝构造

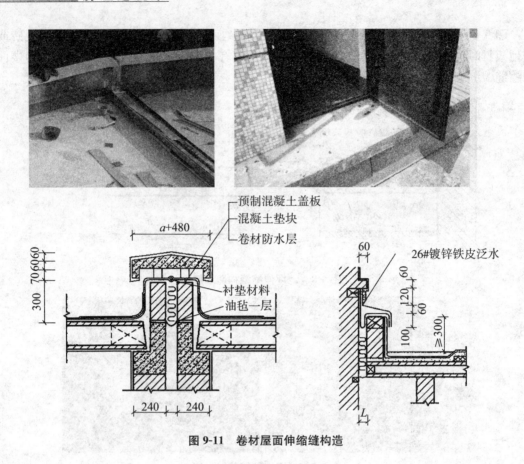

图 9-11 卷材屋面伸缩缝构造

9.3 沉降缝

9.3.1 沉降缝的设置要求

沉降缝的设置是为了预防建筑物各部分由于承载力不同或各部分荷载差异较大等原因引起不均匀沉降,造成对建筑物的破坏而设置的,并以结构变形的敏感部位,沿结构全高,包括基础,全部断开。这样可以使得结构的各个独立部分能够不至于因为沉降量的不同又互相牵制而造成破坏。

沉降缝的设置应符合下列原则:

(1) 当建筑物建造在不同的地基上时。

(2) 当同一建筑物相邻部分高度相差两层以上或部分高度差超过 10 m 以上时。

(3) 当同一建筑相邻基础的结构体系、宽度和埋置深度相差悬殊时。

(4) 原有建筑物和新建建筑物紧相毗连时。

(5) 建筑平面形状复杂,高度变化较多时,应将建筑物划分为几个简单的体型,在各部分之间设置沉降缝,如图 9-12、图 9-13 所示。

(6) 当建筑物的基础底部压力值有很大差别时。

沉降缝同时起伸缩缝的作用,所以当建筑物既要做伸缩缝,又要做沉降缝时,应尽可能地把它们合并。

图 9-12　同一建筑相邻部分结构差异大

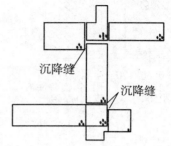

图 9-13　沉降缝设置位置

9.3.2　沉降缝构造

1) 基础沉降缝的结构处理

沉降缝的基础也应断开,并应避免因不均匀沉降造成的相互影响。其结构处理有砖混结构和框架结构两种情况,砖混结构墙下条形基础通常有双墙偏心基础、挑梁基础和交叉式基础三种处理形式(图 9-14),框架结构通常也有双柱下偏心基础、挑梁基础、柱交叉布置三种处理形式。

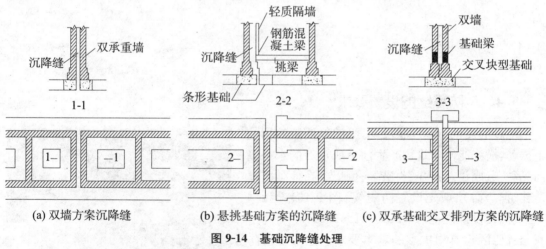

(a) 双墙方案沉降缝　　(b) 悬挑基础方案的沉降缝　　(c) 双承基础交叉排列方案的沉降缝

图 9-14　基础沉降缝处理

2) 墙体、楼地面、屋顶沉降缝构造

墙体沉降缝常用镀锌铁皮、铝合金板和彩色薄钢板等盖缝(图 9-15),其构造既要能适应垂直沉降变形的要求,又要能满足水平伸缩变形的要求。

地面、楼板层、屋顶沉降缝的盖缝处理基本同伸缩缝构造。顶棚盖缝处理应充分考虑变形方向,以尽量减少不均匀沉降后所产生的影响。

沉降缝的宽度与地基的性质和建筑物的高度有关,如表 9-3 所示。地基越弱,建筑产生沉陷的可能性就越大;建筑物越高,沉陷后产生的倾斜就越大。沉降缝一般兼起伸缩缝的作用,其构造与伸缩缝基本相同,但盖缝条及调节片构造必须注意能保证在水平方向和垂直方向自由变形。

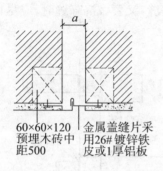 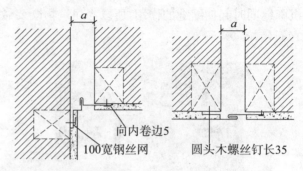

图 9-15 墙体沉降缝构造

表 9-3 沉降缝宽度

地基性质	建筑物高度(m)	沉降缝宽度(mm)
一般地基	$H<5$	30
	$H=5\sim10$	50
	$H=10\sim15$	70
软弱地基	2～3层	50～80
	4～5层	80～120
	5层以上	>120
湿陷性黄土地基		≥30～70

9.4 防震缝

9.4.1 防震缝的设置要求

地震的发生引起环状波动,纵波能使建筑物上下振动,横波能使建筑物产生前后或左右的水平侧向晃动,造成建筑物开裂、破坏、倒塌。在地震区建造建筑时,必须预先设置防震缝(图 9-16)。我国《建筑抗震设计规范》(GB 50011 - 2001)中明确了我国各地区建筑物抗震的基本要求。建筑物的防震和抗震通常可从设置防震缝和对建筑进行抗震加固两方面考虑。

防震缝应根据抗震设防烈度、结构材料种类、结构类型、结构单元的高度和高差情况留有足够的宽度,其两侧的上部结构应完全分开,一般情况下基础可不设防震缝,但在平面复杂的建筑中或与震动有关的建筑各相连部分的刚度差别很大时需将基础分开。在具有沉降要求的防震缝也应将基础分开。当设置伸缩缝和沉降缝时,其宽度应符合防

图 9-16 体型复杂的建筑设抗震缝

震缝的要求。

在地震设防烈度为 7～9 度地区，有下列情况之一时需设防震缝。

（1）毗邻房屋立面高差大于 6 m。

（2）房屋有错层且楼板高差较大。

（3）房屋毗邻部分结构的刚度、质量截然不同。

防震缝的宽度与房屋高度和抗震设防烈度有关，防震缝宽度见表 9-4 所示，设防烈度为 8 度地区的高层建筑按建筑总高度的 1/250 考虑。

表 9-4 防震缝宽度

建筑物高度(m)	设计烈度	防震缝宽度(mm)	
≤15	按设计烈度的不同	多层砖房	50～70
	按设计烈度	多层钢筋混凝土结构房屋	70
>15	6	高度每增高 5m	在 70 基础上增加 20
	7	高度每增高 4m	
	8	高度每增高 3m	
	9	高度每增高 2m	

9.4.2 防震缝构造

当设置防震缝时，应将建筑分割成独立、规则的结构单元，每个独立单元必须具有足够的刚度。防震缝两侧的上部结构应完全分开。对于要求兼具沉降缝作用者，基础部分亦应断开。防震缝两侧的承重墙或柱子应成双布置，也可以墙壁和框架相结合的方法设置防震缝。对于仅设伸缩缝的框架结构，防震缝的成双柱子允许设在共同的基础上（图 9-17）。

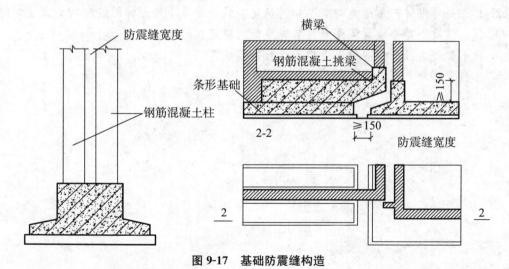

图 9-17 基础防震缝构造

防震缝在墙身、楼层以及屋顶等各部分的构造基本上和沉降缝各部分的构造相同（图 9-18）。缝处理时，因缝宽较宽，应注意盖缝板的牢固性以及适应变形的能力；另外，要注意不应将防震缝做成错口、企口等形式，以致失去防震缝的作用。

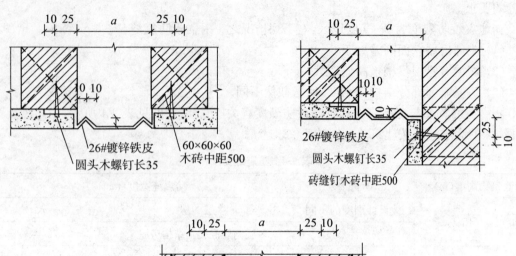

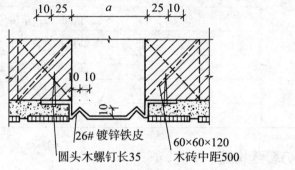

图 9-18 外墙抗震缝构造

复习思考题

1. 什么是变形缝？为什么要设置变形缝？
2. 什么是伸缩缝？伸缩缝的宽度如何确定？什么情况下设置伸缩缝？构造做法如何？
3. 什么情况下需要设置沉降缝？其宽度如何确定？
4. 什么是抗震缝？哪些情况下需要设置抗震缝？
5. 三种变形缝之间能否替代？如何替代？

10 建筑平面设计

本章提要: 本章主要讲述建筑平面设计的内容;主要使用房间和辅助使用房间的平面设计;交通联系部分的平面设计以及建筑平面组合设计。着重讲述了平面设计中各种不同房间的面积、形状、尺寸的确定;交通联系部分的疏散宽度确定及位置确定;平面组合设计中建筑的功能分析及平面组合方式。

建筑设计是一项复杂而且综合性很强的工作。一幢建筑物通常是由若干个单体空间有机地组合起来的整体空间,在进行建筑设计时,建筑师设计思想的表达主要是通过图纸来实现的,包括建筑的平、立、剖面图。它们之间是有机联系的,平、立、剖面综合在一起,就可以表达出建筑的三维空间关系。

10.1 平面设计的内容

建筑平面图主要反映出建筑物在水平方向各组成部分的大小和相互关系。由于建筑在功能、技术、经济及美观等方面的要求,在进行方案设计时首先考虑的往往是功能方面,而建筑平面通常较为集中地反映建筑功能方面的问题,因此,从建筑的平面设计着手,是进行建筑设计极为重要的一步。同时,在平面设计过程中,始终要从建筑整体空间组合的效果来考虑,紧密联系建筑剖面、立面以及技术与经济等各方面因素,分析其可行性与合理性,反复推敲,不断修改和调整平面,以期达到平面设计的理想状态。

建筑平面设计包括单个房间平面设计以及平面组合设计。

各类民用建筑的平面组成,从使用性质分析,主要可以归纳为使用部分和交通联系部分两类。使用部分指主要使用活动和辅助使用活动的面积,即各类建筑物中的主要房间和辅助房间。主要房间,如剧院中的观众厅,商店中的营业厅,住宅中的起居室、卧室等。辅助房间,如剧院中的化妆间、卫生间,商店中的厕所、储藏室,住宅中的厨房、浴室、厕所等。

交通联系部分是指建筑物中各个房间之间、楼层之间和房间内外之间联系通行的面积,包括门厅、过厅、走廊、楼梯、坡道、电梯及自动扶梯等空间。

除此之外,建筑平面中各类墙、柱等房屋构件也占用一定的面积,即结构部分。图 10-1 是住宅单元平面组成示例。

单个房间设计是在整体建筑合理适用的基础上,确定房间的面积、形状、尺寸以及门窗的大小和位置。

平面组合设计是根据各类建筑功能要求,抓住主要使用房间、辅助使用房间、交通联系部分的相互关系,结合基地环境及其条件,采取不同的组合方式将各单个房间合理地组合起来。

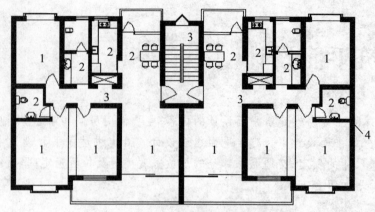

图 10-1　住宅单元平面面积的组成部分
1—使用部分(主要房间)；2—使用部分(辅助房间)；3—交通部分 ；4—结构部分

在进行平面设计时,要先从整体到局部,再从局部到整体,综合解决平面中各方面功能的使用要求,同时又要充分考虑到剖面、立面、组合、结构等影响因素。因此,平面设计的内容主要有以下几个方面：

(1) 结合基地环境、自然条件,根据城镇规划建设要求,使建筑平面形式、布局与周围环境相适应。

(2) 根据建筑规模和使用性质要求进行单个房间的平面设计(包括面积、形状、尺寸以及门窗的大小和位置等设计)以及交通部分和平面组合的设计。

(3) 妥善处理好平面设计中的日照、采光、通风、隔声、保温、隔热、节能、防潮防水和安全防火等问题,满足不同的功能使用要求。

(4) 为建筑结构选型、建筑体型组合与立面处理、室内设计等提供合理的平面布局。

(5) 尽量减少交通辅助面积和结构面积,提高平面利用系数,有利于降低建筑造价,节约投资。

10.2　主要使用房间的设计

建筑物的主要房间是其功能性要求的核心体现,不同使用性质的建筑,房间的大小、形状、位置、朝向、采光、通风等要求也各不相同。按照功能要求来分类,主要房间可以分为以下几类：

(1) 生活用房间：宿舍,住宅的起居室、卧室,旅馆的卧室等。

(2) 工作、学习用的房间：学校中的教室、实验室、阅览室,各类建筑中的办公室、值班室等。

(3) 公共活动房间：体育馆、剧院的观众厅、休息厅,商场的营业厅等。

一般来说,生活、工作和学习用的房间要求安静、少干扰,由于人们在其中停留时间相对较长,因此希望能有较好的朝向；公共活动房间的主要特点是人流比较集中,通常出入频繁,因此室内人们活动和交通面积的组织比较重要,特别是人流的疏散问题较为突出。对使用房间进行分类,有助于平面组合设计对不同房间进行分组和功能分区。

10.2.1 使用房间设计要求

（1）房间的面积、形状和尺寸要满足室内使用活动和家具、设备合理布置的要求。
（2）门窗的大小和位置，应该考虑房间的出入方便、疏散安全、采光通风良好。
（3）房间的构成应使结构布置合理，施工方便，有利于房间之间的组合，所用材料要符合相应的建筑标准。
（4）室内空间，以及顶棚、地面、各个墙面和构件细部，要考虑人们的使用和审美需求。

10.2.2 房间的面积、形状和尺寸

1) *房间的面积*

主要使用房间面积的大小，是由房间内部活动特点、使用人数的多少、家具设备的数量和布置方式等多种因素决定的。

一个房间内部的使用面积，通常由以下部分组成：家具、设备所占用的面积；人们使用活动所需用的面积；室内通行所需要的交通面积（如图10-2、图10-3所示，分别为某卧室及教室面积组成示例）。

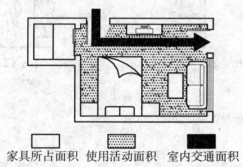

图 10-2　卧室中使用面积分析

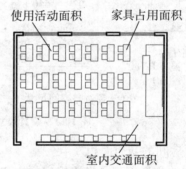

图 10-3　教室内部面积组成

在设计过程中，房间面积的确定，主要是根据具体房间的使用性质，从以下三个方面来考虑：首先是房间使用人数的多少；其次是室内家具、设备及使用活动的面积；再次是室内交通面积。

（1）房间使用人数

房间使用面积的大小，主要取决于房间的使用人数的多少，它决定着室内家具、设备的多少，以及交通面积的大小。使用人数的确定，主要是从房间的使用性质来考虑。不同类别的房间，其内部使用人数会有很大的差异，如生活用房类的卧室和工作学习类的学校教室，由于两者在使用功能上的差异，其内部活动的人数也存在着很大的差别，所以，在设计的时候，两者之间的面积显然也会有着绝对的差距。

（2）家具、设备及使用活动的面积

为了满足各类房间功能使用的要求，家具及设备的配备必不可少。家具、设备的数量主要由房间的使用性质及使用人数来确定的，其数量的多少以及布置方式的合理与否均会影响到房间的面积大小。例如，教室中学生就座、起立时桌椅近旁必要的使用活动面积；教师讲课时黑板前的活动面积等。另外，为了能够正常使用这些家具、设备，还需要必要的活动

空间,这些面积的确定和人体活动的基本尺度有关,且直接影响到房间使用面积的大小,如图 10-4 所示。

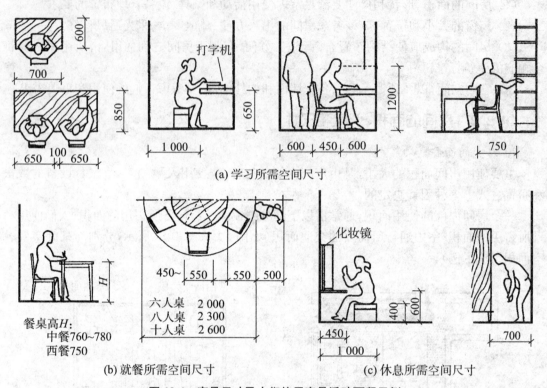

图 10-4　家具尺寸及人们使用家具活动面积示例

(3) 房间的交通面积

房间的交通面积是指连接房间内各个使用区域的交通通行的面积,如图 10-3 所示,教室中每排课桌的间距(一般取 800 mm 左右),以及每列课桌的间距(取 550 mm 左右)。室内使用面积和室内交通面积也可能有重合或互换,但这并不影响对使用面积的基本确定。

有些建筑物中,房间的使用活动人数并不固定,也不能直接从房间内家具、设备的数量来确定使用面积的大小(例如剧院、电影院、展览馆、营业厅等)。这时,通常需要从实际出发,通过对已建成的同类建筑中的房间进行调查,结合设计任务书的具体要求,确定出合理的房间面积。

在实际设计工作中,国家或所在地区设计的主管部门,通过大量的调查研究和设计资料的积累,对不同类型的建筑制定出相应的建筑面积定额指标,作为确定房间使用面积的依据。表 10-1 为部分房间的面积定额指标。在专项设计规范中,房间面积也有控制性指标,如《住宅设计规范》(GB 50096－1999)规定,双人卧室不小于 10 m²,兼起居室的卧室不小于 12 m²。进行具体的建筑设计时,房间面积的确定通常是在已有面积定额等建筑标准的基础上,综合分析各类房间的使用要求与使用人数、家具布置、人们的活动和通行情况,反复推敲而最终确定的结果。

表 10-1　部分民用建筑房间面积定额指标

建筑类型	房间名称	使用面积定额（m²/人）	备注
中小学	普通教室	1.1~1.2	小学取下限
电影院	门厅、休息厅	甲等 0.5；乙等 0.3；丙等 0.1	门厅、休息厅合计
汽车旅客站	候车厅	1.1	普通候车厅取下限
铁路旅客站	候车厅	1.1~2.0	
图书馆	普通阅览室	2.3	
办公楼	一般办公室	≥4	
办公楼	会议室	≥0.8 ≥1.8	无会议桌 有会议桌

2）房间的平面形状

房间的面积一定，平面形状可以有多种不同的形式。民用建筑中常见的房间形状有矩形、方形、扇形、多边形、圆形等。在设计中，合理地选择房间的平面形状，不仅要考虑到房间的使用活动性质对于家具、设备的布置以及采光通风和视听等方面的功能性要求，还要考虑到诸如结构布置、经济技术条件、室内空间观感以及建筑体型与周围环境间的协调等方面的影响。

实际工作中，矩形房间平面在民用建筑中采用最多。一方面是因为矩形平面形状规整，墙面垂直，便于室内家具设备布置，提高房间利用率；另一方面，矩形平面可以采取较统一的开间和进深尺寸，便于平面组合，有利于结构选型、施工的安排，提高建筑工业化，降低工程造价。

对于某些特殊功能的建筑房间，如影剧院观众厅、体育馆等，其平面形状的确定就需要根据使用活动的特点，抓住其较为突出的功能要求，如视线、音响及安全疏散等方面的要求，可以采用各种特殊的平面形状。图 10-5 为几种形状不同的影剧院观众厅平面举例。矩形平面观众厅结构简单，声场分布均匀，但跨度大时前部易产生回声，多用于小型观众厅；钟形平面加强后排反射声，提高观众厅音质；六角形平面声场分布均匀，同时增强了视听良好区的观众席数量；扇形平面，观众可获得良好的视角及声响效果等。

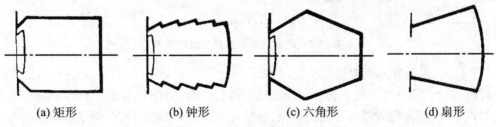

(a) 矩形　　(b) 钟形　　(c) 六角形　　(d) 扇形

图 10-5　观众厅的平面形状示意图

3）房间的平面尺寸

一般来说，对于矩形平面房间，房间尺寸的确定也就是要确定其开间与进深。所谓开间亦称为面阔或面宽，指房间在建筑外立面上所占的宽度；进深也就是垂直于开间的深度尺寸。图 10-6 为宿舍和教室的开间、进深平面图示例。此处开间、进深指房间轴线尺寸，而非房间净宽净深尺寸。

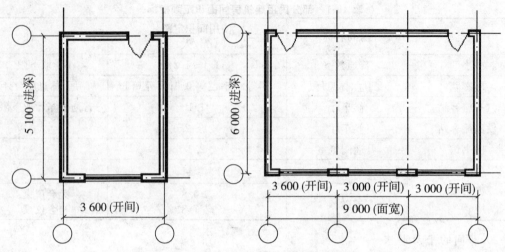

图 10-6　宿舍和教室的开间和进深示例

在实际设计工作中,房间的平面尺寸与面积、形状是一起考虑的,它们遵循的原则也基本相同。

(1) 家具布置方式的影响

确定房间尺寸,应结合房间的具体使用特点,充分考虑家具布置的要求。图 10-7 是两间面积相近的宿舍平面,由于房间尺寸选择不同,一间只能布置两个床位(调整门开设的位置后,能布置三个床位),而另一间则能布置四个床位,显然,后一种布置方式最为合理,提高了房间的利用率。

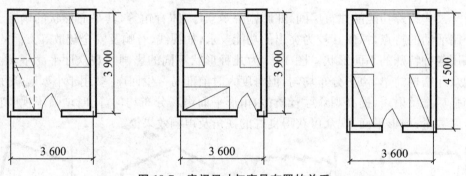

图 10-7　房间尺寸与家具布置的关系

(2) 日照、采光等环境因素

日照、采光、通风等环境要求,在确定房间开间进深尺寸时也要给予充分考虑。大量的民用建筑中,大部分房间都需要天然采光、自然通风以及足够的日照。为了保证冬季阳光有足够的日照深度,并使房间内的天然采光照度较均匀,房间深度一般不宜过大。进深过大,一侧采光时,室内远离窗的一侧会出现局部照度不够,整个房间照度不均匀,影响使用。一般规定,当单侧采光时,房间进深尺寸不大于采光窗上口高度的两倍;当双侧采光时,房间进深尺寸不大于采光窗上口高度的四倍,如图 10-8 所示。

(3) 结构选型与建筑模数制的影响

结构布置类型和施工方便以及建筑模数制的要求,也是确定房间尺寸的重要依据。一

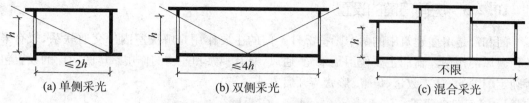

图 10-8 采光方式对房间进深尺寸的影响

一般民用建筑常采用墙体承重的梁板式结构和框架结构体系。房间的开间、进深尺寸应尽量使构件标准化,同时使梁板构件符合经济跨度要求,所以砌体结构房屋开间尺寸一般不宜大于4.2 m;若使用上要求空间面积较大时可选用多开间形式,此时需设楼面梁,梁的跨度一般小于9 m。当采用框架结构时,建筑平面形成整齐的柱网,平面尺寸由柱距和跨度两个向度构成,柱网尺寸一般等于或大于6 m。由于框架结构中的墙不承重,因此房间的划分较为灵活。

为了施工方便、提高建筑工业化水平,应尽量使结构构件标准化,在没有特殊要求的情况下,房间开间进深尺寸应根据各地常用梁板构件规格,尽量选择较经济的跨度,使结构布置合理,并要符合建筑模数3M的要求。

(4) 空间观感、视听的要求

为了满足人们的审美要求,使房间具有良好的空间观感,同时满足视听的要求,房间各部分尺寸应具有良好的尺寸比例。各种形状的比例关系不同。矩形平面房间的长宽比例不应大于2,一般以 1:1.2~1:1.5 为宜,方形或狭长矩形不利于使用,且空间观感欠佳。

从视听的功能考虑,教室的平面尺寸应满足以下要求(图 10-9):

① 为防止第一排座位距离黑板太近,垂直视角太小易造成学生近视,因此,第一排座位距黑板的距离不得小于2.00 m,以保证垂直视角大于45°。

② 为防止最后一排座位距离黑板太远,影响学生的视觉和听觉,后排距黑板的距离不宜大于8.50 m。

③ 为避免学生由于黑板眩光而影响视觉,水平视角(即前排边座与黑板远端的视线夹角)应不小于30°。

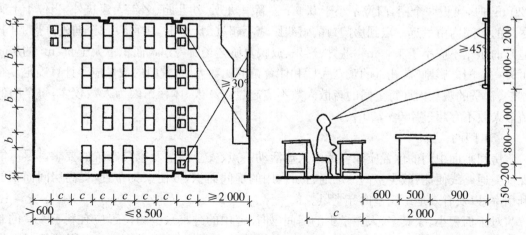

图 10-9 教室尺寸的确定

10.2.3 房间门窗的设置

门和窗是房屋建筑中的两个围护部件。门的主要作用是解决室内外交通联系,兼有采光和通风的作用。窗的主要作用是采光、通风,兼有观察和递物的作用。房间门窗的设置包括确定门窗的宽度、数量、位置、形状与开启方式。

1) 房间门的设置

(1) 门的宽度

房间平面中门的最小宽度,主要是由房间人的通行量及搬运家具设备的最大尺寸决定的。

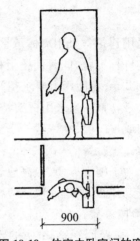

图 10-10　住宅中卧室门的宽度

一般单股人流最小宽度为 550 mm,人行走时身体的摆幅约为 150 mm,考虑人携带物品通行等因素,门的最小宽度应不小于 700 mm,通常取 900～1 000 mm。例如:住宅中的卧室、起居室等生活用房间,门的宽度常取 900 mm,可满足一个人携带物品方便地通过(图 10-10),也能搬进床、柜等尺寸较大的家具;住宅中的厨房、卫生间、阳台的门,宽度只需 650～800 mm,常取 700 mm;医院病房设计中,考虑病床车、担架及医疗设备的出入,门宽不小于 1 100 mm,通常取 1 100～1 400 mm 的双扇子母门;住宅单元门常取 1 500～1 800 mm 的双扇门;公共建筑中使用人数较多的房间,如展览厅、餐厅等,一般采用 1 800 mm 的双扇门或由几组双扇门组合在一起的形式。按防火要求,房间面积大于 60 m²、人数多于 50 人的房间,单个门宽≥900 mm。

对于某些特殊使用要求的门,如仓库、汽车库等,门宽应根据实际需要综合考虑确定。

(2) 门的数量

门的数量除满足房间的使用要求及人流正常通行外,还应符合防火设计的要求。

按照《建筑设计防火规范》(GB 50016—2006)的要求,在公共建筑中和通廊式非住宅类居住建筑中,各房间疏散门的数量应按计算确定,且不应少于两个,该房间相邻两个疏散门最近边缘之间的水平距离不应小于 5 m。如房间位于两个出入口之间,建筑面积小于 120 m² 时,可设一个门,门宽不小于 0.9 m。除托儿所、幼儿园、老年人建筑外,当位于走廊尽端的房间内由最远一点到房门口的直线距离不超过 15 m 时,也可设一个向外开启的门,但门的净宽不应小于 1.4 m。歌舞、娱乐、放映及游艺场所内建筑面积不大于 50 m² 的房间可设一个门。影剧院、礼堂的观众大厅和体育馆的比赛大厅,其门的数量应经计算确定。影剧院、礼堂的观众大厅每个门的疏散人数不应超过 250 人,体育馆因为人数较多,每个门的疏散人数不宜超过 400～700 人。

(3) 门的位置

房间平面中门的位置应综合考虑人流活动特点、安全疏散及家具布置的要求。尽可能保证交通路线便捷,减少室内活动通行所占用的房间面积,方便家具布置,提高房间面积的利用率,以及有效地组织室内穿堂风。

对于面积小、家具多、人流量少的房间(如住宅中的卧室),门的位置应有利于家具的布置和提高房间的利用率(图 10-11);面积大、人流量大的房间(如会议室、影剧院的观众厅等),门的位置应满足安全疏散的要求,均匀布置。

(4) 门的开启设置

使用人数少的小房间,房间门一般内开,以免妨碍走道交通;但使用人数较多、疏散安全要求较高的房间门应向外开启。当平面中几个房间相套,相邻墙面均有门时,门的开启方向应注意相互协调,防止门扇开启时发生碰撞,妨碍人流通行(图10-12)。

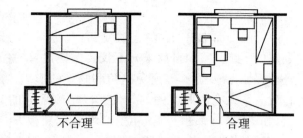

图 10-11　门的位置对家具布置的影响

门的开启方式有多种,如平开门、推拉门、弹簧门、折叠门、转门等。设计时,主要是根据房间的使用活动特点,结合安全疏散要求进行确定。其中,平开门的使用最为广泛;推拉门在推拉时应保证其他物品的设置不受影响;设置双向弹簧门时,应注意弹簧门的材料选择,不能选不透明的材质,或者应在视线高度范围内的门扇上装上玻璃,防止出入两个方向同时通行时发生碰撞现象。

2) 房间窗的设置

(1) 窗的面积

房间中窗的主要作用是采光和通风。其中采光要求对窗面积的确定尤为重要,而采光要求又因房间的使用性质不同而有所不同。不同使用要求的房间自然采光照度要求不同,照度要求高,则窗户面积大;照度要求低,则窗户面积小。一般民用建筑可按表10-2的采光分级,定出相应的窗地面积比(窗地面积比是指窗洞口面积之和与房间的地面面积的比值),再根据室内地面面积求出窗洞面积。此时的窗面积只是初步的推算,最终面积的确定还要结合建筑的立面美观、模数制、建筑节能与经济等方面的要求加以调整,综合确定。

表 10-2　民用建筑房间天然采光分级

等级	采光要求	房间类别	窗地面积比
Ⅰ	很高	绘画室、制图室、打字室、手术室、展览室	1/4 左右
Ⅱ	较高	阅览室、健身房、游泳馆、实验室、托儿所、幼儿园	1/5 左右
Ⅲ	一般	礼堂、教室、办公室、餐厅、营业厅、候车室	1/7 左右
Ⅳ	较低	书库、居室、浴室、厕所、洗衣间	1/9 左右
Ⅴ	很低	楼梯间、走道、仓库、储藏间	1/10 以下

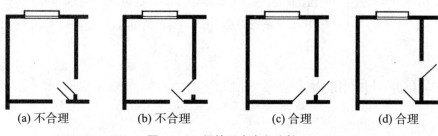

图 10-12　门的开启方向比较

(2) 窗的位置

房间平面中窗的位置的确定,首先仍然要考虑采光和通风的影响。室内自然采光不仅要保证足够的强度,而且还要保证光线的均匀,避免暗角和眩光的形成。窗的设置位置关系到室内照度的均匀性。以单侧采光的某教室为例(如图10-13所示),窗应位于学生面向黑板方向的左侧;窗间墙的宽度,考虑到照度均匀,一般不宜过大,通常≤1 m;窗与黑板所在墙面的距离要适当,过小会产生眩光,常取1 m左右。

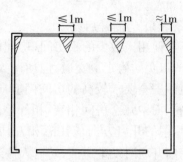

图 10-13 教室侧窗的平面布置

房间通风要求也对窗的位置的确定产生影响。门窗的位置决定了室内气流走向,并影响到室内自然通风的范围。为了使室内具有良好的自然通风条件,门窗的布置应尽可能加大室内通风范围,形成穿堂风,避免产生涡流区。设计中,可以通过增设高侧窗来减少涡流区(图10-14)。

此外,建筑立面美观对窗的位置及大小的影响也很大。设计中常根据立面的需要适当调整窗的大小及位置。从建筑节能和经济的角度考虑,窗户不宜太大。大窗不仅冬季散热多,而且窗缝冷空气渗透亦相当可观,故寒冷地区不宜开大窗。同时,由于同面积窗造价高于外墙,加大窗也就增加造价,不经济。然而,在实践中为了建筑美观等方面的要求而加大窗面积的情况也经常出现。因此设计时应结合实际情况综合分析,保证合理且美观。

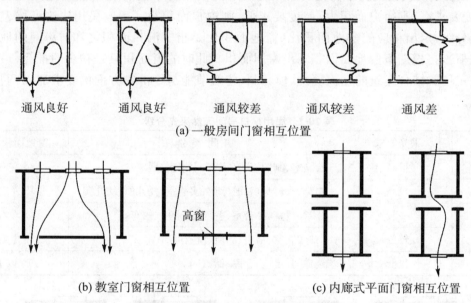

(a) 一般房间门窗相互位置

(b) 教室门窗相互位置 (c) 内廊式平面门窗相互位置

图 10-14 窗的位置对房间内通风的影响

10.3 辅助房间的设计

各类民用建筑中的辅助房间主要包括厨房、卫生间、浴室、盥洗室、配电房、水泵房、储藏室等,其平面设计原理和方法与起主要功能作用的房间基本相同。下面就其中的厨房、卫生间、浴室、盥洗室的平面设计作重点介绍。

10.3.1 厨房设计

厨房是住宅、公寓等居住性建筑中不可或缺的一个辅助空间,一般为一户独用,主要是供烹调之用,对于面积较大的厨房空间还兼具就餐等功能。根据使用功能要求,通常需设置灶台、操作台、水池、冰箱、排烟设备及储物设施等。

厨房面积大小的确定主要由设备的数量、布置方式及操作活动所需空间等因素综合决定。厨房中主要三大部分设备(带冰箱的操作台、带水池的洗涤台和带炉灶的烹调台)的布置应符合操作流程并尽量紧凑,以减少操作者在设备间来回走动的距离,方便操作,降低劳动强度。通常,三个主要工作区域间的总距离,最大不超过 6.71 m,最小不少于 3.66 m。图 10-15 为厨房布置的几种形式,其中 L 形和 U 形布置的厨房因操作省力又方便而成为较理想的平面布置方式,得到了广泛的应用。图 10-16 为 L 形厨房应用示例。

无论厨房布置方式如何,设计时都应满足以下要求:
(1) 厨房应靠外墙布置,设有天然采光窗及垂直通风道,以满足采光和通风的要求。
(2) 厨房设备及家具要按照烹调操作顺序来布置,并且要紧凑,以满足人们使用活动的要求,方便操作。
(3) 充分利用厨房空间(如案台、灶台上下部的空间)设置足够的储藏设施,如吊柜、橱柜等。
(4) 厨房的墙面、地面应考虑防水要求并要方便清洁。地面较其他一般房间地面低 20~30 mm。

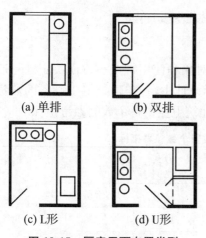

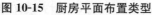

图 10-15 厨房平面布置类型　　　　图 10-16 L 形厨房应用示例

10.3.2 卫生间设计

居住性建筑中的卫生间,一般为一户独用的专用卫生间;公共建筑中的卫生间,通常是一层或多层共用的公共卫生间。卫生间的面积、形状和尺寸主要是由室内卫生器具的尺度、数量、使用人数、布置方式及人体使用所需的基本尺度来确定的。因此,进行厕所平面设计,首先要了解各种卫生器具和人体使用时所需的基本尺度。

1) 卫生设备尺寸规格

卫生间里的卫生设备主要有大便器、小便器(池)、洗手盆(台)、拖布池等(如图10-17所示)。大便器有蹲式、坐式、定时冲洗式三种;小便器有小便池(槽)、小便斗两种。一般使用频繁的公共建筑,如学校、医院、车站、办公楼等,考虑到卫生、清洁及管理的方便,多选用蹲式大便器、定时冲洗式大便槽、小便槽等。而标准较高的建筑或老年人使用的建筑,如宾馆、公寓、老年人住宅等宜采用坐式大便器和小便斗。

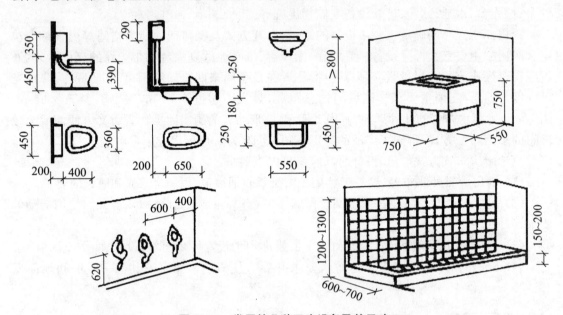

图10-17 常用的几种卫生设备及其尺寸

2) 卫生设备数量

卫生设备的数量主要由使用人数的多少、使用对象和使用特点三方面决定。一般集中使用、频繁使用的建筑,卫生设备相对多一些。实际设计中,各类建筑卫生设备的数量应符合单项建筑设计规范的规定。表10-3为部分民用建筑卫生设备个数的参考指标。

表10-3 部分民用建筑厕所设备个数参考指标

建筑类型	男小便器(人/个)	男大便器(人/个)	女大便器(人/个)	洗手盆或龙头(人/个)	男女比例	备 注
中小学	40	40	25	100	1:01	小学数量稍多
幼托		5~10	5~11	2~5	1:01	
门诊部	50	100	50	150	1:01	总人数按全日门诊人数计算
旅馆	20	20	12			男女比例按设计计算
宿舍	20	20	15			男女比例按实际使用情况
火车站	80	80	50	150	2:01	
影剧院	35	75	50	140	2:1~3:1	

注:一个小便器折合0.6 m长小便槽,一个洗手盆折合0.7 m长盥洗槽。

3) 卫生间布置方式

卫生间有专用卫生间和公共卫生间两种。专用卫生间因使用人数较少,设计时常将卫生间、盥洗室、浴室三部分组合在一起形成一个卫生间,图10-18为专用卫生间平面布置举例。

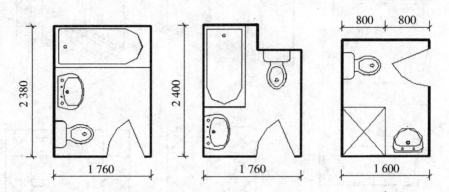

图 10-18　专用卫生间平面布置示例

公共卫生间的平面布置方式,可以采用无前室和有前室两种形式(如图10-19)。盥洗室可以和卫生间组合,并成为卫生间的前室。有前室的卫生间可以改善通往卫生间的走道和过厅的卫生条件,并能更好地满足卫生间的隐蔽性要求。前室深度通常不小于1.5 m。

民用建筑中,卫生间一般布置在人流活动的交通路线上,如靠近建筑出入口的地方、楼梯间旁边、建筑转角或走廊尽端等,以保证交通联系的方便。男女卫生间通常并列布置,以节省管道。为了分散人流,有时也采用男女卫生间分开布置的方式。卫生间应有天然采光和自然通风(以不向邻室对流的直接自然通风最佳),必要时,应采用机械通风以保证厕所内空气清新。卫生间在建筑楼层竖向上应尽可能上下对应,不宜布置在餐厅、食品加工、食品储存、配电、变电等有严格卫生要求或防潮要求房间的直接上方。在楼层平面内,卫生间应尽可能与盥洗室、浴室等相组合。对于居住性建筑,卫生间还应尽可能与厨房相邻,以利于共用上下水和安装水表。

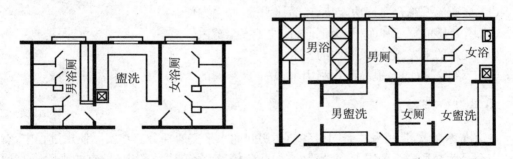

图 10-19　公共厕所布置示例

10.3.3　浴室、盥洗室设计

浴室、盥洗室的设备有淋浴器、浴盆、洗脸盆(台)等,其尺寸规格参见图10-20。此外,浴室内还要考虑一定数量的存衣、更衣设施等。浴室、盥洗室中淋浴器及洗脸盆的数量可根据使用人数来确定。

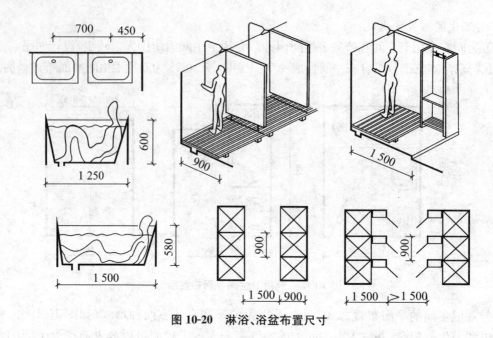

图 10-20 淋浴、浴盆布置尺寸

10.4 交通联系部分设计

建筑内外以及内部各房间（主要使用房间和辅助使用房间）之间的联系，必须通过交通联系空间来实现。因此，交通联系部分同样是建筑总体空间中的一个重要组成部分，它主要包括水平交通联系的走廊、过道等；垂直交通联系的楼梯、坡道、电梯、自动扶梯等；以及作为交通联系枢纽的门厅、过厅等。

交通联系部分设计应满足以下要求：

(1) 交通流线符合建筑功能特点，简捷明确，联系方便。

(2) 有足够的宽度和面积，保证通行，便于安全疏散。

(3) 良好的采光、通风及照明的要求。

(4) 节约交通面积，提高面积利用率，并兼顾空间的美感。

10.4.1 走道

走道亦称走廊，是用来联系同层各使用房间的水平交通部分。在实际使用过程中，有的走道完全是为交通联系的需要而设置的，如办公楼、宿舍等建筑的走道；有的则除了交通联系的需要，可能同时兼有其他用途，如教学楼走道，除了交通联系还提供学生课间休息、黑板通知、陈列橱窗等功能，医院走道通常兼做候诊功能。

1) 走道的宽度

走道宽度的确定，应从其使用功能性质出发，综合考虑通行能力、建筑标准、安全疏散、空间观感及走道两侧门的开启方向等因素来确定。

专门为交通联系需要设置的走道，其宽度主要是根据人流通行股数，同时考虑门的开启方向,在满足人流通行通畅和建筑防火要求的基础上确定的。单股人流通行宽度为550~600 mm左右,双股人流通行宽度为1 100~1 200 mm,根据可能产生的人流股数,可以简单地推算出走道的最小净宽。如果侧面门向走道开启,则走道宽度应考虑门扇开启所占用的空间,调整后确定。图10-21为走道宽度示例。

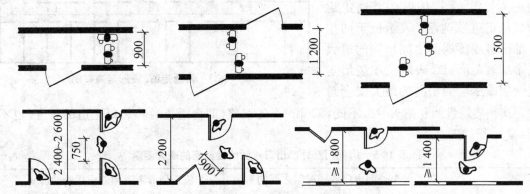

图 10-21　走道宽度示例

兼有其他使用功能的走道宽度,除了按上述要求确定外,还应增加相应的功能活动所需用的空间宽度。例如,门诊部兼做候诊的走道,单侧候诊时,走道宽度不应小于2 100 mm;双侧候诊时,走道宽度不应小于2 700 mm,如图10-22所示。

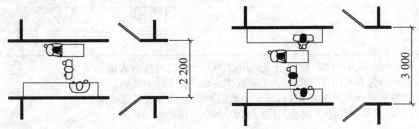

图 10-22　兼有候诊功能的走道宽度

走道净宽还需满足单项建筑设计规范的要求。例如居住性建筑中,通往卧室、起居室的走道净宽不小于1 000 mm,通往辅助房间的走道净宽不小于900 mm;公共性建筑教学楼中走道净宽,当走道单侧设教室或外廊时应不小于1 800 mm,当走道双侧设教室时不应小于2 100 mm。此外,走道的宽度还要符合建筑安全疏散的防火规范要求,不小于表10-4中的规定。

表 10-4　楼梯、门和走道的宽度指标

宽度指标	耐火等级		
(m/百人)	一、二级	三级	四级
一、二层	0.65	0.75	1
三层	0.75	1	—
≥四层	1	1.25	—

注:底层外门的总宽度按该层或该层以上人数最多的一层人数计算;不供楼上人员疏散的外门,可按本层人数计算;疏散走道和楼梯最小宽度不应小于1.1 m。

2) 走道的长度

走道的长度，除了根据建筑房间之间交通联系的实际需要来确定外，同时还必须符合建筑设计防火规范的相关规定。图10-23为普通走道和袋形走道举例，L1 表示位于两个外部出口或楼梯间之间房间的最大安全疏散距离，L2 表示位于袋形走道两侧或尽端的房间的最大安全疏散距离。建筑性质和耐火等级不同，L1 和 L2 的取值（即普通走道和袋形走道的长度）也不同，参见表 10-5。

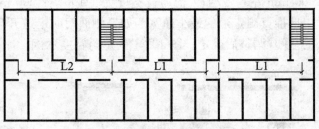

图 10-23 普通走道、袋形走道举例

表 10-5 房间门至外部出口或封闭楼梯间的最大距离   单位：m

名称	位于两个外部出口或楼梯间之间的房间 (L1)			位于袋形走道两侧或尽端的房间 (L2)		
	耐火等级			耐火等级		
	一、二级	三级	四级	一、二级	三级	四级
托儿所、幼儿园	25	20	—	20	15	—
医院、疗养院	35	30	—	20	15	—
学校	35	30	—	22	20	—
其他民用建筑	40	35	25	22	20	15

注：① 敞开式外廊建筑的房间疏散门至安全出口的最大距离可按本表增加 5 m。
② 当安全出口为非封闭楼梯间时，L1 应减少 5 m，L2 减少 2 m。
③ 设自动喷水灭火系统的建筑物，其安全疏散距离可按本表规定增加 25%。
④ 本表摘自《建筑设计防火规范》（GB 50016—2006）第 5.3.13 条。

3) 采光和通风

走道宜采用天然采光和自然通风。采用单侧布房走道，由于只在走道一侧布置房间，采光和通风效果都很容易满足要求。而双侧布置房间的走道，要解决采光和通风的问题就需要合理地设置采光和通风口。当内走道长度不超过 20 m 时，至少走廊一端应开窗；超过 20 m，应两端均开窗；若超过 40 m 或者走道端部不能开窗时，可利用走道两侧门上亮子或在墙上开高窗的方法来解决采光和通风问题。此外，走道也可以结合楼梯间、门厅、过厅来组织采光和通风。

10.4.2 楼梯

楼梯作为建筑的垂直交通联系构件，主要起到联系建筑上下空间以及安全疏散的作用。楼梯的设计主要是根据使用性质、人流通行量以及防火规范的要求，综合分析确定楼梯的位置、形式、数量、宽度和坡度等。

1) 楼梯的位置

建筑主楼梯一般位于主入口附近或主门厅内，起到明显的导向与分散人流的作用，同时对大厅空间的整体观感产生重要的影响；辅助楼梯常设在建筑次要出入口或转角处，主要用来满足次要用途或疏散要求;消防楼梯为了紧急疏散,一般设在建筑端部,通常采取开敞式处理。

2) 楼梯的数量

为保证防火疏散安全,一般公共建筑至少设置两个楼梯,并保证两个楼梯之间的距离满足表 10-5 中的要求。对于一些使用人数少、面积小的低层建筑,只要符合表 10-6 的要求即可设一个疏散楼梯。

表 10-6 设置一个疏散楼梯的条件

耐火等级	最多层数	每层最大建筑面积(m²)	人　数
一、二级	3层	500	第二层和第三层人数之和不超过 100 人
三级	3层	200	第二层和第三层人数之和不超过 50 人
四级	2层	200	第二层人数不超过 30 人

注:此表不适合于医院、疗养院、托儿所、幼儿园类建筑。

3) 楼梯的宽度

楼梯的宽度主要指梯段净宽,通常由通行人数和防火规范来确定。单股人流通行时,梯段宽度通常为不小于 900 mm;双股人流通行时,为 1 100~1 400 mm;三人并行时宽度为 1 650~2 100 mm。住宅户内楼梯梯段一面临空时,梯段宽度应不小于 750 mm,两面均为墙时应不小于 900 mm。为了疏散通畅以及方便家具搬运,休息平台的宽度应大于等于梯段宽度。如图 10-24 所示。

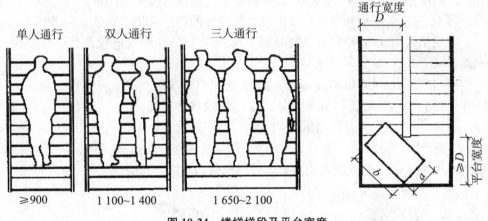

图 10-24　楼梯梯段及平台宽度

4) 疏散楼梯间的形式

疏散楼梯间的形式有封闭楼梯间和防烟楼梯间两种。

封闭楼梯间是指在楼梯与楼层平台的连接处用防火门将其隔开,能防止烟雾和热气进入楼梯间内,从而起到一定的防火作用的楼梯间。

防烟楼梯间是指在楼梯间入口处设有防烟前室、阳台或凹廊等,将烟雾和热气阻挡在楼梯间外,使得楼梯间内无烟雾存留,减少人们的恐慌心理,使人们可以迅速安全疏散的楼梯间。防烟前室里一般设有通风井,采用自然排烟或机械加压排烟;而阳台和凹廊正对室外,烟雾直接排向室外,一般不会进入楼梯间,起到了防烟作用,如图 10-25 所示。

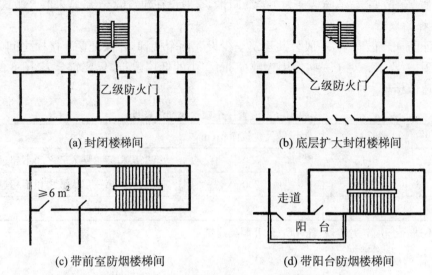

图 10-25 封闭楼梯间和防烟楼梯间

公共建筑中的医院和疗养院的病房楼、旅馆、超过两层的商店等人员密集的场所、设有歌舞娱乐放映游艺场所且建筑层数超过两层的建筑、超过五层的其他公共建筑均应设置封闭楼梯间。超过两层以上的通廊式居住建筑、建筑层数超过六层的其他居住建筑应设置封闭楼梯间。封闭楼梯间应靠外墙设置，有良好的采光和自然通风，楼梯间内不应设置妨碍疏散的凸出物、不应敷设可燃物管道。要求较高的楼梯间门可采用乙级防火门并向疏散方向开启。一般建筑采用双向弹簧门。楼梯间的一层可以将门厅和走道包含其中，形成扩大封闭楼梯间，如图 10-25(b)所示。

一类高层建筑、建筑高度超过 32 m 的二类高层建筑及塔式住宅应设置防烟楼梯间，超过 18 层的单元式住宅、超过 11 层的通廊式住宅应设置防烟楼梯间。防烟楼梯间应靠外墙设置，并应有良好的采光和自然通风，若不能满足，则应设置防排烟措施。防烟前室一般不小于 6 m²，用于居住建筑时不小于 4.5 m²；也可与电梯间合用前室，面积不小于 10 m²，居住建筑则不小于 6 m²。前室门及前室通向楼梯间的门均应设乙级防火门，并应向疏散方向开启。

10.4.3 电梯及自动扶梯

1) 电梯

电梯作为建筑中一种快捷的垂直交通工具，在层数较多的民用建筑中被广泛应用。电梯按使用性质不同，分为载客电梯、载货电梯、客货两用电梯、病床电梯、观光电梯等；按照在防火疏散中的作用，又分为普通电梯和消防电梯。电梯附近应设置辅助楼梯，供电梯发生故障时使用。

电梯应设置在门厅、主要出入口附近、楼层居中位置处等。可单台设置、多台单侧排列及多台多侧排列。单侧排列的电梯不应超过四台，双侧排列的电梯不应超过八台。电梯前应留有足够的等候面积，一般不小于电梯轿厢面积，以免进出人流拥挤阻塞，降低通行能力。图 10-26 为电梯间布置示例。

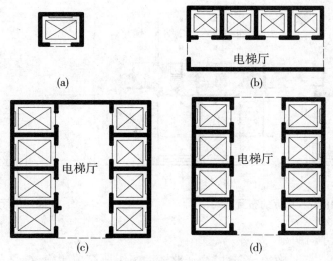

图 10-26 电梯的布置形式

7层及7层以上或最高住户入口楼面距底层室内地面高度在16 m以上的住宅建筑,应配置电梯;12层及以上的高层住宅,每幢楼不少于2台电梯;建筑物每个服务区内,乘客电梯数不少于2台。

高层民用建筑、一类公共建筑、高度超过32 m的其他二类公共建筑、塔式建筑、12层及12层以上的单元式住宅和通廊式建筑,还应配备消防电梯。消防电梯数量根据每层建筑面积确定。

2) 自动扶梯

自动扶梯通过电动机械地转动,带动梯级踏步不断地升降,以不断运输大量人流。多用于交通频繁、人流众多的公共建筑中,如地铁站、百货商厦、航空港等。即使发生故障停运时仍可作为普通楼梯使用。自动扶梯可单独布置,也可成组并列布置。在竖向上有单向布置、转向布置和交叉布置等形式。

10.4.4 门厅

门厅是建筑内部一个极为重要的交通枢纽,一般在建筑的主要出入口处设置,与水平方向的走道及垂直方向的楼梯、电梯紧密相连,起到人流集散、方向转换、空间过渡与衔接的作用。此外,有些建筑由于使用性质的不同,常会在门厅位置设置一些辅助使用空间。例如医院门诊部的门厅兼有问讯、挂号、收费、取药等功能;旅馆的门厅设有接待、问询、休息、会客等功能空间。因此,进行门厅设计时应从以下方面考虑。

1) 布局合理,位置突出

门厅的平面布局有两种形式:对称式和非对称式。对称式的门厅有明显的中轴线和强烈的方向感,空间形态严整、端庄,导向性好,常用于对称式建筑中,如教学楼、办公楼等;非对称式门厅没有明显的中轴线,空间形态灵活多变,常用于非对称的建筑空间,如电影院、医院等(图10-27)。

门厅的位置应明显、突出,居中设置,一般应面向主干道,以方便人流出入。图10-28为平面中门厅位置示例。

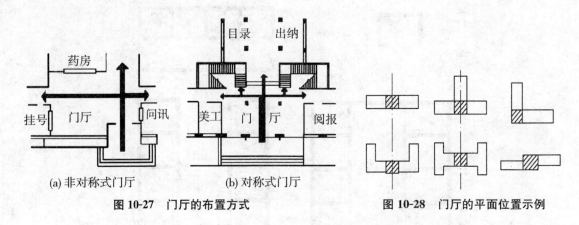

(a) 非对称式门厅　　　　(b) 对称式门厅

图 10-27　门厅的布置方式　　　　图 10-28　门厅的平面位置示例

2) 流线简捷,导向明确

门厅内部设计要有明确的导向性,交通路线的组织要简单明确,符合人们使用活动的顺序要求,避免或尽量减少人流的交叉干扰及拥堵现象。对于兼有其他使用功能要求的门厅,设计时还要考虑为各使用部分留出相对独立的活动空间。

3) 面积适宜,疏散安全

门厅面积应根据建筑类型、规模、质量标准及门厅的使用特点等因素综合确定。实际设计时,可根据有关面积定额指标确定(表 10-7)。门厅面积大小应适中,过大会造成不必要的浪费,过小则不利于安全通行和使用功能的实现。

考虑安全疏散要求,与门厅相接的出入口宽度指标应不小于楼梯、门和走道宽度指标的规定(表 10-4),并按该层或该层以上人数最多一层的人数计算。门厅对外出入口的宽度不得小于通向该门的走道、楼梯宽度的总和。

表 10-7　部分建筑门厅面积设计参考指标

建筑名称	面积定额	备　注
中小学校	0.06～0.08 m²/座	
综合医院	11 m²/每日·百人次	包括衣帽间、问询处
旅　馆	0.2～0.5 m²/床	
食　堂	0.08～0.18 m²/座	包括洗手池、小卖部

4) 空间完美,环境协调

门厅除了要满足安全疏散和辅助使用等功能要求外,还要有良好的内部空间观感,协调适宜的空间环境,如合适的空间比例和平面形状、良好的采光和通风效果等,以满足人们在精神和感观上的美好需求。

10.5　建筑平面组合设计

对于一幢建筑而言,仅仅确定了各组成部分(每个房间、门厅、楼梯、走道等)的使用性质和平面设计是不够的,还需要综合考虑建筑使用功能、技术经济条件、总体规划、基地环境和建筑艺术等方面的要求,使这些平面空间有机地组合起来,成为一个内部功能、结构及设备布置合理,同时又能与周围环境相协调,充分展现其风格特色的空间实体——建筑物。这就是建筑平面组合设计需要完成的工作。

10.5.1 平面组合设计要求

作为建筑设计中一个重要的环节,建筑平面组合设计必须满足以下几个方面的要求才能使设计合理,从而取得完美的效果。

1) 功能要求

建筑的使用功能对平面组合设计具有决定性的影响。上面几节讲到的建筑中单个房间及交通联系部分的平面设计只是解决了建筑局部使用功能,而如何更好地、更有效地使用整个建筑,充分实现整个建筑的使用功能,就需要通过平面组合设计来解决。比如医院门诊楼设计中,虽然挂号收费室、药房、各个诊室、化验室等的面积、形状、尺寸及门窗布置等均满足使用要求,但是如果它们之间的相互关系及门厅、走道和楼梯的布置不合理,就会造成一定程度上的分区不明确、使用顺序紊乱、人流交叉干扰,从而影响正常使用。

因此,明确功能分区,合理地安排建筑各个组合空间之间的平面位置关系,组织明确简捷的交通流线,是建筑平面组合设计的首要任务。在建筑设计中,通常是采用功能分析的方法,借助于功能分析图来实现的。也就是从主要房间之间的功能关系着手,按照房间的功能性质、使用顺序及相互联系的密切程度,对房间的主次、内外、闹静关系、联系与分隔及顺序与流线等方面进行分析研究、分类分组,并画出框线图表示各部分的相互关系(图10-29(a))。

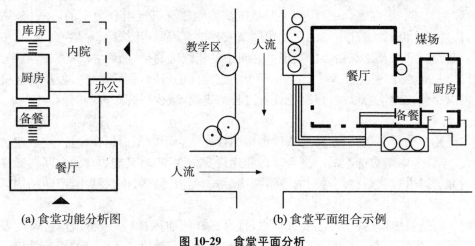

(a) 食堂功能分析图　　　　(b) 食堂平面组合示例

图 10-29　食堂平面分析

以下是建筑平面功能分析的内容:

(1) 主次关系

根据使用功能特点,一幢建筑中的房间总会有主次之分,例如学校教学楼中,满足教学的教室、实验室等,属于主要的使用房间,其余的行政办公、厕所等则属于次要用房;住宅建筑中,起居室、卧室是主要房间,厨房、卫生间、储藏室等属于次要房间。平面组合设计时,就要根据各房间的使用要求,分清主次,合理安排。一般情况下,学习、工作、居住、生活等功能的主要房间应设置在朝向好、较安静的位置,以取得较好的日照、采光、通风条件;较次要的和辅助用房,如储藏室、厕所、楼梯间等可布置在条件较差的部位。

(2) 内外关系

建筑各组成房间中,因为使用功能不同,有的对内联系密切,仅供内部人员使用,有的对外联系密切,主要为外部人员提供服务。对内联系的房间,如食堂建筑中的厨房,宜设置在较隐蔽的位置,避开人流量较大的主干道;对外联系的房间,如餐厅,由于需要直接对外服务,人流量较大,因此应设置在外侧,靠近主要出入口,并且面向主要道路(图 10-29(b))。

(3) 闹静关系

分析建筑各组成部分房间的功能特性,实现"闹"与"静"的分区,使空间隔离,避免互相干扰,从而保证各个部分房间的正常使用。例如,教学楼中的普通教室与音乐教室虽然同属于建筑中的主要使用房间,但是,由于声音干扰的问题,通常将两者分开设置,音乐教室可以设置在建筑的端部或者独立设置。

(4) 联系与分隔

建筑各组成房间之间,有些功能联系密切;有些因为使用性质的不同,为避免互相影响,则要分开布置;还有些既要分隔又要保持联系。平面组合时,联系紧密的房间应该邻近布置,如教学楼中的教室和实验室等;对易产生噪声、震动、毒气、病菌和有害射线等的房间,应与其他功能房间保持适当的间距,充分分隔,如医院的放射室、传染病房等;对既要分开又要保持联系的房间,需要保证适当的距离,同时又要有方便联系的通道,如教学楼中的教师办公室和教室,既要分开设置,避免干扰,又要考虑两者间的联系方便。

(5) 顺序与流线

建筑空间中的使用活动往往有一定的顺序。人或物在这些空间使用过程中流动的路线,可简称为流线。平面组合中,房间一般是按流线顺序有机地组合起来的,如火车站平面组合,通常是以人流、货流进出站的活动顺序来安排的。因此,流线组织是否合理,直接影响平面组合是否合理以及建筑功能的实现。建筑中的流线应简捷、明确,联系方便,通畅无阻,各种流线应相对独立,避免交叉干扰。对于个别大空间的房间,在满足正常使用功能要求的情况下可以布置在建筑的尽端,以避免设置过长的走道,减少通行距离与时间。

2) 结构要求

结构是建筑的骨架,建筑空间要依赖结构而存在。合理的平面组合设计,应从建筑功能性质出发,充分考虑结构选型的经济合理性和建筑安全性,同时又能为建筑空间的形成和建筑造型的完美提供有利条件。常用的建筑结构形式有混合结构、框架结构、空间结构等。

3) 设备要求

一般民用建筑中,设备管线主要有给水、排水、采暖、通风、电器照明、通讯、煤气等所需的设备管线,它们都占有一定的空间,并对空间使用和艺术效果产生一定的影响。故平面组合时,应恰当地布置相应的房间,如厨房、浴室、空调机房、配电房、水泵房等。对于设备管线较多的房间,如旅馆中的浴室、客房卫生间,住宅中的厨房、卫生间等,在满足使用要求的同时,应尽量使设备管线集中布置,上、下对齐,可组合成设备管线竖井,以方便施工和节约管线。

4) 建筑造型要求

在提供功能要求的基础上,建筑应尽可能具备完美的外观形象,以满足人们精神和审美上的需要。而建筑外观(体型和立面)又离不开功能要求,它一般是内部空间的反映,直接受平面空间组合的影响和制约。因此,在平面组合设计时,要联系建筑体型和立面效果,为完美的建筑形象创造有利条件。

5) 外部环境要求

建筑平面组合设计,除了要考虑前面几方面的影响外,还要能够与周围环境相协调,有机结合。这里所说的环境既包括建筑所处的自然环境,如地形、地貌、道路、相邻建筑、温度、朝向、日照等,又包括社会、民族、文化等人文环境。任何一幢建筑都不是孤立存在的,必然处于特定的时代、地域,只有充分考虑外部环境对它的影响并妥善处理,使其成为环境中完美的有机整体,才能充分体现建筑的价值和表现力。因此,平面组合设计应从整体出发,结合总体规划和外部环境条件,因地制宜,综合考虑。图10-30 为基地条件各不相同的情况下教学楼建筑的几种平面布置形式。

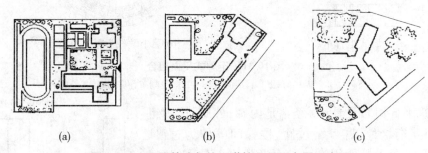

图10-30 不同基地条件下学校总平面布置示意图

10.5.2 平面组合方式

建筑物的平面组合,是考虑房屋设计中内外多方面因素、反复推敲的结果。建筑功能分析和交通流线的组织,是形成各种平面组合方式内在的主要根据。不同的建筑物有不同的功能要求。一幢建筑物的合理性不仅体现在单个房间上,而且很大程度上还取决于所选择的平面组合方式和平面组合形式。归纳起来,建筑平面组合方式有走廊式、穿套式、单元式、大厅式和混合式等。

1) 走廊式

各使用空间用墙隔开,独立设置,并以走廊相连,组成一幢完整的建筑,这种平面组合方式称为走廊式。走廊式建筑使用空间与交通联系空间分隔明确,房间面积不大,数量多,相互干扰较少,既适当隔离,又保持必要联系。它特别适用于学校、宿舍、办公楼、医院等建筑。

走廊式组合有内廊式、外廊式、连廊式三种(图10-31)。

(1) 内廊式组合是在走廊两侧布置房间,其平面紧凑,交通面积省,节约用地;房屋进深大、外墙短,建筑耗能少。但是部分房间朝向差,采光、通风效果不好,同时,相对布置的房间还存在一定程度的互相干扰。

(2) 外廊式组合空间开敞,房间朝向较好,采光、通风条件好,房间之间的干扰很少。但是其房屋进深小,交通面积大,外墙长,建筑能耗高,经济性较差。多用于南方炎热地区的学校、办公楼、宿舍等建筑。

(3) 连廊式组合的走廊两侧无房间。走廊两端的使用空间,通过连廊既保持联系又相互隔离。连廊式组合在适应地形变化、丰富庭院景观方面有一定的作用,但是造价较高(图10-32)。

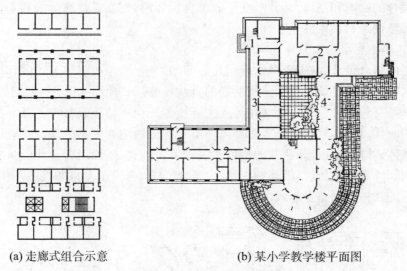

(a) 走廊式组合示意　　　　(b) 某小学教学楼平面图

图 10-31　走廊式平面组合

1—门厅；2—内廊（双侧布置房间）；3—内廊（单侧布置房间）；4—外廊

在建筑平面组合设计中，经常是内廊、外廊、连廊组合使用，相互衔接处以门厅、过厅、楼梯间等作为过渡。走廊空间亦可兼做其他用途。走廊形状可以是直线形，也可以是折线形或弧线形。

2) 穿套式

把各个使用空间按照功能需要直接连通在一起，相互穿套而形成一个建筑整体的组合方式称为穿套式。在

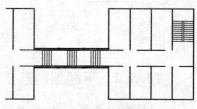

图 10-32　连廊式组合

穿套式建筑中，需先穿过一个使用空间才能进入另一个使用空间，使用面积和交通面积结合在一起，没有明显的走道，节约了交通面积，提高了面积利用率；但同时也容易增加各使用空间之间的相互干扰。它主要适用于空间使用顺序较固定，隔离要求不高的建筑，如商场、展览馆、纪念馆等。

穿套式组合按其使用活动特点的不同，又分为串联式、放射式、大空间分隔式三种。

(1) 串联式是各个使用空间依据功能要求按一定的顺序一个接一个地互相串联，甚至首尾相接的组合方式，其空间之间关系紧密，且具有明确的方向性和连续性；但是路线不够灵活，不利于各使用空间的独立使用。常见于展览馆类建筑中，如图 10-33(a) 所示。

(2) 放射式是以大厅或交通枢纽为联系中心，向周围呈放射状布置房间的平面组合方式。各个使用空间之间的联系必须通过大厅或交通枢纽。优点是流线紧凑，各使用空间较独立；缺点是大厅或交通枢纽中流线不明确，易产生拥堵。常见于商场、纪念馆类建筑，如图 10-33(b) 所示。

(3) 大空间分隔式是将一个大空间通过灵活的隔断，分隔成若干形状、大小不同的空间。各使用空间相互穿插贯通，彼此间没有明确的界限，布局紧凑，空间划分机动灵活，流动感强；但各使用空间的独立性不强，容易互相干扰，同时由于空间大，天然采光和自然通风条件差，常需借助人工照明和机械通风。此种组合方式常见于商场、大型展览馆类建筑中，如图 10-33(c) 所示。

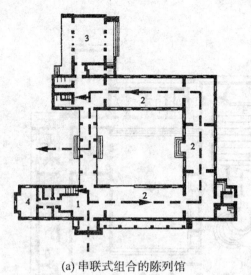

(a) 串联式组合的陈列馆
1—门厅；2—陈列室；3—讲演厅；4—办公室

(b) 放射式组合的博物馆
1—门厅；2—展厅；3—衣帽间；4—厕所

(c) 大空间分隔式组合的展览馆

图 10-33　穿套式平面组合

3) 单元式

将关系密切的房间先组合在一起，成为一个独立的单元，然后再将这些单元组合成一幢建筑的组合方式就是单元式。一幢建筑物可以由一个或几个相同的或不相同的单元组成。这种组合方式，各单元内部的各使用空间联系紧密，平面集中、紧凑，减少了外界的干扰，易于保持安静、私密，常用于住宅和幼儿园等建筑中（图10-34）。

4) 大厅式

以公共活动的主体大空间为中心，周围环绕布置其他辅助房间的组合方式称为大厅式。此组合的特点是主体空间突出，主从关系明确，大厅与周围房间联系紧密，常用于影剧院、会堂、体育馆、火车站等建筑中（图10-35）。

5) 混合式

很多建筑中，往往同时采用两种或两种以上的空间组合方式，这就是混合式组合。不同组合之间，常以走廊、门厅、过厅、楼梯等作为空间的过渡和联系。组合时可以某一种方式为主，其他方式为辅，也可几种组合方式并存。多用于功能要求多样的建筑，如文化中心类建筑（图10-36）。

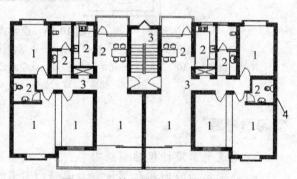

图 10-34　单元式住宅平面组合
1—主要房间；2—辅助房间；3—交通部分；4—结构部分

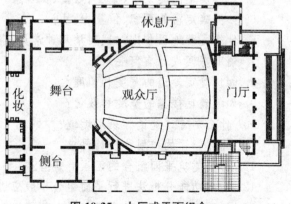

图 10-35　大厅式平面组合

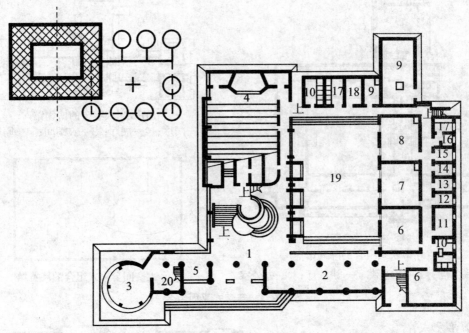

图 10-36 混合式平面组合

1—门厅；2—展厅；3—会客厅；4—阶梯教室；5—电话室；6—化学实验室；7—空模活动室；8—海模活动室；
9—锅炉房；10—男厕；11—化学仪器室；12—化学办公室；13—空模仓库；14—海模仓库；15—配电室；
16—储藏室；17—女厕；18—休息室；19—多功能厅

复习思考题

1. 建筑平面设计包括哪些内容？
2. 确定房间的面积和形状应考虑哪些因素？
3. 为何矩形平面被广泛采用？
4. 如何确定门的大小、宽度、数量、位置及开启方式？
5. 如何确定窗的面积、位置、尺寸？
6. 什么是窗地面积比？试列举几种常见的建筑空间的采光窗地面积比。
7. 辅助房间设计有何要求？
8. 如何确定走道的宽度和长度？
9. 如何确定楼梯的宽度和数量？
10. 什么是普通走道和袋形走道？
11. 简述门厅的作用和设计要求。
12. 影响建筑平面组合的因素有哪些？
13. 运用功能分析法进行平面组合一般应进行哪几个方面的分析？
14. 平面组合有哪几种方式？各有何特点？各适用于哪些建筑？

11 建筑剖面设计

本章提要：本章主要讲述建筑剖面设计的一般原理及方法，包括房间的剖面形状的确定，房间层高、净高及各部分高度的确定，确定建筑物层数的影响因素，以及如何进行建筑空间的组合及空间的合理利用。

建筑剖面设计是建筑设计的基本组成内容之一，它与平面设计是从两个不同的方面来反映建筑内部空间的关系。平面设计着重解决内部空间在水平方向上的问题，而剖面设计主要是确定建筑物在垂直方向上的空间组合关系，重点解决建筑物各部分应有的高度、建筑层数、建筑空间的组合，以及建筑剖面中的结构和构造关系等问题。

剖面设计主要包括以下内容：
(1) 确定房间的剖面形状、尺寸及比例关系。
(2) 确定房间的层数和各部分的标高，如层高、净高、室内窗台的高度、室内外地面的高差、雨篷高度、地面高差。
(3) 解决房间天然采光、自然通风、保温、隔热、屋面排水及建筑构造方案。
(4) 选择主体结构与围护结构方案。
(5) 分析房屋竖向空间的组合和建筑物空间的利用。

11.1 房间的剖面形状

房间的剖面形状分为矩形和非矩形两类。矩形剖面形式简单、规整，有利于竖向空间组合，体形简洁而完整，并且结构简单、施工方便、节约空间，有利于采用梁板式的布置方案，因而在普通民用建筑中使用得非常广泛。非矩形剖面常用于有特殊要求或者是由于不同的结构形式而形成的房间。图 11-1 为某图书馆剖面图，图 11-2 为某体育馆剖面图。房间的剖面形状主要是根据使用要求和特点来确定的，同时也要结合具体的物质技术、经济条件及特定的艺术构思，使之既满足使用又能达到一定的艺术效果。

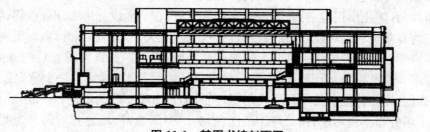

图 11-1 某图书馆剖面图

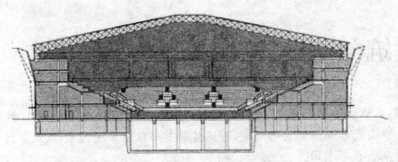

图 11-2 某体育馆剖面图

11.1.1 使用要求

在民用建筑中,绝大多数的建筑是属于一般功能要求的,如住宅、学校、办公楼、旅馆、商店等。这类建筑房间的剖面形状多采用矩形,因为矩形剖面不仅能满足这类建筑的使用要求,而且具有上面谈到的一些优点。对于某些特殊功能要求(如视线、音质等)的房间,则应根据使用要求选择适合的剖面形状。

有视线要求的房间主要是指影剧院的观众厅、体育馆的比赛大厅等。这类房间除平面形状、大小应满足一定的视距、视角要求外,地面应有一定的坡度,以保证良好的视觉要求,即舒适、无遮挡地看清对象。

1) 视线要求

在剖面设计中,为了保证良好的视觉条件,即视线无遮挡,需要将座位逐排升高,使室内地面形成一定的坡度。地面的升起坡度主要与设计视点的位置及视线升高值有关,另外,第一排座位的位置、排距等对地面的升起坡度也有影响。

设计视点是划分可见与不可见范围的界限,设计视点以上是可见范围。设计视点与人眼睛的连线称为设计视线,以此作为视线设计的主要依据。各类建筑由于功能不同,观看对象性质不同,设计视点的选择也不一致。如电影院定在银幕底边的中点,这样可以保证观众看清银幕的全部;体育馆定在篮球场边线或者边线上空 300~500 mm 处等等。设计视点的选择是否合理是衡量视觉质量好坏的重要标准,直接影响到地面升起的坡度和经济性。设计视点越低,视觉范围越大,但房间地面升起坡度越大;设计视点越高,视野范围越小,地面升起坡度越平缓。一般来说,当观察对象低于人的眼睛时地面起坡大;反之则起坡小。图 11-3 所示为影剧院和体育馆设计视点与地面坡度的关系。

2) 音质要求

凡剧院、电影院、会堂等建筑,大厅的音质要求对房间的剖面形状影响很大。为保证室内声场分布均匀,防止出现空白区、回声和聚焦等现象,在剖面设计中要注意顶棚、墙面和地面的处理。为有效地利用声能,加强各处直达声,必须使大厅地面逐渐升高,对于剧院、电影院、会堂等,声学上的这种要求和视线上的要求是一致的,按照视线要求设计的地面一般能满足声学要求。除此之外,顶棚的高度和形状是保证听得清楚、真实的一个重要因素,它的形状应使大厅各座位都能获得均匀的反射声,同时加强声压不足的部位。一般来说,凹面易产生聚焦,声场分布不均匀;凸面是声扩散面,不会产生聚焦,声场分布均匀。为此,大厅顶棚应尽量避免采用凹曲面或拱顶。

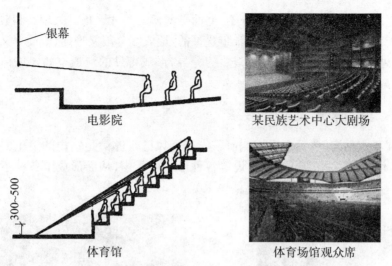

图11-3 设计视点与地面坡度的关系

图11-4为观众厅几种剖面形状示意。其中,图11-4(a)平顶棚仅适用于容量小的观众厅。图11-4(b)降低舞台口顶棚,并使其向舞台倾斜,声场分布比较均匀。图11-4(c)采用波浪形顶棚,反射声能均匀分布到大厅各个座位。

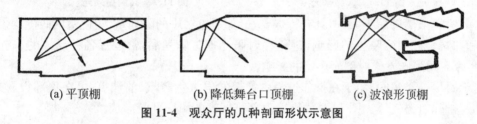

(a) 平顶棚　　　(b) 降低舞台口顶棚　　　(c) 波浪形顶棚

图11-4 观众厅的几种剖面形状示意图

11.1.2 结构、材料和施工的影响

房间的剖面形状除了应该满足使用要求外,还应该考虑结构类型、材料和施工的影响。长方形的剖面形状简单、规整,容易获得简洁而完整的体型;同时,结构简单,有利于采用梁板式结构,节约空间,施工方便。因此,矩形剖面常用于大量性民用建筑。即使有特殊要求的房间,在能够满足使用要求的前提下也应优先考虑采用矩形剖面。不同的结构类型对房间的剖面形状起着一定的影响,大跨度建筑的房间剖面由于结构形式的不同而形成不同于砖混结构的内部空间特征。图11-5所示为巴塞罗那奥运会体育馆比赛大厅,这座德国馆建

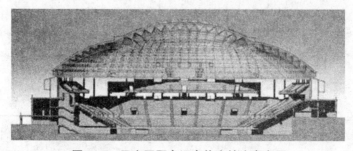

图11-5 巴塞罗那奥运会体育馆比赛大厅

立在一个基座之上,主厅有 8 根金属柱子,上面是薄薄的一片屋顶。大理石和玻璃构成的墙板也是简单光洁的薄片,它们纵横交错,布置灵活,形成既分割又连通、既简单又复杂的空间序列;室内室外也互相穿插贯通,没有截然的分界,形成奇妙的流通空间。这种设计既满足使用要求,又具有独特的空间形状。

11.1.3 室内采光、通风的要求

一般进深不大的房间,通常采用侧窗采光和通风已足够满足室内的卫生要求。当房间进深大,侧窗不能满足上述要求时,常设置各种形式的天窗,从而形成了各种不同的剖面形状。图 11-6 为天窗采光;图 11-7 为高侧窗采光。

图 11-6　天窗采光

图 11-7　高侧窗采光

有的房间虽然进深不大,但具有特殊要求,如展览馆中的陈列室,为使室内照度均匀、稳定、柔和并减轻和消除眩光的影响,避免直射阳光损害陈列品,常设置各种形式的采光窗。图 11-8 为不同采光方式对剖面形状的影响。

对于厨房一类房间,由于在操作过程中常散发出大量蒸汽、油烟等,可在顶部设置排气窗以加速排除有害气体。图 11-9 为设置顶部排气窗的厨房剖面形状。

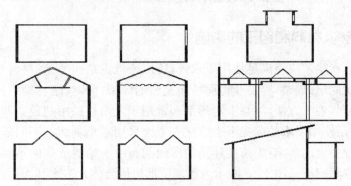

图 11-8　不同采光方式对剖面形状的影响

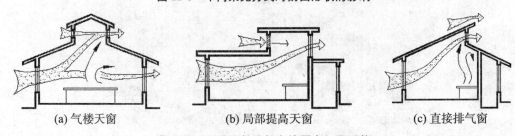

(a) 气楼天窗　　　　　　(b) 局部提高天窗　　　　　　(c) 直接排气窗

图 11-9　设置顶部排气窗的厨房剖面形状

11.2 房间各部分高度的确定

11.2.1 房间的净高和层高

房间的净高是指从楼地面面层(完成面)至吊顶或楼盖、屋盖底面之间的有效使用空间的垂直距离,即该层楼地面到结构层底面或顶棚下表面之间的垂直高度(图 11-10)。

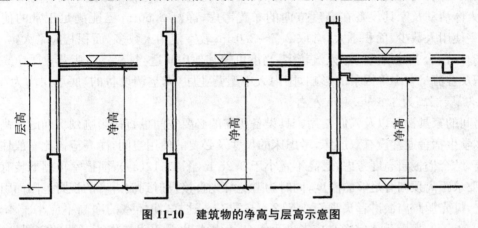

图 11-10 建筑物的净高与层高示意图

房间的层高是指建筑物各层以楼地面面层(完成面)计算的垂直距离,即该层楼地面到上一层楼面面层之间的垂直高度,建筑物顶层层高由该层楼面面层(完成面)至平屋面的结构面层或坡屋顶的结构面层与外墙外皮延长线的交点计算的垂直距离(图 11-11)。

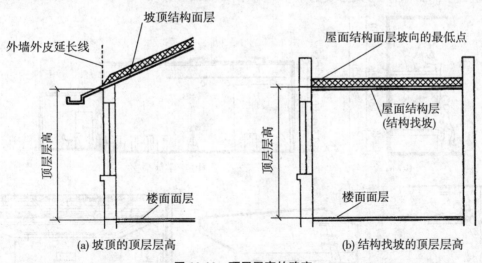

图 11-11 顶层层高的确定

在设计中,首先根据各种影响因素确定房间的净高,然后再根据结构形式等诸多因素确定建筑物层高。

房间的高度恰当与否,直接影响到房间的使用、经济以及室内空间的艺术效果,通常情

况下,房间高度的确定主要考虑以下几个方面:

1) 人体活动及家具设备的要求

房间净高与人体活动尺度有很大关系,根据普通住宅层高不宜高于 2.80 m 的要求,不管采用何种楼板结构,卧室、起居室(厅)的室内净高不应低于 2.40 m,局部净高不应低于 2.10 m,且其面积不应大于室内使用面积的 1/3。厨房、卫生间的室内净高不应低于 2.20 m。利用坡屋顶内空间作卧室、起居室(厅)时,其 1/2 面积的室内净高不应低于 2.10 m。

室内使用性质和活动特点随房间用途而异。不同类型的房间,由于使用人数不同、房间面积大小不同,对房间的净高要求也不相同。对于住宅中的居室和旅馆中的客房等生活用房,从人体活动及家具设备在高度方向的布置考虑,净高 2.60 m 已能满足正常的使用要求;卧室使用人数少、面积不大,常取 2.7~3.0 m;教室使用人数多,面积相应增大,一般取 3.3~3.6 m;公共建筑的门厅人流较多,高度可较其他房间适当提高;商店营业厅净高受房间面积及客流量多少等因素的影响,国内大中型营业厅(无空调设备的)底层层高为 4.2~6.0 m,二层层高为 3.6~5.1 m 左右。

房间的家具设备以及人们使用家具设备所需的必要空间也直接影响到房间的净高和层高。如学生宿舍通常设有双层床,考虑床的尺寸及必要的使用空间,净高应该比一般住宅适当提高,结合楼板层高度考虑,层高不宜小于 3.25 m(图 11-12(a));演播室顶棚下装有若干灯具,要求距离顶棚有足够的高度,同时为避免灯光直接投射到演讲者的视野范围而引起严重眩光,灯光源距离演讲者头顶至少要 2.0~2.5 m,这样,演播室的净高不应小于 4.50 m (图 11-12(b));医院手术室净高应考虑手术台、无影灯以及手术操作所必要的空间,净高不应小于 3.00 m(图 11-12(c));游泳馆比赛大厅,房间净高应该考虑跳水台的高度、跳水台至顶棚的最小高度(图 11-12(d));对于有空调要求的房间,通常在顶棚内布置有水平风管,确定层高时应考虑风管尺寸及必要的检修空间(图 11-12(e))。

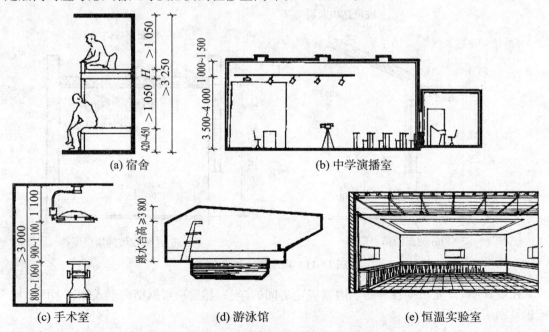

(a) 宿舍 (b) 中学演播室

(c) 手术室 (d) 游泳馆 (e) 恒温实验室

图 11-12 家具设备和使用活动要求对房间高度的影响

2) 采光、通风要求

房间的高度应有利于天然采光和自然通风,以保证房间有必要的生活、学习及卫生条件。室内光线的强弱和照度是否均匀,除了和平面中窗户的宽度及位置有关外,还和窗户在剖面中的高低有关。房间里光线的照射深度主要靠窗户的高度来解决,房间进深越大,要求窗户上沿的位置越高,即相应房间的净高也要高一些。当房间采用单侧采光时,通常窗户上沿离地的高度应大于房间进深长度的1/2。当房间允许两侧开窗时,房间的净高不小于总深度的1/4(如图11-13)。为了防止房间顶部出现暗角,窗上口至顶棚底面的距离不应过大,一般不应大于0.50 m。

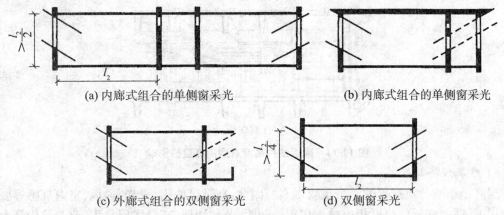

(a) 内廊式组合的单侧窗采光　　(b) 内廊式组合的单侧窗采光

(c) 外廊式组合的双侧窗采光　　(d) 双侧窗采光

图 11-13　采光方式与房间净高的关系

房间的通风要求,室内进出风口在剖面上的高低位置,也对房间净高有一定影响。潮湿和炎热地区的民用房屋,经常利用空气的气压差来组织室内穿堂风,如在内墙上开设高窗或在门上设置亮子等改善室内的通风条件,在这些情况下,房间净高就相应要高一些。

除此以外,容纳人数较多的公共建筑应考虑房间正常的气容积量,保证必要的卫生条件,具体取值与房间用途有关,如中小学教室为 $3\sim 5\ m^3$/人,影剧院观众厅为 $4\sim 5\ m^3$/人。根据房间的容纳人数、面积大小及气容积量标准,可以确定出符合卫生要求的房间净高。

3) 结构层高度及其构造方式的要求

结构层高度主要包括楼板、屋面板、梁和各种屋架所占的高度,因此在满足房间净高要求的前提下,其层高尺寸随结构层的高度而变化。层高的确定要考虑结构层的高度,结构层愈高,则层高愈大;结构层高度小,则层高也相应减小。一般住宅建筑由于房间开间、进深较小,多采用墙体承重,在墙上直接搁板,结构层所占高度较小,层高可取小一些;随着房间面积的增大,如餐厅、教室、商店等,开间、进深都较大,多采用梁板布置方式,板搁置在梁上,梁支承在墙上,梁下凸,确定层高时应考虑梁所占的空间高度。

图 11-14 为梁板结构高度对房间高度的影响。其中,图 11-14(a)预制板直接搁置在墙上,节省了梁所占用的空间;图 11-14(b)房间面积增大,增加了大梁,板搁置在墙和梁上。可见,在相同净高的情况下,结构布置不同,房屋的层高也相应不同。图 11-14(c)为某大型办公室采用纵横梁的梁板结构高度占层高1/4左右。

坡屋顶具有较大的结构空间,在不做顶棚时,可将坡屋顶山尖部分作为房屋空间高度的一部分。与平屋顶相比,此时屋顶所在层的层高便可定得低一些。对于一些大跨度建筑,多采用屋架、空间网架等多种形式,其结构层高度更大。房间如果采用吊顶构造时,层高则应再适当加高,以满足净高需要。

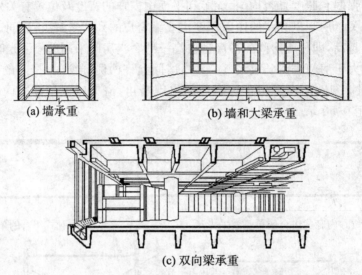

图 11-14　梁板结构高度对房间高度的影响

4）建筑经济效果

层高是影响建筑造价的一个重要因素。因此,在满足使用、采光、通风、室内观感等要求的前提下,适当降低层高可相应减小房屋的间距,节约用地,减轻房屋自重,改善结构受力情况,节约材料。实践表明,普通砖混结构的建筑物,层高每降低 100 mm,可节省土建投资 1% 左右。寒冷地区和有空调要求的建筑,适当降低层高可以减少空调费用,节约能源。

5）室内空间比例

房间的高宽比例不同,给人以不同的空间感觉。一般来说,面积大的房间高度要高一些,面积小的房间则可适当降低。同时,不同的比例尺度往往得出不同的心理效果,高而窄的比例易使人产生兴奋、激昂、向上的情绪,且具有严肃感,但过高就会觉得不亲切;宽而矮的空间使人感觉宁静、开阔、亲切,但过低又会使人产生压抑、沉闷的感觉。住宅建筑要求空间具有小巧、亲切、安静的气氛;纪念性建筑则要求高大的空间以造成严肃、庄重的气氛;大型公共建筑的休息厅、门厅要求具有开阔、博大的气氛。一般民用建筑合适的高宽比为 1:1.5～1:3。图 11-15 为空间比例不同给人以不同的感受。其中图 11-15(a)所示的中国革命与历史博物馆运用高而窄的比例处理门廊空间,获得庄严而宏伟的效果;图 11-15(b)所示的北京饭店新楼大会厅宽而相对较矮的空间使人感到亲切与开阔;图 11-15(c)所示的某居住空间宽而矮的比例尺度,使人觉得小巧而亲切、安静而宜人;图 11-15(d)所示的宫殿式宴会厅高而窄的比例显得豪华却不亲切。

巧妙地运用空间比例的变化,使物质功能与精神感受结合起来,就能获得理想的效果,在不增加房间高度的情况下,可以借助于以下手法来获得空间效果:

(1) 利用窗户的不同处理来调节空间的比例感。如图 11-16 所示,窄而长的窗户使房间感觉高一些,宽而扁的窗户则感觉房间低一些。图 11-17 为德国萨尔布昌根画廊门厅,宽而低矮的房间由于侧面开了一排落地窗,将窗外的景色引入室内,扩大了视野,起到了改变空间比例的效果。

（2）运用以低衬高的对比手法，将次要房间的顶棚降低，从而显得主要空间更加高大，次要空间亲切宜人。图 11-18 为北京火车站中央大厅，以低矮的夹层空间衬托出中部高大的空间。

(a) 中国革命与历史博物馆

(b) 北京饭店新楼大会厅

(c) 某居住空间

(d) 宫殿式宴会厅

图 11-15　空间比例不同给人以不同的感受

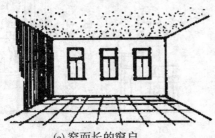
(a) 窄而长的窗户

(b) 宽而扁的窗户

图 11-16　窗户的比例不同对房间高度感的影响

图 11-17　设大片落地窗来改变房间的比例效果

图 11-18　低矮的夹层空间衬托中部高大的空间

11.2.2 室内窗台的高度

窗台高度与使用要求、人体尺度、家具尺寸及通风要求有关。大多数的民用建筑,窗台高度主要考虑方便人们工作、学习,保证书桌上有充足的光线。窗台过高,书桌将全部或者大部分处在阴影区域,影响使用效果,一般常取 900～1 000 mm,这样窗台距桌面高度控制在 100～200 mm,保证了桌面上充足的光线,并使桌上纸张不致被风吹出窗外,如图 11-19(a)所示。

对于有特殊要求的房间,如图 11-19(b)设有高侧窗的陈列室,为消除和减少眩光,应避免陈列品靠近窗台布置。实践中总结出窗台到陈列品的距离要使保护角大于 14°,为此,一般将窗下口提高到离地面 2.50 m 以上。厕所、浴室窗台可提高到 1 800 mm 左右,以利于遮挡人们的视线,如图 11-19(c)。托儿所、幼儿园窗台高度应考虑儿童的身高及较小的家具设备,医院儿童病房为方便护士照顾病儿,窗台高度均应较一般民用建筑低一些,如图 11-19(d)、(e)所示。

公共建筑的房间如餐厅、休息厅、娱乐活动场所,以及疗养建筑和旅游建筑,为使室内阳光充足和便于观赏室外景色,丰富室内空间,常将窗台做得很低,甚至采用落地窗。

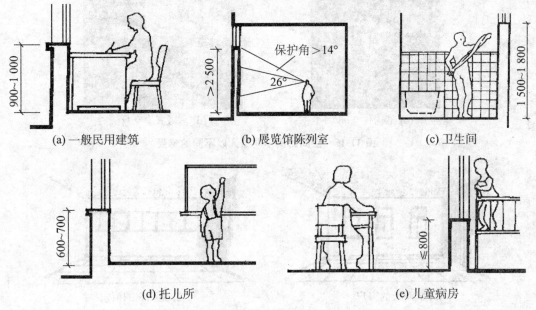

图 11-19 窗台高度

11.2.3 室内外地面的高差

为了防止室外雨水流入室内,并防止墙身受潮,一般民用建筑常将室内地坪适当提高,以使建筑物室内外地面形成一定高差,该高差主要由以下因素确定:

(1) 内外联系方便。建筑物室内外高差应方便联系,特别是对于一般住宅、商店、医院等建筑更是如此。室外踏步的级数常以不超过四级,即室内外地面高差不大于 600 mm 为好。而对于仓库一类建筑,为便于运输,在入口处常设置坡道,为不使坡道过长而影响室外道路布置,室内外地面高差以不超过 300 mm 为宜。

(2) 防水、防潮要求。为了防止室外雨水流入室内,并防止墙身受潮,底层室内地面应高于室外地面,一般大于或等于 300 mm。对于地下水位较高或者雨量较大的地区及对防水要求较高的建筑物,也可以适当地提高室内地面以防止室内过潮。

(3) 地形及环境条件。位于山地和坡地的建筑物,应结合地形的起伏变化和室外道路布置等因素,综合确定底层地面标高,使其既方便内外联系,又有利于室外排水和减少土石方工程量。

(4) 建筑物性格特征。一般民用建筑如学校、住宅、旅馆、办公楼等,是人们学习、生活和工作的场所,应具有亲切、平易近人的感觉,因此室内外高差不宜过大。纪念性建筑除在平面空间布局及造型上反映其独特的性格特征外,还常借助于室内外高差值的增大,如采用高的台基和较多的踏步处理,以增强严肃、庄重、雄伟的气氛。

在建筑设计中,一般以底层室内地面标高为±0.000,高于其为正值,低于其为负值。

11.2.4 地面高差、雨篷高度

同层各个房间的地面标高要一致,这样行走比较方便。对于一些积水或者需要经常冲洗的房间,如浴室、卫生间、厨房、阳台及外走廊等,它们的地面标高应比其他房间的地面标高约低 20~50 mm,以防积水外溢,影响其他房间的使用。高差过大,不便于通行和施工。

雨篷的高度要考虑到与门的关系,过高遮雨效果不好,过低则有压抑感而且不便于安装门灯。为了便于施工和使构造简单,通常将雨篷与门洞过梁结合成一整体。雨篷标高宜高于门洞标高 200 mm 左右。

11.2.5 建筑高度

建筑高度:平屋顶按室外地面到檐口或女儿墙高度计算;坡屋顶按室外地面到屋脊至屋檐的平均高度计算。屋顶上的水箱间、电梯机房、楼梯出口小间等占屋顶平面面积不超过 1/4 且高度不超过 4 m 者可不计入建筑控制高度。如建筑物处于飞行航线控制高度以内的区域时,其高度应包括上述屋顶突出物。

建筑消防高度:建筑物室外地面至平屋面面层或坡屋面檐口高度。

在重点文物保护单位和重要风景区附近的建筑物,其建筑高度是指建筑物的最高点。

11.3 建筑层数的确定

建筑层数是在方案阶段就需要初步确定的问题,层数不确定,建筑各层平面就无法布置,剖面和立面高度也就无法确定。影响房屋层数的因素很多,概括起来有以下几方面。

11.3.1 使用要求

建筑用途不同,使用对象不同,往往对建筑层数有不同的要求。对于大量建设的住宅、宿舍、办公楼等建筑,使用中无特殊要求,一般可建多层,当设置电梯作为垂直交通工具时也

可建高层。对于托儿所、幼儿园等建筑，考虑到儿童的生理特点和安全，同时为便于室内与室外活动场所的联系，其层数不宜超过三层。医院门诊部为方便病人就诊，层数也以不超过三层为宜。影剧院、体育馆等一类公共建筑都具有面积和高度较大的房间，人流集中，为迅速而安全地进行疏散，宜建成低层。公共食堂在使用过程中有大量顾客，为了就餐方便，便于排除油烟，便于供煤和清理垃圾，单独建造时宜建成低层。对于中小学建筑，考虑到学生正在发育成长，为了安全及保护青少年健康成长，小学建筑不宜超过三层，中学教学楼不宜超过四层。

11.3.2 建筑结构、材料等技术条件

建筑结构类型和材料是决定房屋层数的基本因素，结构材料不同，允许建造的层数也不同。如一般混合结构的建筑是以墙或柱承重的梁板结构体系，一般为1～6层。常用于一般大量性民用建筑，如住宅、宿舍、中小学教学楼、中小型办公楼、医院、食堂等。

梁柱承重的框架结构、剪力墙结构和框架-剪力墙结构等体系整体性好，承载力高，可用于多层、高层和超高层建筑。高层建筑的风荷载是随着建筑高度的增加而增加的，高度越高，风荷载就越大。框架结构中框架柱是主要抗风构件，为了抵抗风荷载，柱会做得很大。考虑到经济效益，框架结构一般做到15层左右。纯剪力墙结构是由钢筋混凝土墙体整浇而成的墙承重结构，抗风能力非常强，但由于其开间进深都很小，只适用于住宅公寓等居住建筑。框架-剪力墙结构是在框架结构中增设部分剪力墙，提高其抗风能力，适应的建筑类型范围更广一些，但抗风能力不如剪力墙结构，建筑高度也没有剪力墙结构高。筒体结构是将剪力墙组合成筒体，有单筒、筒中筒、框-筒、束筒等，其抗风能力优于剪力墙结构，应用也更为广泛。见表11-1所示。图11-20分别表示各种结构体系的适用层数及高层建筑的结构体系。

表11-1　无抗震设防要求的各种结构体系最大高度　　　　　　　　单位：m

结构体系	框　架	框架-剪力墙	纯剪力墙	框架-筒体	筒中筒、束筒
适用功能	商业娱乐办公	酒店办公	住宅公寓	办公、酒店、公寓	办公、酒店、公寓
高度限值	60	130	140	130	180

注：摘自《建筑设计资料集》第2版第2册。

空间结构体系，如薄壳、网架、悬索等适用于低层大跨度建筑，如影剧院、体育馆、仓库、食堂等。

确定房屋层数除了受到结构类型影响之外，建筑的施工条件、起重设备、吊装能力和施工方法等均对层数有所影响，如吊装能力的大小对构件的重量、建筑总高度的限制；又如滑模施工，由于是利用一套提升设备使模板随着浇注的混凝土不断向上滑升，直至完成全部钢筋混凝土工程量，建筑结构整体性较预制装配式好，同时可以节约模板，缩短工期，降低造价，因此对于多层和高层钢筋混凝土结构的建筑是适宜的，而且层数越多经济效益越显著。

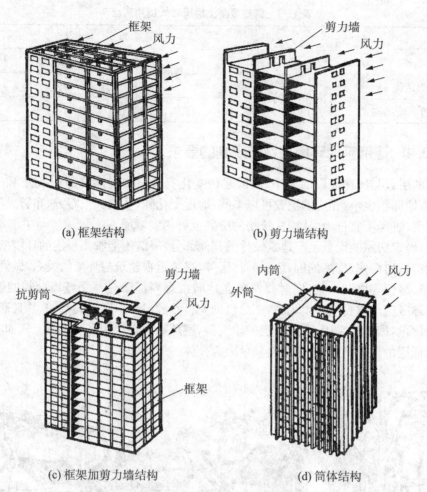

(a) 框架结构　　　　　(b) 剪力墙结构

(c) 框架加剪力墙结构　　(d) 筒体结构

图 11-20　高层建筑的结构体系

11.3.3　地震烈度

地震烈度不同,对房屋的层数和高度要求也不同,见表 11-2、表 11-3 所示。

表 11-2　砌体房屋总高度和层数限值　　　　　　　　　　　单位:m

砌体类型	最小墙厚	烈度							
		6		7		8		9	
		高度	层数	高度	层数	高度	层数	高度	层数
粘土砖	0.24	24	8	21	7	18	6	12	4
混凝土小砌块	0.19	21	7	18	6	15	5	不宜采用	
混凝土中砌块	0.20	18	6	15	5	9	3		
粉煤灰中砌块	0.24	18	6	15	5	9	3		

表 11-3　钢筋混凝土房屋最大适用高度　　　　　　　单位:m

结构类型	烈度			
	6	7	8	9
框架结构	同非抗震设计	55	45	25
框架-抗震墙结构		120	100	50

11.3.4　建筑基地环境与城市规划的要求

房屋的层数与所在地段的大小、高低起伏变化有关。相同建筑面积条件下,基地范围小,底层占地面积也小,相应的层数可以多些;地形变化陡,从减少土石方、布置灵活考虑,建筑物的长度、进深不宜过大,从而建筑物的层数也可相应增加。

此外,确定房屋的层数也与建筑设计的其他部分一样,不能脱离一定的环境条件。特别是位于城市街道两侧、广场周围、风景园林区等,必须重视建筑与环境的关系,做到与周围建筑物、道路、绿化等协调一致,同时要符合当地城市规划部门对整个城市面貌的统一要求。而风景园林区应该以自然环境为主,充分借助大自然的美来丰富建筑空间,并且通过建筑处理给风景增色,因此宜采用小巧、低层的建筑群,避免采用多层和高层建筑。例如苏州怡园,采用分散低层的建筑布局,使建筑与景色融为一体(图 11-21)。

图 11-21　苏州怡园

11.3.5　建筑防火要求

按照《建筑设计防火规范》(GB 50016-2006)的规定,建筑的层数应根据建筑的性质和耐火等级来确定。耐火等级为一、二级的建筑,原则上层数不受限制;耐火等级为三级的建筑,层数不应超过 5 层;耐火等级为四级的建筑,层数不应超过 2 层(见表 11-4)。住宅建筑中,四级耐火等级建造层数不大于 3 层,三级耐火等级建造层数不大于 9 层,二级耐火等级建造层数不大于 18 层,一级的不限。

表 11-4　多层建筑的耐火等级与建筑层数的关系

耐火等级	最多允许层数	防火分区间的最大允许建筑面积（m²）	备　　注
一、二级	≤9层的居住建筑 高度≤24 m的公共建筑	2 500	托儿所、幼儿园的儿童用房和儿童游戏厅等儿童活动场所,不应超过三层或设置在四层及四层以上楼层或地下、半地下室内
三级	5层	1 200	托儿所、幼儿园的儿童用房和儿童游戏厅等儿童活动场所、老年人建筑和医院、疗养院的住院部分,不应超过二层或设置在三层及三层以上楼层或地下、半地下室内,商店、学校、电影院、剧院、礼堂、食堂、菜市场不应超过二层或设置在三层及三层以上楼层
四级	2层	600	学校、食堂、菜市场、托儿所、幼儿园、老年人建筑、医院不应设置在二层
地下、半地下建筑(室)		500	—

注：摘自《建筑设计防火规范》(GB 50016-2006)第5.1.7条。

11.3.6　经济条件

建筑层数与造价的关系很密切。建筑工程造价是随着层数增加而提高的。但是当建筑层数增加时,单位建筑面积所分摊的土地费用及外部流通空间费用将有所降低,从而使建筑物单位面积成本发生变化。其中多层住宅具有降低工程成本和使用费用以及节约用地以合理利用空间等优点。众所周知,在多层建筑中层数越多越经济,一般情况下,5~6层砖混结构的房屋比较经济。当住宅超过七层,就要增加电梯费用,需要较多的交通空间(过道、走廊要加宽)和补充设备(供水设备和供电设备等)。特别是高层住宅,要经受较强的风力荷载,需要提高结构强度,改变结构形式,从而使工程造价大幅度上升。对于地皮特别昂贵的地区,为了降低土地、搬迁、小区建设及市政设施等投资费用,提高建筑密度,中、高层住宅是比较经济的选择,因此,10~12层住宅也可能是比较经济合理的层数。

11.4　建筑空间的组合与利用

11.4.1　剖面组合的方式

建筑剖面的组合方式主要是由建筑物中各类房间的高度和剖面形状、房间的使用要求和结构布置特点等因素决定的。剖面的组合方式有单层、多层、高层、错层、跃层、复式住宅等。

1) 单层

单层剖面便于房屋中各部分人流或物品与室外直接联系,疏散方便快捷是一大优势,缺点是占地较多。单层剖面适用于覆盖面及跨度较大的结构布置,如体育馆、影剧院等。一些顶部要求自然采光和通风的房屋,也采用单层剖面形式,如展览大厅、食堂、单层工业厂房等。图 11-22 为某学校讲堂剖面示例。

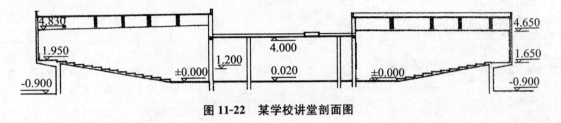

图 11-22　某学校讲堂剖面图

2) 多层

多层剖面的室内交通联系比较紧凑,适用于有较多相同高度的房间的组合,垂直交通可通过楼梯或电梯联系,如单元式住宅及走道式的教学楼、办公楼、宿舍等。

图 11-23 为某市政府办公楼,主体为 4~5 层,采用内庭院单外廊平面组合。为了保留两棵大树,东西向的办公室层层后退,一是保证了树冠的伸展,二是不占用建筑物东西两侧墙外的车道。正面一层全开敞,一部直楼梯通向二层,既体现了政府办公机构的庄严,又体现了亲民作风。

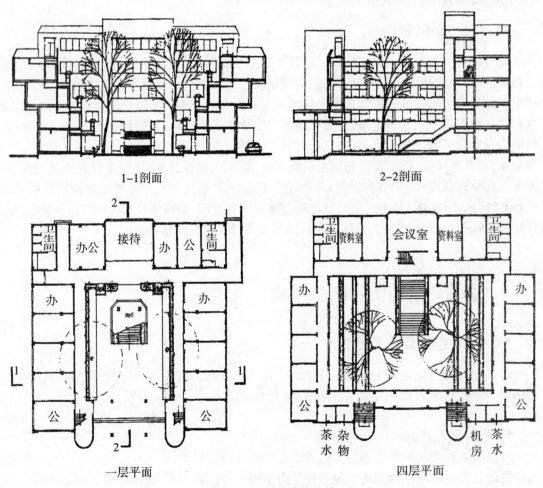

图 11-23　某政府办公楼

3）高层

高层剖面形式能在占地面积较小的条件下建造使用面积较多的房屋，节约用地，有利于室外辅助设施和绿化的布置。高层建筑一般在垂直方向实行功能分区，将功能相近、层高相同、空间大小相似的部分组合在一起，便于空间组合和结构选型。图11-24为一高层综合办公楼剖面示例。

4）错层

当建筑物的同层楼板不在一个平面上且有一定的高差即为错层。在住宅建筑中，当入户标高相差1/2、1/3或1/4层高时，统称为错层式。当建筑物内部由于净高不同出现高差或受地形条件限制，使建筑几部分的楼地面出现高低错落时，可采用错层组合的方式，如图11-25所示。

5）跃层

当住宅入户标高相差一层以上或一户占用一层半或两层以上户内空间时，统称为跃层式或跃廊式。这种空间组合方式常用于住宅建筑，可以充分利用空间。图11-26为一栋五层住宅，层高3.6 m，在设计中巧妙利用卧室、厨房、卫生间与起居室所需高度的不同，设置夹层，形成净高2.3 m跃半层的卧室、厨房和卫生间，使五层的住宅有八层的空间可以利用。

6）复式住宅

复式住宅主要思想是在有限的建筑面积里创造出更多的使用面积。通常在层高较高的一层中设置一夹层，两层合计的层高要低于跃层式住宅。

复式住宅利用室内不同的活动对净高的不同要求，在下层设起居、厨房、进餐空间，在夹层设卧室和储藏室，形成相对独立的空间，互不干扰且均有良好的采光通风条件，如图11-27所示。

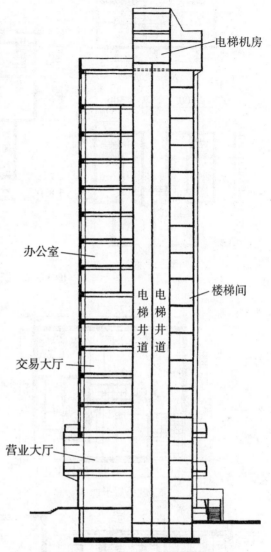

图11-24 高层综合办公楼剖面图

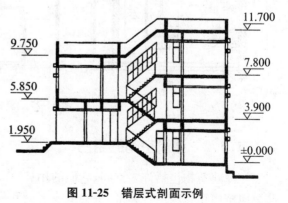

图11-25 错层式剖面示例

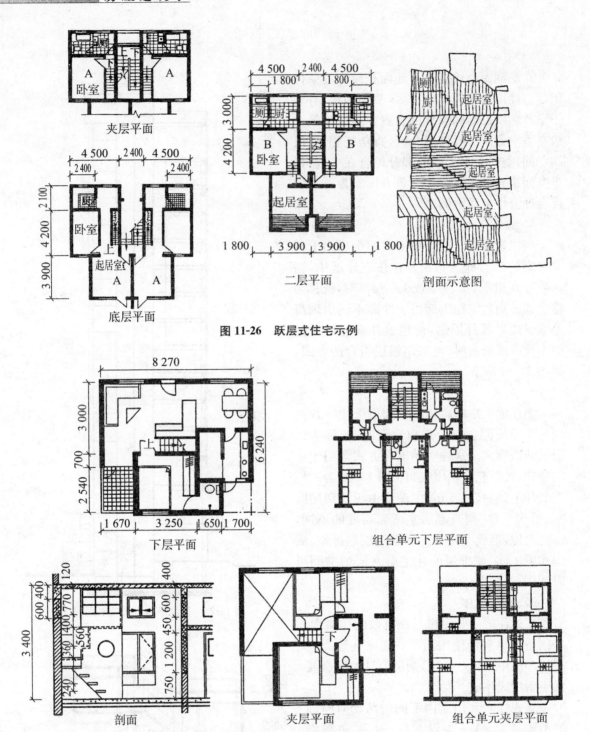

图 11-26 跃层式住宅示例

图 11-27 复式住宅示例

11.4.2 建筑空间的组合

一幢建筑物包括许多空间,它们的用途、面积和高度各不相同。如果把高低不同的房间简单地按使用要求组合起来,将会造成屋面和楼面高低错落、结构布置不合理、建筑体型凌乱复杂现象。所以在垂直方向上应当根据内部使用要求，结合基地环境等条件将各种不同形状、大小、高度的空间合理组合起来，使之成为使用方便、结构合理、体型简洁完美的整体，以取得协调统一的效果。平面空间组合反映功能关系，而剖面的空间组合主要反映结构关系、空间艺术构思，在一定程度上也反映出平面关系，对于不用空间类型的建筑应该采取不同的组合方式。实际上，在进行建筑平面空间组合设计和结构布置时就应当对剖面空间的组合及建筑造型有所考虑。

1）层高相同或者相近的房间之间的组合

使用性质接近，而且层高相同的房间可以组合在同一层并逐层向上叠加，直至达到所定的建筑层数或者高度为止。这种剖面空间组合有利于结构布置和便于施工。

对于层高相近、相互之间的联系很密切的房间，考虑到结构布置、构造简单和施工方便等因素，在组合时须将这些房间的层高调整到该层主要房间的层高高度并逐层叠加。而对于标准层平面面积较大，普通调整层高不经济、不合理时，可采取分区、分段调整层高。当建筑物内部出现高低差，或由于地形的变化使房屋几部分空间的楼地面出现高低错落时，可采用错层的方式使空间取得和谐统一。具体处理方式如下：

（1）以踏步或楼梯联系各层楼地面以解决错层高差。如图11-28所示，利用踏步解决了错层高差的问题；如图11-29所示，两部分房间层高比为3：2，分别通过两个平台进入各层房间。

（2）以室外台阶解决错层高差。如图11-30所示，垂直等高线布置的住宅建筑，各单元垂直错落，错层高差为一层，均由室外台阶到达楼梯间。这种错层方式较自由，可以随地形变化相当灵活地进行随意错落。

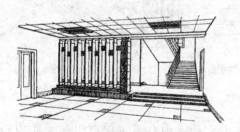
图11-28　以踏步解决错层高差

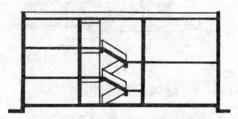
图11-29　以楼梯间解决错层高差

图11-30　以室外台阶解决错层高差

2)层高相对较大的房间之间的组合

在多层、高层建筑中,对于层高相差较大的房间,可以把少量面积较大、层高较高的房间设置在底层、顶层或者作为单独部分(裙房)附设于主体建筑旁(图 11-31)。

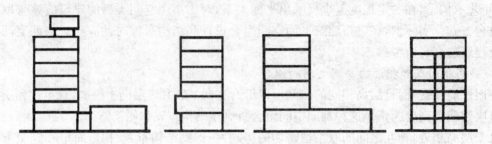

(a)大空间作附楼　　(b)大小空间上下叠合　(c)大空间在一、二层　(d)大空间在顶层

图 11-31　大小、高低不同的空间组合

对于房间高度相差特别大的建筑,如影剧院、体育馆等,这些建筑的比赛厅、观众厅与办公室、厕所等空间,实际设计空间组合时,常以大空间(观众厅和比赛大厅)为中心,在其周围布置小空间,或将小空间布置在大厅看台下面,充分利用看台下的结构空间(图 11-32)。这种组合方式应处理好辅助空间的采光、通风以及运动员、工作人员的人流交通问题。

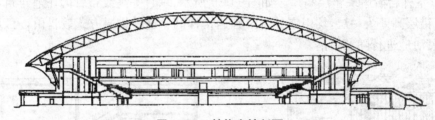

图 11-32　某体育馆剖面

11.4.3　建筑空间的利用

建筑空间利用涉及建筑的平面和剖面设计。充分利用室内空间不仅可以增加使用面积,节约投资,还可以起到改善室内空间比例、丰富室内空间艺术的作用。因此,合理地、最大限度地利用空间以扩大使用面积是空间组合的重要问题。

1)夹层空间的利用

在公共建筑中的营业厅、体育馆、影剧院、候机楼等,由于功能要求其主体空间与辅助空间的面积和层高不一致,因此常采取在大空间周围布置夹层的方式,以达到利用空间及丰富室内空间的效果(图 11-33(a))。在多层公共大厅中(如营业厅)设计夹层时要特别注意楼梯的布置和处理,应该充分利用楼梯平台的高差来适应不同层高的需要,以不另设楼梯为好(图 11-33(b))。

2)房间上部空间的利用

房间上部空间主要是指除了人们日常活动和家具布置以外的空间。如住宅中常利用房间上部空间设置搁板、吊柜、壁柜等放置换季衣物、被褥和日用杂物;厨房中设吊柜、壁龛和地柜,放置杂物、燃料和炊具等(图 11-34)。坡屋顶山尖部分的空间,可以作为卧室或者储藏室(图 11-35)。

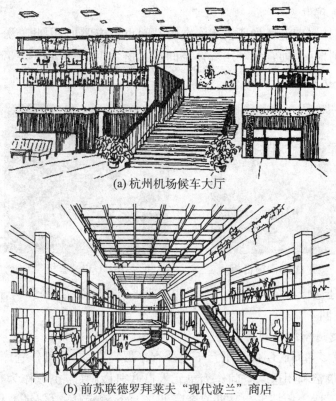

(a) 杭州机场候车大厅

(b) 前苏联德罗拜莱夫"现代波兰"商店

图 11-33 夹层空间的利用

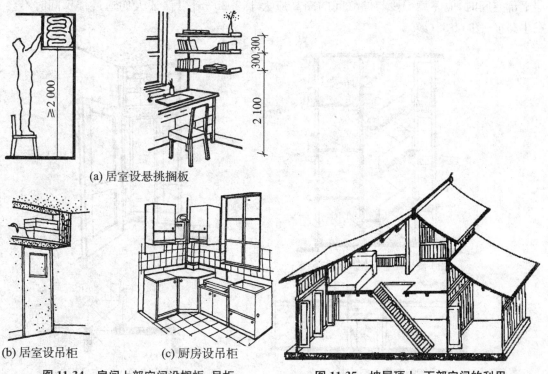

(a) 居室设悬挑搁板

(b) 居室设吊柜　　(c) 厨房设吊柜

图 11-34 房间上部空间设搁板、吊柜

图 11-35 坡屋顶上、下部空间的利用

3) 结构空间的利用

在建筑物中墙体厚度的增加所占用的室内空间也相应增加,因此充分利用墙体空间可以起到节约空间的作用。通常多利用墙体空间设置窗台柜、壁柜(图 11-36、图 11-37),利用角柱布置书架及工作台。

图 11-36　窗台柜　　　　　图 11-37　壁柜

此外,设计中还应该将结构空间与使用功能要求的空间在大小、形状、高低上尽量统一,最大限度地利用空间。

4) 楼梯间及走道空间的利用

一般民用建筑楼梯间底层休息平台下至少有半层高,此空间可作仓库或者通向另一空间的通道,住宅建筑常利用这一空间作为单元入口并兼做门厅,也可作为布置储藏室之用。如果高度不够,可以适当抬高平台高度或者降低平台下部标高,以保证通行时净高的要求。同时,楼梯间顶层有一层半的空间高度,通常可以利用部分空间布置一个小储藏间。利用顶层上部空间时,应注意梯段与储藏间的净高应大于 2.20 m,以保证人们通过楼梯间时不会发生碰撞(图 11-38(a))。

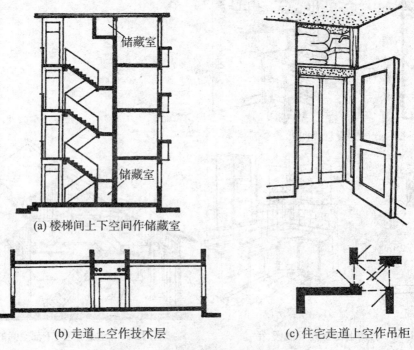

(a) 楼梯间上下空间作储藏室

(b) 走道上空作技术层　　　(c) 住宅走道上空作吊柜

图 11-38　走道及楼梯间空间的利用

民用建筑走道主要用于人流通行，其面积和宽度都较小，高度也相应要求低些。但是从简化结构考虑，走道和其他房间往往采取相同的层高，是为了充分利用走道上部多余的空间布置设备管道及照明线路。居住建筑中常利用走道上空布置储藏空间，这样处理不但充分利用了空间，也使走道的空间比例尺度更加协调(图 11-38(b)、(c))。

复习思考题

1. 剖面设计包括哪些基本内容？
2. 如何进行建筑空间组合？建筑剖面的组合方式有哪些？
3. 什么是房屋净高？什么是房屋层高？
4. 建筑物层数的确定与哪些因素有关？
5. 窗台的高度如何确定？

12 建筑体型及立面设计

本章提要：本章主要讲述建筑体型和立面设计的一般原理和方法，通过大量民用建筑体型和立面设计的分析，加深对设计原理的理解和掌握。

建筑物既是技术产品，又是艺术品，它不仅要能满足人们生产、生活、工作等物质功能方面的要求，同时还要具有美好的外观形象，能满足人们精神文化层面上的需要。因此，进行建筑外观形象设计是建筑设计工作中必不可少的一项内容。

建筑外观形象包括体型和立面两个部分，所以对建筑外观形象进行设计，也就是对建筑体型和立面进行设计。体型及立面设计和建筑平面、剖面设计是相互影响、相互制约的，始终贯穿于整个建筑设计全过程，它既不是内部空间被动的直观反映，也不是简单的在形式上进行表面加工，更不是建筑设计完成后的外形处理。它是在建筑内部空间和功能合理的基础上充分考虑现有的经济技术条件，结合基地周围环境，通过研究建筑物的体量大小、组合方式、群体关系、立面及细部关系处理等，并运用建筑美学规律来获得完美的建筑外观形象。

12.1 建筑体形和立面设计的要求

进行建筑体型和立面设计，需要考虑以下几个方面的要求：

1) 功能要求——建筑体型和立面应反映建筑功能和类型特征

建筑物最主要的作用就是它能为人们的生产生活提供必要的物质空间，满足人们对于建筑使用功能的要求。不同的使用功能要求，需要有不同的建筑内部空间环境，其反映在外部就会表现出不同的外观形象。一个优秀的建筑必定是外部形象和内部空间的高度统一，通过运用适当的艺术处理方法强调该建筑的性格特征，使其更加鲜明地区别于其他建筑。例如办公建筑，其内部功能是满足人们各种办公需求，因而是由许多重复元素组成的，外部

(a) 某办公楼

(b) 某教学楼

图 12-1 建筑的外形特征

形象一般较简洁大方；教学楼一般以多层教室组成的长方体为主体，由于室内采光要求高，人流出入多，立面上往往形成高大、明快的窗户和宽敞的入口等。如图12-1所示。图12-2、图12-3分别为别墅、小游园建筑，因为建筑功能上的差异，其反映在体型和立面上的特点也非常鲜明，各不相同。

图12-2 某别墅建筑

图12-3 某游园建筑

2）技术要求——体型和立面应充分展现结构、材料和施工技术特点

建筑的结构体系不同、所用材料不同、施工技术工艺不同，反映在外观形象上也应各有不同。因此建筑体形及立面设计必然在很大程度上受到建筑材料、建筑结构、施工手段等物质技术条件的制约，并反映出各种材料、结构和施工的特点。结构的差异也直接影响建筑的外部形象。如一般小开间民用建筑多采用砌体结构，由于墙体既起承重作用又起围护作用，开窗面积受到限制，再加上梁板经济跨度的局限，室内空间小，层数多为低层和多层，外部表现为小面积且有规律的窗和大面积实体墙；而钢筋混凝土框架结构的外墙体仅起围护作用，给空间处理赋予了较大的灵活性，它的立面开窗较自由，既可形成大面积独立窗，也可形成带形窗，具有简洁、明快、轻巧的外观形象。近年来各种空间结构建筑体形的大量运用，使建筑立面更加丰富多彩。图12-4为各种不同结构型式的建筑外观。

(a) 木结构房屋

(b) 石砌体房屋

(c) 砖砌体房屋

(d) 空间结构（上海大剧院）

(e) 广州新电视塔

(f) 中国银行大厦

图12-4 不同结构所产生的建筑外观

3) 环境要求——体型和立面应符合城市规划要求，并与周围的人文和自然环境相协调

任何一幢建筑都不可能脱离环境而孤立存在，它必然处在特定的城市空间和环境中，因此，其体型和立面不可避免地要受城市规划、社会、民族等人文环境及所在地区气候、地形、道路等自然环境的影响，并应与之相适应。图 12-5 为美国建筑大师赖特设计的流水别墅，其建于幽雅的山泉峡谷之中，建筑凌跃于奔泻而下的瀑布之上，与山石、流水、树林融为一体，美不胜收，堪称与环境完美结合的典范。

图 12-5　流水别墅

4) 经济要求——建筑用材、造型等应与建筑标准相协调，符合相应的经济指标

体型和立面设计应坚持建筑设计的经济性原则，区别对待大型公共建筑和大量性民用建筑，既要防止滥用高标准材料造成不必要的浪费，又要防止片面节约、盲目追求低标准造成使用功能不合理，破坏建筑形象和增加建筑后期维护管理费用。

实际上，只要充分发挥设计者的主观能动性，在一定的经济条件下，巧妙地运用物质技术手段和构图法则，努力创新，完全可以设计出适用、安全、经济、美观的建筑物。

5) 美学要求——造型和立面设计应符合建筑美学规律

要创造美的建筑，设计时就必须遵循建筑形式美的法则，如比例尺度、稳定均衡、变化统一以及韵律和对比等。

12.3　建筑体型设计

建筑体型设计主要是对建筑物总的体量大小、形状、比例、尺度、组合方式等方面的确定，它对建筑外形的总体效果具有重要的影响。

12.3.1　简单体型的组合设计

1) 单一体型

所谓单一体型是指整个建筑物基本上是一个比较完整、单一的简单几何形体。平面形式多采用对称式的正方形、三角形、圆形、多边形、风车形、"Y"形等单一几何形状，将复杂的内部空间组合到一个完整的体型中去。这类建筑从外观上看，不论平面形式如何，其外观各面基本等高，没有明显的主从关系和组合关系，造型统一、简洁、轮廓分明，给人以鲜明而强烈的印象。如图 12-6 所示的深圳国贸大厦是单一长方体体型的建筑。图 12-7 所示是单元式组合体型。单元组合体型是将几个独立体量的单元按一定方式组合起来。这类建筑一般平面上采取单元式组合。其体型组合灵活，没有明显的均衡中心及体型的主从关系，造型良好，且单元连续重复，形成了强烈的韵律感，广泛应用于住宅、学校、幼儿园、医院等建筑。

图 12-6　深圳国贸大厦

图 12-7　某单元式住宅

2）统一与变化

统一与变化即"统一中求变化，变化中求统一"，这是形式美的根本规律，广泛适用于建筑及建筑以外的其他艺术领域，具有广泛的普遍性和概括性，二者是辩证统一的关系，缺一不可。形式美的其他方面如韵律、主从、对比、尺度、比例等，实际上是统一与变化在各方面的体现。

在建筑处理上，统一并不仅仅指一幢建筑外形的统一，还必须是外部形象和内部空间及使用功能的统一；变化则是为了得到整齐、简洁而又不至于单调、呆板的建筑形象。图12-8所示的两个建筑，就是统一与变化协调处理的良好典范。

(a) 旋转中心

(b) 法国卢浮宫

图 12-8　统一而富于变化的建筑实例

12.3.2　复杂体型的组合设计

由两个以上简单体型组合而成的称为复杂体型，适用于规模较大或内部空间不易在一个简单的体量内组合，或者因功能要求，内部空间组成若干相对独立部分的复杂建筑物。复杂体型各体量之间存在着相互协调统一的问题。设计中，要根据各体量建筑内部功能要求、体量大小和形状，遵循统一变化、均衡稳定、比例尺度等构图规律，将其主要部分、次要部分分别形成主体、附体，突出重点，主次分明，并将各部分有机地联系起来，从而形成完整的建筑形象。

1）均衡与稳定

在建筑造型中，所谓均衡主要是指建筑物体型各部分前后左右的轻重关系，并使其组合起来给人以安定、平稳的感觉。均衡分为对称均衡和不对称均衡（如图12-9）。对称的形式本身是均衡的，又有一种严格的制约关系，所以具有一种完整的统一性。人们常用这种形式来建造房屋，达到一种对称的均衡来实现完整统一。

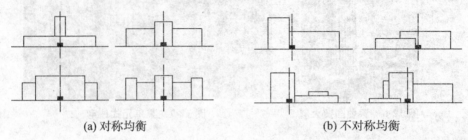

(a) 对称均衡　　　　　　　　　(b) 不对称均衡

图 12-9　不同形式的均衡示例

稳定指建筑整体上下之间的轻重关系，给人以安全可靠、坚如磐石的效果。一般建筑物都是基座较大，上部较小，给人稳定安全的感觉。但随着新结构、新材料的发展，传统的稳定观也受到了挑战，许多底层架空，看似头重脚轻的建筑物稳稳地矗立在大地上，利用悬挑结构上大下小的建筑也出现在人们的视线之中，如图12-10所示。图12-11、图12-12为建筑体型对称和非对称均衡实例。

(a) 上小下大的稳定感建筑　　　　　　(b) 上大下小的新稳定感建筑

图 12-10　具有稳定感的建筑示例

图 12-11　对称体型组合实例(泰姬陵)　　图 12-12　非对称体型组合实例(古根海姆美术馆)

2) 对比与微差

对比即要素之间的显著差异，它是具有较强表现力的构图法则。建筑物在体型和立面上存在着诸多对比要素，包括体量的大小、高低，线条的粗细、曲直，材料的质感、色彩以及虚与实等的对比。微差是指不显著的差异。

设计中,恰当地运用对比手法,在两物之间彼此相互衬托作用下,使其形、色等更加鲜明,如大者更觉其大、小者更觉其小、深者更觉其深、浅者更觉其浅,从而给人以强烈的感受、深刻的印象。在建筑造型同一要素之间通过对比,相互衬托,就能产生不同的形象效果。恰当地运用对比是建筑设计取得统一与变化的有效手段。如图12-13所示的巴西国会大厦,通过采用竖向的两片板式办公楼与横向体量的政府宫的对比,上院、下院一正一反两个碗状议会厅的对比,以及整个建筑体型直与曲、高与低、虚与实的对比,给人们留下了深刻而又强烈的印象。

图 12-13　巴西国会大厦

12.3.3　体型的转折处理

体型的组合往往也会受到建筑物所处的地形条件的影响,如十字、丁字或任意折角的街道路口或基地等。为了创造美好的建筑外观形象,建筑体型应与外部环境相协调,体现出特定地形条件的特点,因此,必须对建筑做相应的转折处理。常用的体型转折处理方法有以下几种:

（1）单一体型等高处理。对于单一的几何形体建筑,在体型组合时,可以顺着自然地形、道路的变化进行曲折变形和延伸,并保持原有体型的等高特点,形成简洁大方、自然流畅、完整统一的建筑外观体型。

（2）主、附体相结合处理。主、附体相结合处理,通常把建筑主体作为主要观赏面,以附体陪衬主体,从而形成主次分明、错落有致的体型外观。

（3）以塔楼为重点的处理。在道路转折、交叉的位置,常采用局部体量升高形成塔楼的形式,凸显其醒目、重要的位置,以突出建筑群体的重点,活跃建筑布局,并对整个建筑物及周围的道路、广场等环境起到控制的作用。

图12-14是几种特定地形条件下的体型组合示例。

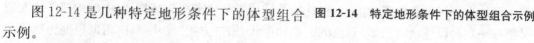

图 12-14　特定地形条件下的体型组合示例

12.3.4　体型的联系

对于各部分体量大小、高低、形状、方向各不相同的复杂建筑而言,各体量之间的联系和交接处理,对建筑使用功能、结构合理及体型的完整性均存在很大的影响。

体型组合中,当不同方向体量交接时一般应以正交为宜,尽量避免锐角交接的出现。一方面,锐角交接不利于内部空间的组合、使用和外部造型的处理;同时,对建筑结构、构造、施工等方面都将产生不利的影响。若受地形限制及其他特殊因素的影响无法避免锐角交接时,为了便于内部空间的组合和利用,应加以适当的修正和调整。

设计中,体型的联系方式常有以下两种:

(1) 直接连接。直接连接是不同体量的面直接相交,包括拼接和咬接两种形式(图 12-15(a)、(b))。它具有造型集中紧凑、简洁分明,内部交通短捷的特点。

(2) 间接连接。间接连接包括廊连接和连接体连接两种形式(图 12-15(c)、(d))。它具有建筑造型丰富、明快、舒展,各体量间相互独立、彼此影响较小,便于庭园组织等特点。

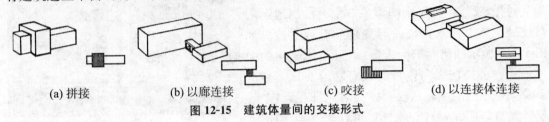

(a) 拼接　　　　　(b) 以廊连接　　　　　(c) 咬接　　　　　(d) 以连接体连接

图 12-15　建筑体量间的交接形式

12.4　建筑立面设计

建筑立面是表示房屋四周的外部形象,由许多构部件组成,包括门、窗、墙、柱、阳台、雨篷、檐口、屋顶、勒脚等。恰当地确定这些组成部分和构部件的比例、尺度、材质、色彩等,运用节奏韵律、虚实对比等手法,设计出体型完整、形式与内容统一的建筑立面,是立面设计的主要内容。

完整的立面设计,和平面、剖面设计一样,同样要考虑使用要求、结构构造等功能和技术方面的问题,但是从房屋的平面、立面、剖面来看,立面设计中通常关于造型和构图等美学问题涉及得较多,较为突出,故本节着重介绍立面建筑美观的问题。

立面设计时,不能孤立地处理每个面,应始终联系建筑实际空间的整体效果,与其他各面保持紧密联系,使每个立面之间相互协调,形成有机统一的整体。

12.4.1　尺度和比例

尺度是建筑物整体与局部构件给人感觉上的大小与真实大小之间的关系;比例是指长、宽、高三个方向之间的大小关系。尺度正确、比例协调是使建筑立面完整统一的重要方面。建筑立面的比例尺度和建筑功能、材料性能及结构类型紧密相关,但立面中的构部件从大到小又都有一定的设计余地。如门、窗的大小和形状,檐口方式、尺寸等,应借助尺度比例手法恰当地加以运用。图 12-16 为同一建筑采用不同尺度比例的立面效果比较。其中,图(a)的踏步和门的尺度有误,窗的比例不当;图(b)是经过修改和调整后的效果,各部分的尺寸大小、比例关系就比较协调了。

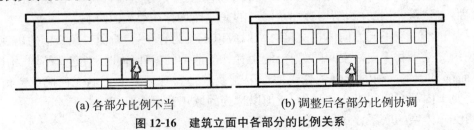

(a) 各部分比例不当　　　　　(b) 调整后各部分比例协调

图 12-16　建筑立面中各部分的比例关系

比例适当和尺度正确是使立面完整统一的重要因素。立面设计时,可以采用以相似的比例求得和谐统一的方法,如图 12-17 所示。用对角线重合、垂直及平行的方法使窗与窗、窗与墙面之间保持相同的比例关系,以相似比例求得和谐统一。

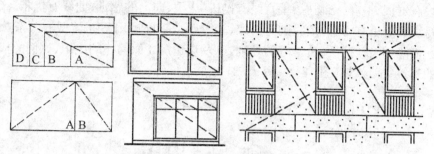

图 12-17 以相似比例求得和谐统一

12.4.2 立面的虚实与凹凸

立面虚实和凹凸是对比处理中常用的手法。建筑立面中的窗、空廊、门廊、凹进部分及实体中的透空部分等,常给人以通透、开敞、轻盈的感觉,可称为"虚";而立面中的实体部分,如墙、柱、栏板、屋顶等给人以厚重、封闭、坚实的感觉,称为"实"。立面设计中,这种虚实、凹凸,结合功能、结构、材料等特点加以巧妙处理,可给人带来强烈、深刻的印象(图 12-18、图 12-19)。

图 12-18 立面虚实与凹凸应用实例

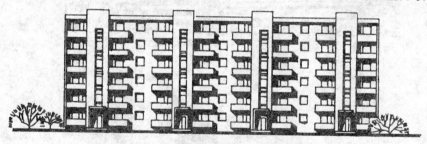

(a) 立面凹凸的光影效果

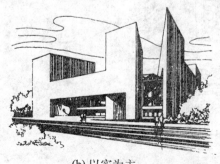

(b) 以实为主

(c) 以虚为主

图 12-19 立面虚实与凹凸关系示例

12.4.3 立面的线条处理

建筑中的柱、檐口、窗、窗间墙、遮阳、勒脚等在立面上形成了方向不同、长短不一的线条。水平线有舒展、平静、亲切感；垂直线有挺拔、庄重、向上的感觉；曲线有优雅、流动、飘逸的感觉。粗线有厚重有力感；细线则有精致、轻盈感。正确运用不同类型的线条，通过线条粗细、长短、横竖、曲直、凹凸、疏密等的处理，以及对建筑立面韵律的组织、比例的权衡，均能带来不同的建筑立面效果(图 12-20、图 12-21)。

(a) 垂直线条处理

(b) 水平线条处理

(c) 垂直与水平线条组合处理

图 12-20 立面中线条处理

图 12-21　立面中线条处理工程实例

12.4.4　色彩和材料质感

一般建筑主要是通过材料色彩的变化使其相互衬托与对比来增强建筑的感染力的。根据不同建筑物的标准，以及建筑所在地区的基地环境和气候条件，在材料和色彩选配上应有所区别。如粗糙的砖石表面显得较厚重；平滑的面砖表面则感觉较轻巧；暖色使人兴奋、热烈；冷色则感觉清新、宁静。

此外，立面色彩处理还应注意以下几点：一是色彩处理要注意统一与变化，并掌握好尺度。一般建筑外形应有主色调，局部运用其他色调易取得和谐效果。二是色彩应用应适应建筑性格。如医院建筑宜用给人安定、洁净感的白色或浅色调；商业建筑则常用暖色调，以增加热烈气氛。三是色彩运用应与建筑所处的人文、自然环境相协调。

如图 12-22 所示的德国黑天鹅堡，采用白墙蓝顶的鲜明外观形象，高耸的白色城堡，坐落在群山、湖泊之中，给人清新浪漫的艺术感受，犹如置身于人间仙境；图 12-23 为英国莫里斯红屋，红屋外观保持红砖原味风貌，不做任何粉饰，通过材料本身的质感展现出传统而朴素的英式田园风情，实用且唯美。

图 12-22　德国黑天鹅堡　　　　图 12-23　英国莫里斯红屋

12.4.5　重点与细部处理

在进行建筑立面设计时，为了突出立面中的重点，常根据建筑功能和造型的需要，对建筑物主要出入口、楼梯、形体转角及临街立面等进行重点处理，以吸引人们的视线，丰富立面效果。图 12-24 为北京大学图书馆入口处理实例。

建筑立面中还包括一些细部构件，如楼梯踏步、大门、台阶、窗台、遮阳、雨篷、檐口等，这

图 12-24　北京大学图书馆入口处

些部位虽然不是重点处理部位,但是由于位置特殊,处理不当亦会破坏建筑整体形象。图 12-25 为建筑立面细部处理实例。

图 12-25　建筑立面细部处理实例

复习思考题

1. 简述建筑体型和立面设计的要求。
2. 建筑构图的基本规律有哪些?用图示加以说明。
3. 建筑体型组合的方法有哪些?
4. 建筑立面处理方法有哪几种?

13 工业建筑概论

本章提要：本章主要讲述了工业建筑的特点、分类与设计要求；单层工业厂房的结构类型与构件组成；厂房的起重运输设备。

工业建筑是指从事各类工业生产及直接为生产服务的房屋，是工业建设必不可少的物质基础。从事工业生产的房屋主要包括生产厂房、辅助生产用房以及为生产提供动力的房屋，这些房屋称为"厂房"或"车间"。直接为生产服务的房屋是指为工业生产存储原料、半成品和成品的仓库，以及存储与修理车辆的用房，这些房屋均属工业建筑的范畴。

工业建筑物既为生产服务，也要满足广大工人的生活要求。随着科学技术和生产力的发展，工业建筑的类型越来越多，工业生产工艺对工业建筑提出的一些技术要求更加复杂，为此，工业建筑要符合安全适用、技术先进、经济合理的原则。

13.1 工业建筑的特点、分类和设计要求

13.1.1 工业建筑的特点

工业建筑与民用建筑一样，要体现适用、安全、经济、美观的建筑方针。在设计原则、建筑用料和建筑技术等方面，两者也有许多共同之处。但是因为工业建筑为生产服务的使用要求和民用建筑为生活服务的使用要求有很大差别，所以工业建筑又具有如下特点：

(1) 生产工艺布置决定了厂房建筑平面的布置和形状。厂房的建筑设计是在工艺设计人员提出的工艺设计图的基础上进行的，建筑设计在适应生产工艺要求的前提下，应为工人创造良好的生产环境并使厂房满足适用、安全、经济和美观的要求。

(2) 工业厂房内部空间的柱网尺寸大，结构承载力大。由于厂房中的生产设备多，体量大，各部门生产联系密切，并有多种起重运输设备通行，致使厂房内部具有较大的敞通空间。例如，有桥式吊车的厂房，室内净高一般均在 8 m 以上；有 6 000 t 以上水压机的锻压车间，室内净空可超过 20 m；厂房长度一般均在数十米以上，有些大型轧钢厂，其长度可多达数百米甚至超过千米。

(3) 厂房屋顶面积大，构造复杂。当厂房宽度较大时，特别是多跨厂房，为满足室内采光、通风的需要，屋顶上往往设有天窗；为了屋面防水、排水的需要，还应设置屋面排水系统（天沟及水落管）。这些设施均使屋顶构造复杂。由于设有天窗，室内大都无天棚，屋顶承重结构袒露于室内。

(4) 经常采用大型承重骨架。在单层厂房中，由于跨度大，屋顶及吊车荷载较重，多采用钢筋混凝土排架结构承重；在多层厂房中，由于楼面荷载较大，广泛采用钢筋混凝土骨架承重。对于特别高大的厂房，或有重型吊车的厂房，或高温厂房，或地震烈度较高地区的厂

房，宜采用钢骨架承重。

13.1.2　工业建筑的分类

工业生产的类别繁多，生产规模、生产工艺各不相同，工业建筑分类亦随之而异，设计中常按厂房的用途、内部生产环境及层数进行分类。

1) 按厂房的用途分类

(1) 主要生产厂房，是指工厂中进行产品加工的主要工序的厂房。例如，机械制造厂中的铸工车间、机械加工车间和装配车间等。这类厂房的建筑面积较大，职工人数较多，在全厂生产中占有重要地位，是工厂的主要厂房。

(2) 辅助生产厂房，是指不直接加工产品而只是为主要生产厂房服务的厂房建筑。例如，机械制造厂小的机修车间、工具车间等。

(3) 动力类厂房，是指为全厂提供能源和动力的厂房。如发电站、锅炉房、变电站、煤气站、乙炔站、氧气站、压缩空气站等。动力设备的正常运行对全厂生产特别重要，故这类厂房必须具有足够的坚固耐久性、妥善的安全措施和良好的使用质量。

(4) 储藏类建筑，是指用于储存各种原材料、成品或半成品的仓库。如机械厂包括金属料库、炉料库、砂料库、木料库、燃料库、油料库、易燃易爆材料库、辅助材料库、半成品与成品库等。由于所储物质的不同，在防火、防潮、防爆、防腐蚀、防变质等方面有不同要求，设计时应根据不同要求按有关规范、标准采取妥善措施。

(5) 运输类建筑，即车库，是指用于停放、检修各种交通运输设备的房屋。如汽车库、电瓶车库等。

(6) 其他建筑，如水泵房、污水处理站等。

中小型工厂或以协作为主的工厂，则仅有上述各类型房屋中的局部或个别厂房。有时一幢厂房中包括多种类型用途的车间或部门。

2) 按车间内部生产环境分类

(1) 热加工车间，是指在生产过程中散发出大量热量、烟尘等有害物的车间。如炼钢、轧钢、铸工、锻压车间等。

(2) 冷加工车间，是指在正常温度、湿度条件下进行生产的车间。如机械加工车间、装配车间等。

(3) 有侵蚀性介质作用的车间，是指在生产过程中会受到酸、碱、盐等侵蚀性介质的作用，对厂房耐久性有影响的车间。这类车间在建筑材料选择及构造处理上应有可靠的防腐蚀措施。如化工厂和化肥厂中的某些生产车间，冶金工厂中的酸洗车间等。

(4) 恒温恒湿车间，是指在温度、湿度波动很小的范围内进行生产的车间。这类车间室内除装有空调设备外，厂房也要采取相应的措施，以减少室外气候对室内温度、湿度的影响。如纺织车间、精密仪表车间等。

(5) 洁净车间，是指在无尘、无菌的超净条件下进行生产的车间，如集成电路车间、制药厂、精密仪表加工厂、食品厂、化妆品厂等。这类车间除通过净化处理将空气中的含尘量控制在允许范围以外，厂房围护结构应保证严密，以免大气灰尘的侵入，以保证产品质量。

3) 按厂房层数分类

(1) 单层厂房，广泛地应用于各种工业企业，占工业建筑总量的75%左右。它对具有大型生产设备、振动设备、地沟、地坑或重型起重运输设备的生产有较大的适应性,如冶金、机械制造等工业部门。

单层厂房按跨数的多少有单跨与多跨之分。多跨大面积厂房在实践中采用得较多,面积可达数万平方米,单跨用的较少。但有的生产车间,如飞机装配车间和飞机库,常采用跨度很大(36~100 m)的单跨厂房(图13-1)。

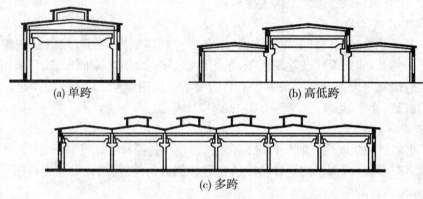

图13-1 单层厂房

单层厂房占地面积大,围护结构面积多(特别是屋顶面积多),各种工程技术管道较长,维护管理费高,厂房扁长,立面处理单调。

(2) 多层厂房,多层厂房对于垂直方向组织生产及工艺流程的生产企业和设备及产品较轻的企业具有较大的适应性,多用于轻工、食品、电子、仪表等工业部门。因其占地面积少,所以更适用于用地紧张的城市建厂及老厂改建。在城市中修建多层厂房还易于政府城市规划和建筑布局的要求(图13-2)。

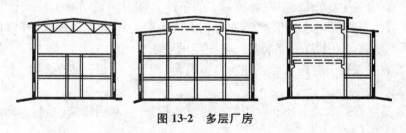

图13-2 多层厂房

(3) 混合层数厂房,即在同一厂房内既有单层又有多层,组合在一起满足生产工艺的要求(图13-3)。

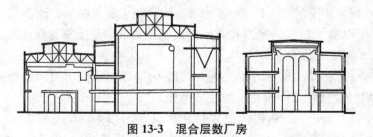

图13-3 混合层数厂房

13.1.3　工业建筑的设计要求

建筑设计人员根据设计任务书和工艺设计人员提出的生产工艺资料,设计厂房的平面形状、柱网尺寸、剖面形式、建筑体形;合理选择结构方案和围护结构的类型,进行细部构造设计;协调建筑、结构、水、暖、电、气、通风等各工种;正确贯彻"坚固适用、经济合理、技术先进"的原则。工业建筑设计应满足以下要求:

1) 满足生产工艺的要求

生产工艺是工业建筑设计的主要依据,生产工艺对建筑提出的要求就是该建筑使用功能上的要求。因此,建筑设计在建筑面积、平面形状、柱距、跨度、剖面形式、厂房高度以及结构方案和构造措施等方面必须满足生产工艺的要求。同时,建筑设计还要满足厂房所需的机械设备的安装、操作、运转、检修等方面的要求。

2) 满足建筑技术的要求

(1) 工业建筑的坚固性和耐久性应符合建筑的使用年限。由于厂房的永久荷载和可变荷载比较大,建筑设计应为结构设计的经济合理性创造条件,使结构设计更有利于满足安全性、适用性和耐久性的要求。

(2) 由于科技发展日新月异,生产工艺不断更新,生产规模逐渐扩大,因此,建筑设计应使厂房具有较大的通用性和改建、扩建的可能性。

(3) 应严格遵守《厂房建筑模数协调标准》(GBJ 6 - 1986)和《建筑模数统一协调标准》(GBJ 2 - 1986)的规定,合理选择厂房建筑参数(柱距、跨度、柱顶标高、多层厂房的层高等),以便采用标准的、通用的结构构件,使设计标准化、生产工厂化、施工机械化,从而提高厂房工业化水平。

3) 满足建筑经济的要求

(1) 在不影响卫生、防火及室内环境要求的条件下,将若干个车间(不一定是单跨车间)合并成联合厂房,对现代化连续生产极为有利。因为联合厂房占地较少,外墙面积相应减小,缩短了管网线路,使用灵活,能满足工艺更新的要求。

(2) 建筑的层数是影响建筑经济性的重要因素。因此,应根据工艺要求、技术条件等确定采用单层或多层厂房。

(3) 在满足生产要求的前提下设法缩小建筑体积,充分利用建筑空间,合理减少结构面积,提高使用面积。

(4) 在不影响厂房的坚固、耐久、生产操作、使用要求和施工速度的前提下应尽量降低材料的消耗,从而减轻构件的自重和降低建筑造价。

(5) 设计方案应便于采用先进、配套的结构体系和工业化施工方法。但是,必须结合当地的材料供应情况、施工机具的规格和类型以及施工人员的技能来选择施工方案。

4) 满足卫生及安全的要求

(1) 应有与厂房所需采光等级相适应的采光条件,以保证厂房内部工作面上的照度;应有与室内生产状况及气候条件相适应的通风措施。

(2) 能排除生产余热、废气,提供正常的卫生、工作环境。

(3) 对散发出的有害气体、有害辐射、严重噪声等应采取净化、隔离、消声、隔声等措施。

(4) 美化室内外环境,注意厂房内部的水平绿化、垂直绿化和色彩处理。

(5) 总平面设计时将有污染的厂房放在下风位。

13.2 厂房的结构类型与构件组成

13.2.1 单层工业厂房的结构类型

在厂房建筑中,支承各种荷载作用的构件所组成的承重骨架,通常称为结构。厂房结构按其承重结构的材料来分,有砖混结构、钢筋混凝土结构和钢结构等类型;按其主要承重结构的形式分,有排架结构、刚架结构和其他结构形式。

1) 砖混结构

主要指由砖墙(砖柱)、屋面大梁或屋架等构件组成的结构形式(图13-4)。由于其结构的各方面性能都较差,因此只能适用于跨度、高度、吊车荷载等较小以及地震烈度较低的单层厂房。

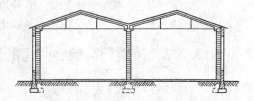

图13-4 单层砖混结构厂房

2) 排架结构

排架结构是目前单层厂房中最基本、最普遍的结构形式,有钢筋混凝土排架(现浇或预制装配施工)和钢排架两种类型。其受力特点是屋架与柱子之间为铰接,柱子与基础之间为刚接;其优点是排架结构的构件是分开制作而后装配形成厂房,有利于建筑设计标准化、构件工厂化和施工机械化,同时排架结构还具有一定的刚度和抗震能力。其中最常见的是装配式钢筋混凝土排架结构厂房,如图13-5所示。

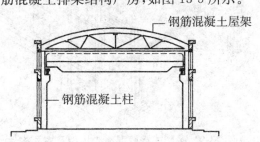 

图13-5 装配式钢筋混凝土排架结构

3) 刚架结构

刚架结构的受力特点是屋架与柱子合并为同一构件,其连接处为整体刚接,柱与基础为铰接。主要有装配式钢筋混凝土门式刚架结构和轻钢门式刚架结构(如图13-6所示),图13-7为刚架结构厂房示例。

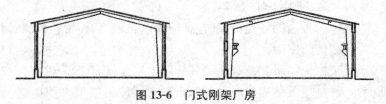

图13-6 门式刚架厂房

图 13-7 刚架结构厂房示例

图 13-8 网架结构厂房

4) 其他结构厂房形式

随着我国对型材特别是压型彩色钢板的推广使用,单层厂房中采用钢结构或轻钢屋盖等结构越来越多。在实际工程中,钢筋混凝土结构、钢结构等可以组合应用,也可以采用网架、折板、马鞍板和壳体等屋盖结构,如图 13-8 所示。

13.2.2 排架结构单层厂房的结构组成

在厂房结构中,以装配式钢筋混凝土横向排架结构最为常见。图 13-9 为装配式钢筋混凝土单层厂房排架结构的构件组成,它由横向排架、纵向连系构件及支撑系统组成。横向排架包括屋架(或屋面梁)、柱子和柱基础,它承受屋盖、天窗、外墙及吊车等荷载。纵向连系构件包括吊车梁、基础梁、连系梁、大型屋面板等,这些构件联系横向排架,保证了横向排架的稳定性,形成了厂房的整体骨架结构系统,并将作用在山墙上的风力和吊车纵向制动力传给柱子。此外,为了保证厂房的整体性和稳定性,还需设置支撑系统(包括屋盖支撑和柱间支撑)。

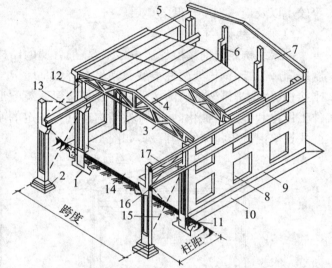
图 13-9 装配式钢筋混凝土排架及主要构件
1—柱子;2—基础;3—屋架;4—屋面板;5—端部柱;6—抗风柱;
7—山墙;8—洞口;9—勒脚;10—散水;11—基础梁;12—纵向外墙;
13—吊车梁;14—地面;15—柱间支撑;16—连系梁;17—圈梁

1) 屋盖结构

单层工业厂房的屋盖起围护与承重作用,它包括覆盖构件(屋面板或檩条、瓦等)和承重构件(屋架或屋面梁、天窗架等)两部分。如图 13-10 所示为各种形式的屋架。

屋面板——直接承受板上的各类荷载(包括屋面板自重、屋面覆盖材料、雪、积灰及施工检修等荷载),并将荷载传给屋架。

天窗架——承受天窗上的所有荷载并将其传给屋架或屋面梁。

屋架(屋面梁)——是屋盖结构中的主要承重构件。屋面板上方的荷载、天窗荷载等都由屋架(屋面梁)承担。屋架(屋面梁)一般搁置在柱子上。根据钢筋混凝土单层工业厂房结构设计规定,屋架下弦标高超过20 m的高大厂房,需要时应在围护结构中设抗风桁架,有檩的屋盖体系尚有檩条,柱距大于或等于12 m的厂房,当采用6 m的大型屋面板或跨度小于12 m的檩条时应设托架或托梁以支承柱距间的屋架。

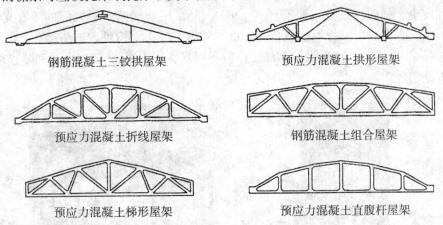

图 13-10　各种形式的屋架

2) 柱

(1) 排架柱。排架柱是厂房中的主要竖向承重构件,它承受屋盖、吊车梁、支撑、连系梁和外墙传来的荷载,并把这些荷载传给基础。同时,柱子也要承担由山墙传来的风荷载。通常有矩形柱、工字形柱、双肢柱等形式(图13-11)。

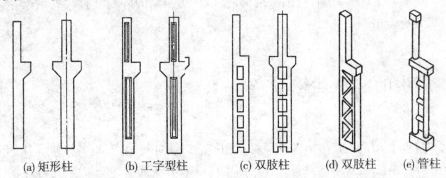

图 13-11　几种常见的预制钢筋混凝土柱

(2) 抗风柱。单层厂房山墙比较高大,需承受较大的水平风荷载,因此,单层排架结构中的自承重山墙处需设置抗风柱以增加墙体的刚度和稳定性。抗风柱的布置原则有两点:一是在柱的选型上一般与排架柱同型;二是沿山墙每隔6 m左右设置。抗风柱高度应达到屋架上弦高度,以方便柱与山墙及屋架间的连接。图13-12为单层排架结构厂房抗风柱设置示例。

3) 吊车梁

吊车梁通常放置在柱子的牛腿上,牛腿从柱子伸出。吊车梁的作用是承受吊车自重、吊车的起重量以及吊车启动、制动时产生的冲击力,并将这些荷载传给柱子。

4) 基础

基础的作用主要是承担柱子上的荷载以及部分墙体荷载,并把这些荷载传给地基。单层厂房的基础多采用独立式基础。

5）支撑系统

支撑系统构件目的在于加强厂房的空间整体刚度和稳定性，包括柱间支撑系统和屋盖支撑系统两大部分。其作用是加强厂房结构的空间刚度，保证结构构件在安装和使用阶段的稳定和安全。柱间支撑宜用交叉形式（图 13-13）。屋盖支撑由屋架间的垂直支撑、屋架下弦平面内的纵向水平支撑等组成。支撑虽非厂房中的主要构件，却是连系主要结构件以构成整体的重要组成部分，在设计和施工中应予以足够的重视，其布置方法和要求须符合有关设计规范的规定。

图 13-12　山墙抗风柱

图 13-13　柱间支撑

6）围护结构

单层厂房除骨架之外，还有外围护结构，包括厂房四周的外墙、门窗、连系梁等，它们主要起围护或分隔作用。

13.3　厂房的起重运输设备

在生产过程中，为装卸、搬运各种原材料和产品以及进行生产、设备检修等，厂房内需安装和运行各种类型的起重运输设备。在地面上可以采用电瓶车、汽车及火车等运输工具；在自动生产线上可采用悬挂式运输吊索或输送带等；在厂房上部空间可安装各种类型的起重吊车。起重吊车是目前厂房中应用最为广泛的一种起重运输设备，厂房剖面高度的确定和结构计算等都和使用吊车的规格、起重量等有着密切关系。常见的吊车有单轨悬挂吊车、梁式吊车和桥式吊车等。

13.3.1　单轨悬挂式吊车

如图 13-14 所示单轨悬挂式吊车由工字形钢单轨和起升部分组成。单轨悬挂在厂房的屋架下弦（或屋面大梁），起升部分装在单轨上，按单轨线路运行起吊重物。为了便于转弯运输，轨道可以布置成曲线形，曲率半径不小于 2.5 m。厂房屋顶应有较大的刚度和承载能力，以适应吊车荷载的作用。单轨悬挂式吊车在地面操作，按操纵方法有手动和电动两种。单轨悬挂式吊车适用于小型起重量的车间，一般起重量为 10～20kN。

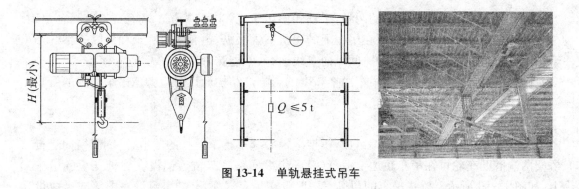

图 13-14 单轨悬挂式吊车

13.3.2 梁式吊车

如图 13-15 所示,梁式吊车由起重行车和支承行车的横梁组成,横梁断面为"工"字形,可作为起重吊车的轨道,横梁两端有行走轮,以便在吊车轨道上运行。梁式吊车包括悬挂式和支承式两种类型。悬挂式是在屋架承重结构下悬挂梁式钢轨,钢轨平行布置,在两行钢轨上设有可滑行的单梁;支承式是在排架柱上设牛腿,牛腿上安装吊车梁和钢轨,钢轨上设有可滑行的单梁,在单梁上安装滑行的滑轮组,这样在纵横两个方式均可起重。梁式吊车适用于小型起重量的车间,起重量一般不超过 50kN。

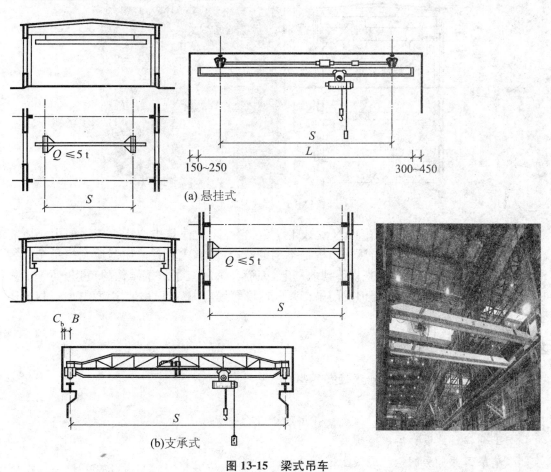

图 13-15 梁式吊车

梁式吊车亦分手动和电动的两种，手动的多用于工作不甚繁忙的场合或检修设备之用。一般厂房多用电动梁式吊车，可在吊车上的司机室内操纵，也有的可在地面操纵。不同于单轨悬挂式吊车，梁式吊车只能沿跨间纵向直线运行，不能转弯。

确定厂房高度时应考虑该吊车净空高度的影响。结构设计时应考虑吊车荷载的影响。

13.3.3 桥式吊车

桥式吊车由起重行车和桥架组成，桥架上铺有起重行车运行的轨道（沿厂房横向运行），桥架两端借助车轮可在吊车轨道上运行（沿厂房纵向），吊车轨道铺设在柱子支承的吊车梁上，如图13-16所示。桥式吊车的司机室一般设在吊车端部，有的也可设在中部或做成可移动的。根据工作班时间内的工作时间，桥式吊车的工作制分重级工作制（工作时间＞40％）、中级工作制（工作时间为25％～40％）和轻级工作制（工作时间为15％～25％）三种情况。

当同一跨度内需要的吊车数量较多，且吊车起重量相差悬殊时，可沿高度方向设置双层吊车，以减少吊车运行中的相互干扰。

设有桥式吊车时，应注意厂房跨度和吊车跨度的关系，使厂房的宽度和高度满足吊车运行的需要，并应在柱间适当位置设置通向吊车司机室的钢梯和平台。当吊车为重级工作制或有其他需要时，尚应沿吊车梁侧设置安全走道板，以保证检修和人员行走的安全。

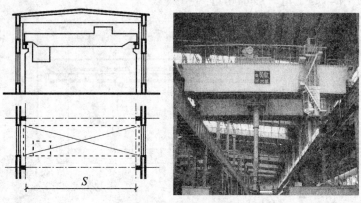

图13-16　桥式吊车

桥式吊车的起重范围可由50kN到数千千牛，它在工业建筑中应用很广。但由于所需净空高度大，本身又很重，故对厂房结构是不利的。因此，有人建议采用落地龙门吊车代替桥式吊车，这种吊车的荷载可直接传到地基上，因而大大减轻了承重结构的负担，便于扩大柱距以适应工艺流程的改革。但龙门吊车行驶速度缓慢，且多占厂房使用面积，所以目前还不能有效地替代桥式吊车。

复习思考题

1. 什么是工业建筑？工业建筑有哪些特点？
2. 工业建筑有哪些类型？
3. 厂内起重运输设备有哪三类？各适用于什么情况？
4. 工业建筑的设计要求有哪些？
5. 单层工业厂房的钢筋混凝土排架结构的组成是怎样的？

14 单层工业厂房建筑设计

本章提要：本章主要讲述了单层厂房的平面设计、柱网的选择、单层厂房的剖面设计以及定位轴线的标定。重点讲述单层厂房剖面设计及定位轴线标定。

14.1 厂房的平面设计及柱网选择

无论是单层厂房还是多层厂房，承重结构柱在平面上排列时所形成的网格就称为柱网。确定建筑物主要构件位置及标志尺寸的基准线称为定位轴线，平行于厂房长度方向的定位轴线称为纵向定位轴线，垂直于厂房长度方向的定位轴线称为横向定位轴线。纵向定位轴线间距称为跨度，横向定位轴线间距称为柱距。如图14-1所示。

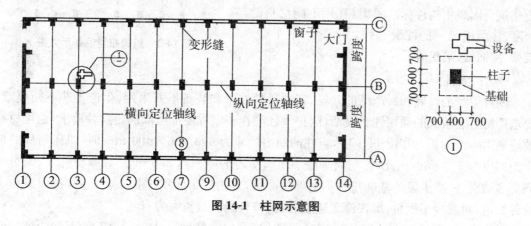

图 14-1 柱网示意图

柱网的选择实际上就是选择工业建筑的跨度和柱距。确定柱网尺寸的原则是：

(1) 满足生产工艺

跨度和柱距尺寸要满足生产工艺的要求，如设备的大小和布置方式，材料和加工件的运输，生产操作和维修所要求的空间等，如图14-2所示。

(2) 平面和结构经济合理

跨度和柱距的选择要使平面的利用和结构方案达到经济合理。如有的厂房由于工艺的要求扩大部分跨间距，常将个别大型设备越跨布置，采用抽柱方案，上部采用托架梁承托屋架(图14-3)。有的柱距满足不了生产工艺需要，可能形成大小柱距不同的现象，使设计和施工都比较复杂。因此，应根据实际情况分析比较其经济合理性，调整柱距，达到柱距统一。

另外，一些设备布置可以灵活的厂房，总宽度不变，适当加大厂房的跨度可节约生产面积，比较经济合理。此外，还要考虑技术条件、施工能力，以达到较好的综合效益。

(3) 符合《厂房建筑模数协调标准》

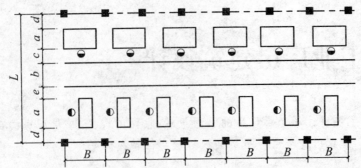

L-跨度；B-柱距；a-设备宽度；b-行车通道宽度；c-操作宽度；d-设备与轴线间距；e-安全距离

图 14-2　跨度尺寸与工业布置关系

满足《厂房建筑模数协调标准》(GBJ 6-86)的要求。该标准规定厂房的跨度在 18 m 和 18 m 以下时应采用扩大模数 30M 数列，分别为 6 m、9 m、12 m、15 m、18 m。在 18 m 以上时应采用 60M 数列，分别为 18 m、24 m、30 m、36 m。柱距采用 60M 数列，即 6 m 和 12 m。根据这些尺寸可按《工业建筑全国通用构件标准图集》选用不同材料的与跨度、柱距相统一的配套构件，如屋架、吊车梁、基础梁、屋面板、墙板等。

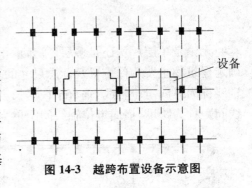

图 14-3　越跨布置设备示意图

(4) 扩大柱网

随着生产的发展和新产品的开发，新的科学技术和装备不断采用，生产工艺不断更新，要求厂房具有较大的通用性和灵活性，扩大柱网在一定程度上可以满足这种要求，也可更有效地利用生产面积。在图 14-1 中，当柱的断面尺寸为 600 mm×400 mm 时，机床与柱的最小距离应为 700 mm，因此，柱与周围最小距离所占的面积达 3.6 m²。如减少柱子，则可排列更多的设备，减少设备基础与柱子基础的冲突，节约厂房面积(图 14-4)。同时，因减少了构件数量，对减少工程量、加快施工速度、提高综合经济效益大为有利。

近年来，国内外扩大柱网的应用日益增加，常用的柱网有 12 m×12 m、15 m×12 m、18 m×12 m、24 m×12 m、18 m×18 m 和 24 m×24 m。

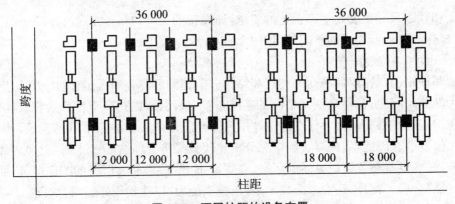

图 14-4　不同柱距的设备布置

14.2 厂房的剖面形式

14.2.1 厂房高度的确定

单层厂房的高度是指厂房地面至柱顶(或下撑式屋架下弦底面)的高度(图14-5)。剖面设计中通常将室内地面的相对标高定为±0.000,柱顶标高、吊车轨顶标高均是相对于室内地面标高而言的。

厂房高度的确定,应满足生产和运输设备的布置、安装、操作和检修所需的净高,以及满足采光和通风所需的高度。

1) 柱顶标高的确定
(1) 无吊车厂房高度的确定

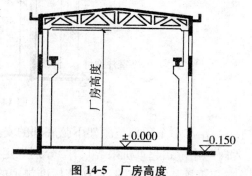

图14-5 厂房高度

在无吊车设备的厂房中,柱顶标高通常是按厂房内最高的生产设备及其安装、检修所需的净高两部分之和来确定的,同时也要考虑生产上对采光、通风和隔热的要求,柱顶高一般不宜低于4 m,且符合扩大模数3M的要求。

(2) 有吊车厂房高度的确定

在有吊车的厂房中,不同的吊车类型、布置层数对厂房的高度的影响也各异。如采用悬挂式吊车与采用桥式和梁式吊车对厂房高度的要求就有所不同。若同一跨间需要布置上下两层吊车时,厂房的高度也应相应增加。

① 轨顶标高的确定

轨顶标高(H_1)是由生产工艺人员根据生产工艺提出的,用公式表示为

$$H_1 = h_1 + h_2 + h_3 + h_4 + h_5$$

式中:h_1——生产设备、室内分隔墙或检修时所需的最大高度;

h_2——吊车与越过设备(或分隔墙)之间的安全距离(一般为400～500 mm);

h_3——被吊物件的最大高度;

h_4——吊索最小高度;

h_5——吊钩至轨顶面的最小距离(可根据产品目录查出)。

② 柱顶标高的确定

对于一般常用的桥式和梁式吊车来说,柱顶标高(±0.000至柱顶或下撑式屋架下弦的高度)由轨顶标高(±0.000至轨顶的高度H_1)和轨顶到柱顶的距离(H_2)两部分组成,单层厂房高度的确定如图14-6所示。用公式表示为

$$H = H_1 + H_2 = H_1 + h_6 + h_7$$

式中:H_1——轨顶标高;

H_2——轨顶至架下弦底部高度;

h_6——轨上尺寸,即轨顶至吊车小车顶部的高度;

h_7——吊车小车顶部至屋架下弦底部的安全距离。

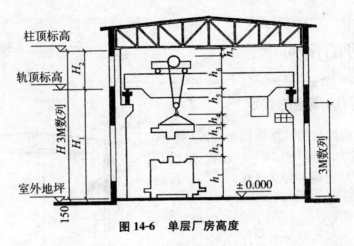

图 14-6　单层厂房高度

吊车小车顶部至屋架下弦底部的安全距离 h_7 依不同吊车起重量和跨度而定,按国家标准《通用桥式起重机限界尺寸》分别规定为 300 mm、400 mm、500 mm;轨上尺寸 h_6 亦与吊车起重量和跨度有关,应按该标准规定的尺寸和产品样本确定。

③ 牛腿顶面标高的确定

牛腿顶面的高度按 3M 数列考虑,当牛腿顶面的高度大于 7.2 m 时,按 6M 数列考虑。

根据上述各部分尺寸得出的厂房高度还必须符合《厂房建筑模数协调标准》的有关规定,即厂房地面至柱顶的高度应为扩大模数 3M 系列。

2)室内外地坪标高的确定

厂房室内地坪的绝对标高是在总平面设计时确定的。室内地坪的相对标高为±0.000。一般单层厂房室内外需设置一定的高差,以防雨水侵入室内。同时,为了运输车辆出入方便,室内外相差不宜太大,一般取 150~200 mm,且常常用坡道连接。当厂房内地坪有两个以上不同的地坪面时,定主要地坪面的标高为±0.000(图 14-7、图 14-8)。

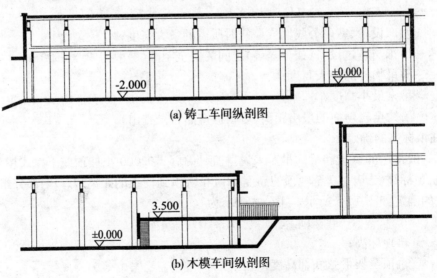

图 14-7　厂房垂直于等高线布置

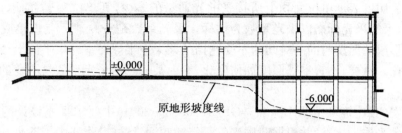

图 14-8　利用地形较低一端设置半地下室

3) 剖面空间的利用

工业建筑高度对造价有直接影响，因此在确定工业建筑高度时注意有效地利用和节约空间，这对降低建筑造价有重要意义。图 14-9(a)所示是铸铁车间砂处理工段纵剖面图，混砂设备高度为 10.8 m，在不影响吊车运行的前提下，把高大的设备布置在两榀屋架之间，利用屋顶空间起到缩短柱子长度的作用；图 14-9(b)所示为变压器修理车间工段剖面图，如把需要修理的变压器放在低于室内地坪的地坑内，也可起到缩短柱子长度的作用，避免了提高整个建筑的高度，减少空间浪费。

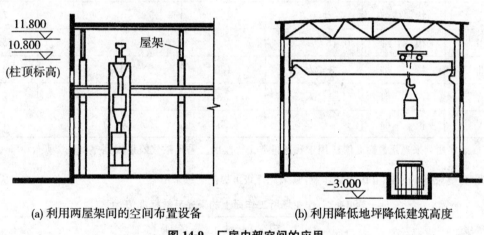

(a) 利用两屋架间的空间布置设备　　(b) 利用降低地坪降低建筑高度

图 14-9　厂房内部空间的应用

14.2.2　单层厂房的采光

厂房在生产过程中会散发出大量的余热、烟尘、有害气体、有侵蚀性的液体以及生产噪音等，这就要求厂房内应有良好的通风设施和解决采光要求。

1) 天然采光

白天，室内利用天然光线进行照明的叫做天然采光。由于天然光线质量好且节能，因此单层厂房大多采用天然采光，当天然采光不能满足要求时才辅以人工照明。

厂房采光的效果直接关系到生产效率、产品质量和工人的劳动卫生条件，是衡量厂房建筑质量标准的一个重要因素。因此，必须根据生产性质对采光的不同要求进行采光设计，合理确定窗的大小，选择窗的形式，进行窗的布置，使室内获得良好的采光条件。

天然采光的基本要求如下：

(1) 满足采光系数最低值的要求。室内工作面上应有一定的光线，光线的强弱是用照度来衡量的。照度表示单位面积上所接受的光通量的多少,其单位用勒克斯(lx)表示。在采光设计中,天然采光标准以采光系数为指标。采光系数是室内某一点直接或间接接受天空漫射光所形成的照度与同一时间内不受遮挡的该天空半球在室外水平面上产生的天空漫射光照度之比。这样,不管室外照度如何变化,室内某一点的采光系数是不变的。采光系数用 C 表示。

我国颁发的《建筑采光设计标准》(GB/T 50033－2001)中要求采光设计的光源以全阴天天空的扩散光作为标准,并根据我国光气候特征和视觉试验,将我国工业生产的视觉工作分为五级,提出了各级视觉工作要求的室内天然光照度最低值,规定了各级采光系数最低值。在采光设计中,为满足车间内部有良好的视觉工作条件,生产车间工作面上的采光系数最低值不应低于表中规定的数据(表 14-1、表 14-2)。

表 14-1　作业场所工作面上的采光系数标准值

采光等级	视觉作业分类		侧面采光		顶部采光	
	作业精确度	识别对象的最小尺寸(d/mm)	室内天然光照度(lx)	采光系数C(%)	室内天然光照度(lx)	采光系数C(%)
Ⅰ	特别精细	$d \leqslant 0.15$	250	5	350	7
Ⅱ	很精细	$0.15 < d \leqslant 0.3$	150	3	250	5
Ⅲ	精细	$0.3 < d \leqslant 1.0$	100	2	150	3
Ⅳ	一般	$1.0 < d \leqslant 5.0$	50	1	100	2
Ⅴ	粗糙	$d > 5.0$	25	0.5	50	1

注:① 表中所列采光系数标准值适用于我国Ⅲ类光气候区。采光系数值是根据室外临界照度为 5 000 lx 制定的。
② 亮度对比小的Ⅰ、Ⅱ级视觉作业,其采光等级可提高一级采用。

表 14-2　作业场所工作面上的采光系数标准值

采光等级	生产车间和工作场所名称
Ⅰ	精密机械和精密机电成品检验车间,精密仪表加工和装配车间,光学仪器精加工和装配车间,手表及照相机装配车间,工艺美术工厂绘画车间,毛纺厂造毛车间
Ⅱ	精密机械印工和装配车间,仪表检修车间,电子仪器装配车间,无线电元件制造车间,印刷厂排字及印刷车间,纺织厂精纺、织造和检验车间,制药厂制剂车间
Ⅲ	机械加工和装配车间,机修车间,电修车间,木工车间,面粉厂制粉车间,造纸厂造纸车间,印刷厂装订车间,冶金工厂冷轧、热轧车间,拉丝车间,发电厂锅炉房
Ⅳ	焊接车间,钣金车间,冲压剪切车间,铸工车间,锻工车间,热处理车间,电镀车间,油漆车间,配电所,变电所,工具库
Ⅴ	压缩机房,风机房,锅炉房,泵房,电石库,乙炔瓶库,氧气瓶库,汽车库,大、中件储存库,造纸厂原料处理车间,化工原料准备车间,配料间,原料间

(2) 满足采光均匀度的要求。采光均匀度指工作面上采光系数最低值与平均值之比。为了保证视觉舒适,要求室内照度均匀,可以根据车间的采光等级和采光口的位置来确定。

(3) 避免在工作区产生眩光。视野内出现比周围环境突出明亮刺眼的光叫眩光,它使人的眼睛感到不舒适或无法适应，影响视力。因此，应避免在工作区产生眩光。

2) 采光方式

根据采光口所在的位置不同，单层厂房的天然采光有侧面采光、顶部采光（即天窗采光）及侧面和顶部相结合的混合采光三种方式。如图 14-10 所示。

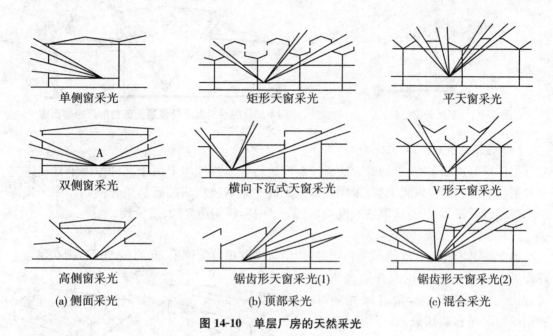

图 14-10 单层厂房的天然采光

(1) 侧面采光（图 14-10(a)）

将采光窗布置在外墙上的为侧面采光。侧面采光分单侧采光和双侧采光两种。根据侧窗在外墙上位置高低的不同，又分为高侧窗和低侧窗。一般中等照度要求的厂房，侧窗采光对水平工作面的有效进深为工作面至窗上缘高度的两倍。在可能的情况下，可采用双侧采光，这样有利于提高采光的均匀度。当采用侧面采光不能满足厂房的采光要求时，可采用混合采光方式或辅以人工照明来满足生产使用的要求。

由于侧面采光的方向性强，故布置侧窗时要避免可能产生的遮挡。如在设有吊车梁的厂房中，吊车梁处则没有必要开设侧窗（图 14-11）。因此，厂房侧窗一般是分上、下两段布置，形成高低侧窗，这有利于提高远窗点的照度，同时也有利于提高厂房天然采光的均匀度。侧窗窗台宜高于吊车梁面约 600 mm（图 14-12）。低侧窗窗台高度一般为工作面的高度，同时为便于开关，通常取 1 000 mm 左右，根据使用要求，可提高或降低。在设计多跨厂房时，应尽量利用厂房高低处开设高侧窗以解决厂房的采光问题（图 14-13）。

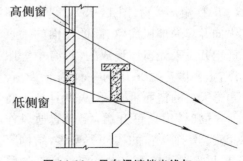

图 14-11 吊车梁遮挡光线与高低侧窗的位置关系

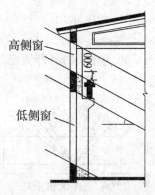

图 14-12 采光天窗的形式

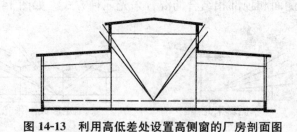

图 14-13 利用高低差处设置高侧窗的厂房剖面图

(2) 顶部采光(图 14-10(b))

当厂房为连续多跨,中间跨无法通过侧窗进行采光或侧墙上由于某种原因不开设采光窗时则在屋顶上开设采光天窗,采用顶部采光的方式解决厂房的天然采光问题。由于顶部采光是通过天窗实现的,所以它照度均匀、采光率高,但构造复杂、造价高。

(3) 混合采光(图 14-10(c))

由于侧窗采光的有效进深是有限的,当厂房深度超过侧窗采光的有效进深,则在屋顶上开设天窗加以补充,采用混合采光的方式解决天然采光问题。混合采光同时利用侧面采光和顶部采光,所以一般适用于仅用单一的侧面采光或顶部采光不能满足照度要求的厂房。

3) 采光天窗的形式和布置

(1) 采光天窗的形式

采光天窗有多种形式,常见的有矩形、梯形、三角形、M 形、锯齿形及横向天窗、平天窗等(图 14-14)。

① 矩形天窗(图 14-15)。是沿跨间纵向升起局部屋面,在高低屋面的垂直面上开设采光窗而形成的,具有中等照度,是我国广泛采用的一种采光天窗。矩形天窗的窗面垂直,积灰少且易于防水。同时,窗扇可开启,能兼起通风作用。但矩形天窗的构件类型多,结构复杂,抗震性能较差。为了获得良好的采光效果,矩形天窗的宽度 b 宜等于厂房跨度 L 的 $1/3 \sim 1/2$,天窗的高宽比 h/b 宜为 0.3 左右,不宜大于 0.45。

② M 形天窗(图 14-16)。是将矩

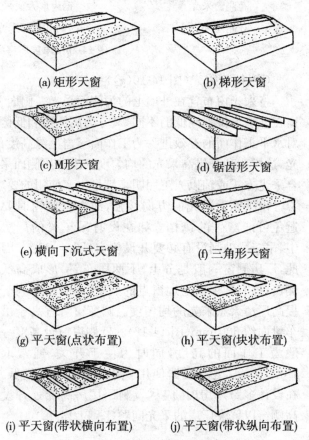

图 14-14 采光天窗的形式

形天窗的屋盖由两侧向内倾斜而形成的。由于屋盖的倾斜,其内表面可增强光线的反射作用,同时,倾斜的屋盖可以引导气流。所以,M形天窗较矩形天窗的采光、通风都更有利。但M形天窗构造较矩形天窗复杂,天窗屋面需设置内排水,或形成纵向长天沟外排水。

③ 锯齿形天窗(图14-17)。由于某些工厂生产工艺的特殊要求,如纺织厂、印染厂等,为了使纱不易断头,厂房内要保持一定的温湿度,因而要有空调设备。这就要求室内光线稳定、均匀,无直射光进入室内使增加空调设备负荷,而将厂房屋盖做成锯齿形,窗设于垂直面上(有时也做成稍倾斜面)。这种形式,厂房工作面不仅能得到天窗透入的光线,而且还由于屋顶内表面的反射增加了反射光,因此采光效率较矩形天窗高。窗扇可开启,能兼起通风作用,窗口一般朝北或接近北向,无直射阳光进入室内,或射进的阳光很少,在炎热地区对防止室内过热也有好处。

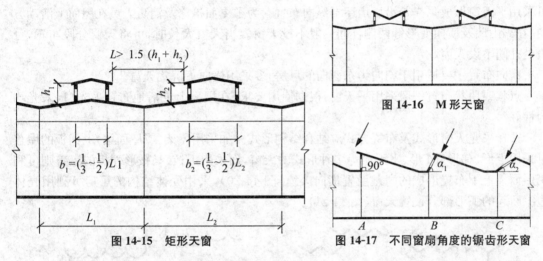

图 14-15 矩形天窗

图 14-16 M形天窗

图 14-17 不同窗扇角度的锯齿形天窗

④ 横向下沉式天窗(图14-18)。当厂房采光要求较高和受建设地段条件的限制不得不将厂房纵轴南北向布置时,为避免西晒和夏季室内过热,可采用横向天窗。横向下沉式天窗是将相邻柱距的整跨屋面板上下交替布置在屋架的上下弦上,利用屋面板位置的高差(即屋架上下弦的高差)作采光口而形成的。其优点是布置灵活,造价较矩形天窗低,因此这种天窗在实际中也常被采用;缺点是窗扇形式受屋架限制、不标准或构造复杂,厂房纵向刚度较差。

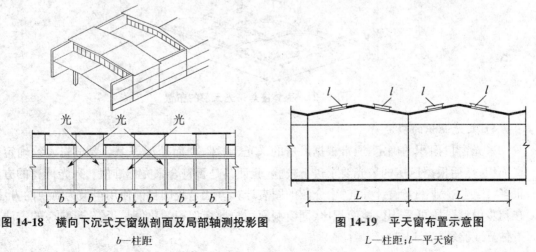

图 14-18 横向下沉式天窗纵剖面及局部轴测投影图
b—柱距

图 14-19 平天窗布置示意图
L—柱距;l—平天窗

⑤ 平天窗(图 14-19)。平天窗是在屋盖上直接设置水平或接近水平的采光口而形成的,它可以成点、成块或成带布置。平天窗的采光效率高,为矩形天窗的 2~2.5 倍,并具有布置灵活、构造简单、施工方便、造价低等优点,在冷加工车间的设计中应用较广泛;其缺点是对于太阳光直射车间易产生眩光,采暖地区玻璃易结露而造成水滴下落,玻璃表面易积尘或积雪,玻璃破碎落下伤人,以及平天窗一般不起通风作用等。

(2) 采光天窗的布置

采光天窗的布置须结合天窗形式、屋盖结构和构造、厂房朝向、生产要求等因素综合考虑,概括起来有纵向布置(天窗带平行于屋脊)、横向布置(天窗带垂直于屋脊)、点状或块状布置等几种形式(图 14-14)。

纵向布置主要适用于朝向为南北向的厂房,多采用矩形、M 形、梯形、锯齿形等天窗,也可采用平天窗做成采光带沿厂房屋脊纵向布置。为了屋面检修及消防人员在屋面上活动方便,在靠山墙及横向变形缝两侧柱间一般不设天窗。当天窗太长时,可将天窗分段布置,分段处柱间不设天窗。

横向布置主要适用于朝向为东西向的厂房,多采用横向下沉式天窗。

点状或块状布置一般采用平天窗,根据使用要求,在屋面上灵活地布置采光口,采光均匀性好。

选择采光天窗形式及布置方式应结合结构形式。如采用屋架(或屋面梁)上铺板的屋盖可采用矩形、梯形、M 形、平天窗等多种形式的天窗,而采用折板、马鞍形壳板的屋盖则可利用屋面板上下布置形成的高差设置横向天窗(图 14-20),采用壳体结构的厂房可利用壳体边缘凸起的弧形部分设置天窗(图 14-21)。

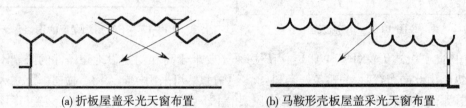

(a) 折板屋盖采光天窗布置   (b) 马鞍形壳板屋盖采光天窗布置

图 14-20 结合屋盖结构形式设置天窗

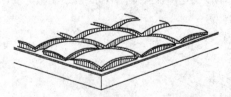

图 14-21 壳体屋盖采光天窗的布置

4) 采光面积的确定

采光窗口面积的确定,通常根据厂房的采光、通风、立面处理等综合要求先大致确定窗口面积,然后根据厂房的采光要求进行校验,验证其是否符合采光标准值。采光计算的方法很多,《工业企业采光设计标准》中介绍的图表计算方法是我国目前使用得最为简便的方法。在初步设计阶段可采用窗地面积比(即窗洞面积与地板面积的比值是否符合要求)的方法进行估算或验算(表 14-3)。

表 14-3 窗地面积比

采光等级	采光系数最低值（%）	单侧窗	双侧窗	矩形天窗	锯齿形天窗	平天窗
Ⅰ	5	1/2.5	1/2.0	1/3.5	1/3	1/5
Ⅱ	3	1/2.5	1/2.5	1/3.5	1/3.5	1/5
Ⅲ	2	1/3.5	1/3.5	1/4	1/5	1/8
Ⅳ	1	1/6	1/5	1/8	1/10	1/15
Ⅴ	0.5	1/10	1/7	1/15	1/15	1/25

14.2.3 自然通风

1）自然通风的基本原理

单层厂房自然通风是利用空气的热压和风压作用进行的。

（1）热压通风

在生产过程中，厂房内的工业炉、机械加工生产的热加工件等热源排出大量热量，使厂房内部的温度升高，室内的空气体积膨胀，密度减小而上升。室外冷空气温度相对较低，密度较大，便由外围护结构下部的门窗洞口进入室内，加速了室内热空气的流动。当厂房上部和下部门窗敞开时，室内的空气会形成良好的通风循环，将室内空气从上部窗口排出。这种利用室内外冷热空气产生的压力差进行通风的方式，称为热压通风，如图 14-22 所示。

（2）风压通风

当室外风吹向建筑物时，遇到建筑物受阻，空气压力发生变化。建筑物迎风面的空气压力超过大气压力，形成正压区（+）；建筑物背风面的空气压力小于大气压力，形成负压区（−），如图 14-23 所示。如在正压区设进风口，在负压区设排风口，风从进风口进入室内，将室内的热空气或有害气体从排风口排至室外，达到通风换气的目的，这种利用风产生的空气压力差进行通风的方式称为风压通风。

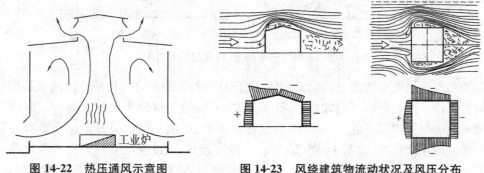

图 14-22　热压通风示意图　　　图 14-23　风绕建筑物流动状况及风压分布

在剖面设计中，应根据自然通风的热压原理和风压原理正确布置进风口和排风口的位置。尽管各个风向的频率不等，但是风可以从任何方向吹来。所以，建筑设计应考虑各个风向都有进风口和排风口，合理组织气流，达到通风换气的目的。为了增大厂房内部的通风量，应着重考虑主导风向的影响，特别是夏季主导风向的影响。

2) 冷加工车间的自然通风

夏季冷加工车间的热源主要是来自人体的散热、设备散热和围护结构向室内的散热。由于冷加工车间室内外温差较小，因此在剖面设计中主要是合理布置侧向进出风口位置，选择让风有效地进入排风口的形式与构造，合理组织气流路径，形成穿堂风。实践证明，限制厂房宽度并使其长轴垂直夏季主导风向、在侧墙上开窗、在纵横贯通的通道端部设大门、室内少设和不设隔墙等措施对组织穿堂风都是有利的。但穿堂风一般只适用于厂房通道和厂房不宽的情况，当厂房较宽时可辅助设置排风扇或在未设天窗的厂房屋面设置通风屋脊。

3) 热加工车间的自然通风

热加工车间除有大量热量外，还可能有灰尘，甚至存在有害气体。因此，热加工车间更要充分利用热压并合理地设置进风口和排风口，有效地组织自然通风。

（1）进风口、排风口的布置

对热车间，可利用热压通风和风压通风共同工作，选择好进风口和排风口，组织厂房通风。一般情况下，进风口与出风口的高差越大排风效果就越好。

热车间主要利用低侧窗进风，利用高侧窗或天窗排风，进风口高度的确定要结合厂房所在地的气候特点。在炎热地区的厂房，可尽量减小低侧窗的窗台高度，提高排风效果，如图14-24(a)所示。在冬季寒冷地区，可设上下两排低侧窗，冬季关闭下排窗，开启上排窗，避免冷风直吹室内人体；夏季开启下排窗，关闭上排窗，增大进风口与出风口的高差，如图14-24(b)所示。

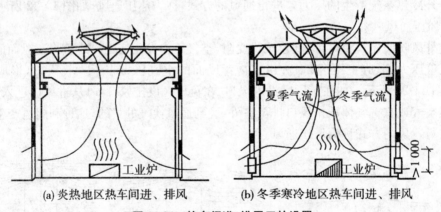

(a) 炎热地区热车间进、排风　　(b) 冬季寒冷地区热车间进、排风

图 14-24　热车间进、排风口的设置

为了提高热加工车间的通风能力和便于窗扇启闭，低侧窗宜采用平开窗或立旋窗，尤其以立旋窗最佳。因为它的开启角度可随风向来调节，能得到最大的通风量，如图14-25所示。排风口的位置应尽可能高一些，一般设在柱顶处，如图14-26(a)所示。当设有天窗时，天窗位置一般在屋脊处，如图14-26(b)所示。另外，天窗宜设在散发热量较大的设备上方，如图14-26(c)所示，这样可缩短通风距离，较快地排除热空气。外墙中间部分的侧窗一般不按进、排风口设计，以免影响下部进风口的进气量和气流速度，但应按采光窗设计。为了开关方便，中侧窗常采用固定窗或中悬窗，很少采用上悬窗。

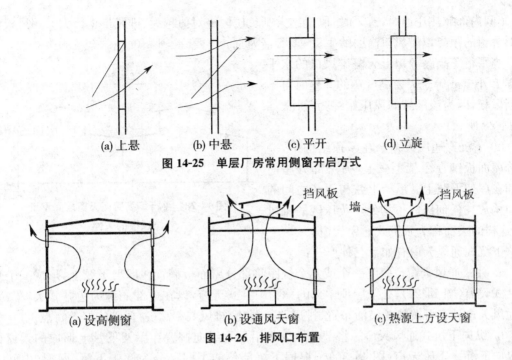

图 14-25 单层厂房常用侧窗开启方式

图 14-26 排风口布置

(2) 通风天窗的选择

无论是多跨还是单跨热车间,仅靠高低侧窗通风往往不能满足车间的生产要求,一般都在屋顶上设置天窗。以通风为主的天窗称为通风天窗。通风天窗的类型主要有矩形通风天窗和下沉式通风天窗两种。

① 矩形通风天窗。热车间的自然通风是在风压和热压的共同作用下进行的,其空气流动出现三种状态:

当风压小于热压时,不仅背风面排风口可以排气,而且迎风面排风口也能排气。但迎风面受风压的影响,排风口排气量减少,如图 14-27(a)所示。

当风压等于热压时,迎风面排风口不能排气,但背风面排风口照样能排气,如图 14-27(b)所示。

图 14-27 风压和热压共同作用下的三种气流状况示意图

当风压大于热压时,迎风面的排风口不但不能排气,反而出现倒灌现象,阻碍室内空气的热压排风,如图 14-27(c)所示。为了避免这种现象,一般是在天窗侧面设置挡风板,当风吹到挡风板上时产生气流飞跃,在天窗口与挡风板之间形成负压区,保证天窗在任何风向的情况下都能稳定排风。这种带挡风板的矩形天窗称为矩形通风天窗或避风天窗。在无风时,车间内部靠热压通风,有风时,风速越大则负压区绝对值越大,排风量也增大。挡风板至矩形天窗的距离以排风口高度的1.1～1.5倍为宜。

当平行等高跨两矩形天窗排风口的水平距离L小于或等于天窗高度h的5倍时可不设挡风板,因为该区域的风压始终为负压,如图14-28所示。

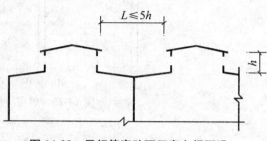

图14-28　平行等高跨两天窗之间不设挡风板的条件

② 下沉式通风天窗。在屋顶结构中,一部分屋面板铺在屋架上弦上,另一部分屋面板铺在屋架下弦上。屋架上弦与下弦之间的空间构成在任何风向下均处于负压区的排风口,这样的天窗称为下沉式通风天窗。

下沉式通风天窗有如下三种形式:

a. 井式通风天窗。每隔一个或几个柱距将部分屋面板搁置在屋架下弦上,形成一个个的井式天窗(图14-29),处于屋顶中部的称为中井式天窗,设在边部的称为边井式天窗。井式通风天窗具有可按热源灵活布置、排风路径短捷、排风效率高、避风性能好等特点。

b. 纵向下沉式通风天窗。将部分屋面板沿厂房纵向搁置在屋架下弦上形成的天窗称为纵向下沉式通风天窗(图14-30)。根据下沉部位的不同又分为两侧下沉、凹形(中间下沉)、双凹形三种形式,其中以两侧下沉式的通风性能较好,排水也较简单,使用比其他两种普遍。

图14-29　井式通风天窗

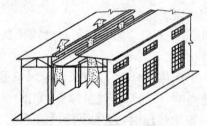

图14-30　纵向下沉式通风天窗

c. 横向下沉式通风天窗。沿厂房横向将一个柱距内的屋面板全部搁置在屋架下弦上所形成的天窗称为横向下沉式通风天窗。这种天窗采光均匀,排气路线短,适用于对采光、通风都有要求的热车间。在东西朝向的车间中,采用横向下沉式天窗可减少直射阳光对厂房的影响。

4) 开敞式厂房

所谓开敞式是指外墙不设窗扇而用挡雨板代替的厂房。

开敞式厂房进、排气口的气流阻力系数小,通风量大,室内外空气交换迅速、散热快、通风降温显著,构造简单,造价比较低,因此在我国南方炎热地区的某些高温车间(如炼钢、轧钢、锻工等车间)及加工精度要求不是很高的某些冷作车间(如铆焊车间)有不少应用实例。开敞式厂房的自然通风效果虽好,但也有它的缺点,如防寒、防雨、防风沙能力差;风速很大时,室内烟尘弥漫,通风不稳定等。按照开敞式厂房的开敞部位可分为四种形式,如图14-31所示。

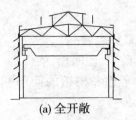 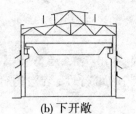 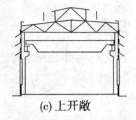 

(a) 全开敞　　　　(b) 下开敞　　　　(c) 上开敞　　　　(d) 部分开敞

图 14-31　开敞式厂房剖面图

全开敞式厂房开敞面积大,通风、排热、排烟快。

下开敞式厂房排风量大,排烟稳定,可避免风倒灌,但冬季冷空气直接吹至人体。

上开敞式厂房冬季冷风不会直接吹至人体,但风大时会出现倒灌现象。

部分开敞式厂房有一定的通风和排烟效果。

在设计开敞式厂房时,应根据厂房的生产特点、设备布置、当地风速、夏季主导风向、设计挡雨角等因素来确定采用哪种形式。挡雨板的出挑长度和垂直间距应根据设计挡雨角度值来确定。挡雨板的尺寸根据所采用的建筑材料及构造方案来确定。图 14-32 中设计挡雨角 β 是根据生产要求、雨滴大小及风速来确定的。防溅板高度一般为 200 mm。

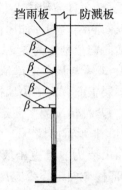

图 14-32　挡雨板间距与设计飘雨角 β 的关系

14.3　单层厂房的定位轴线

单层工业厂房定位轴线是确定工业建筑主要承重构件的平面位置及其标志尺寸的基准线,同时也是工业建筑施工放线和设备安装定位的依据。确定工业建筑定位轴线必须执行《厂房建筑模数协调标准》(GBJ 6-86)中的有关规定。

厂房的定位轴线分为横向和纵向两种。与横向排架平面平行的称为横向定位轴线;与横向排架平面垂直的称为纵向定位轴线。如图 14-33 所示。

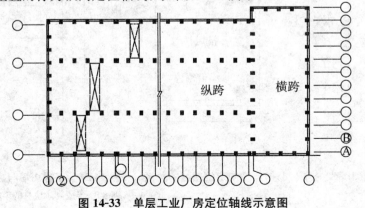

图 14-33　单层工业厂房定位轴线示意图

14.3.1 横向定位轴线

横向定位轴线标定了纵向构件的标志端部,如吊车梁、连系梁、基础梁、屋面板、墙板、纵向支撑等。确定横向定位轴线应主要考虑工艺的可行性、结构的合理性和构造的简单可行性。

1) 柱与横向定位轴线的关系

除两顶端的边柱外,中间柱的截面中心线与横向定位轴线重合,而且屋架中心线也与横向定位轴线重合(图14-34),纵向的结构构件如屋面板、吊车梁、连系梁的标志长度皆以横向定位轴线为界。

2) 山墙与横向定位轴线的关系

单层工业厂房的山墙按受力情况分为非承重山墙和承重山墙,两种情况的横向定位轴线是不同的。

(1) 非承重山墙

当山墙为非承重山墙时,山墙内缘与横向定位轴线重合,端部柱截面中心线应自横向定位轴线向内移动 600 mm (图14-35)。端柱之所以内移 600 mm,是由于山墙内侧设有抗风柱,抗风柱上柱需与屋架上弦连接的构造需要,而且可以使其与横向变形缝处定位轴线划分相一致,有利于结构构件的协调统一。

(2) 承重山墙

当山墙为承重山墙时,承重山墙内缘与横向定位轴线的距离应取砌体块材的半块或半块的倍数,或者取墙体厚度的一半(如图14-36所示),以保证构件在墙体上有足够的结构支承长度。

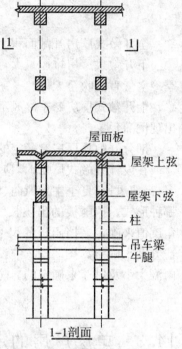

图 14-34 中柱与横向定位轴线的关系

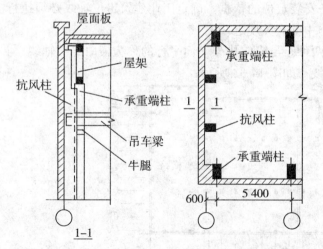

图 14-35 非承重山墙处柱子(端柱)与横向定位轴线的关系

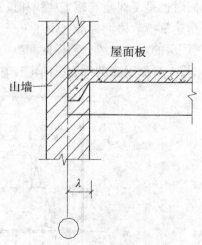

图 14-36 承重山墙与横向定位轴线

λ—墙厚的一半或砌体块材的半块长、半块长的倍数

3) 横向伸缩缝、防震缝部位柱与横向定位轴线的关系

横向伸缩缝处一般采用双柱处理,为保证缝宽的要求,此处应设两条定位轴线,缝两侧柱截面中心均应自定位轴线向两侧内移 600 mm(图 14-37)。两条定位轴线之间的距离称为插入距,用 a_i 表示。在这里,插入距 a_i 等于变形缝宽 a_e。

14.3.2 纵向定位轴线

纵向定位轴线标定横向构件屋架或屋面大梁标志尺寸的端部位置,也是大型屋面板边缘的位置。

工业厂房纵向定位轴线的确定原则是结构合理、构件规格少、构造简单,在有吊车的情况下,还应保证吊车运行和检修的安全需要。

1) 外墙、边柱与纵向定位轴线的关系

在有吊车的工业建筑中,《厂房建筑模数协调标准》(GBJ 6-86)中对吊车规格与工业建筑跨度的关系为

$$L_k = L - 2e$$

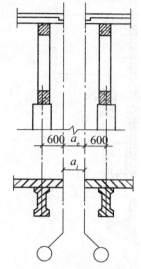

图 14-37 伸缩缝处双柱处理

式中:L_k——吊车跨度,即吊车两轨道中心线之间的距离(m);

L——工业建筑跨度(m);

e——吊车轨道中心线至纵向定位轴线的距离(mm),一般取 750 mm,当吊车起重量大于 50 t 或者为重级工作制需设安全走道板时取 1 000 mm(图 14-38)。

由图 14-38 可知:

$$e = h + C_b + B$$

式中:h——上柱截面宽度(mm),根据工业建筑高度、跨度、柱距及吊车起重量确定;

B——吊车桥架端部构造长度(mm),即吊车轨道中心线至吊车端部外缘的距离;

C_b——吊车端部外缘至上柱内缘的安全净空尺寸(mm),当吊车起重量 $Q \leqslant 50$ t 时 $C_b \geqslant 80$ mm,当 $Q \geqslant 75$ t 时 $C_b \geqslant 100$ mm,C_b 值主要考虑吊车和柱子的安装误差以及吊车运行中的安全间隙。

由于吊车起重量,工业厂房柱距、跨度不同,是否有安全走道板等条件,因此边柱外缘纵向定位轴线的关系有以下两种情况:

(1) 封闭式结合

封闭式结合中,上柱宽度 h 一般为 400 mm、500 mm;h_0 为轴线至上柱内缘的距离;C_b 为上柱内缘至吊车桥架端部的缝隙宽度(安全间隙),B 为桥架端头长度,其值随吊车起重量的大小而异。

在无吊车或只有悬挂式吊车,以及柱距为 6 m,桥式吊车起重量 $Q \leqslant 20$ t/5 t 条件下的工业厂房建筑中,一般采用封闭结合式定位轴线(图 14-39),即边柱外缘与纵向定位线重合。此时相应的参数为:$B \leqslant 260$ mm,$C_b \geqslant 80$ mm,$h \leqslant 400$ mm,$e = 750$ mm,则 $e - (h + B) \geqslant 90$ mm,满足 $C_b \geqslant 80$ mm 的要求。

在封闭式结合中,屋面板采用标准板,不需设补充构件,具有构造简单、施工方便等优点。

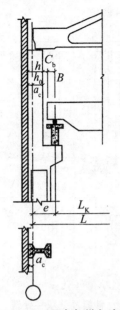
图 14-38　吊车与纵向边柱定位轴线的关系

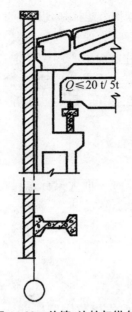
图 14-39　外墙、边柱与纵向定位轴线的关系（封闭式结合）

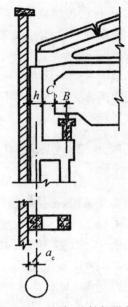
图 14-40　外墙、边柱与纵向定位轴线的关系（非封闭式结合）

(2) 非封闭式结合

在柱距为 6 m、吊车起重量 $Q \geqslant 30$ t/5 t 的工业厂房中，边柱外缘与纵向定位轴线之间有一定的距离，如图 14-40 所示。

当 $Q \geqslant 30$ t/5 t 时，$B=300$ mm，$C_b=80$ mm；吊车较重或柱距较大，故 $h=400$ mm；如不设安全走道板，$e=750$ mm。则 $C_b=e-(h+B)=50$ mm，不能满足上述 $C_b \geqslant 80$ mm 的要求。

由于 B 和 h 值均较 $Q \leqslant 20$ t/5 t 时大，如继续采用封闭式结合已不能满足吊车运行所需的安全间隙要求。解决问题的办法是将边柱外缘自定位轴线向外移动一定距离，这个距离称为联系尺寸，用 a_c 表示。为了减少构件类型，a_c 值须取 300 mm 或 300 mm 的倍数。当外墙为砌体时，可为 50 mm 或 50 mm 的倍数。

在非封闭结合时，按常规布置屋面板只能铺至定位轴线处，与外墙内缘出现了非封闭的构造间隙，需要非标准的补充构件板。非封闭式结合构造复杂，施工较为麻烦。

2) 中柱与纵向定位轴线的关系

在多跨工业厂房建筑中，中柱有等高跨和不等高跨（习惯上称高低跨）两种情况。

(1) 等高跨中柱与纵向定位轴线

当工业厂房为等高跨时，中柱通常采用单柱，其柱截面中心与纵向定位轴线相重合（图 14-41），此时上柱截面一般取

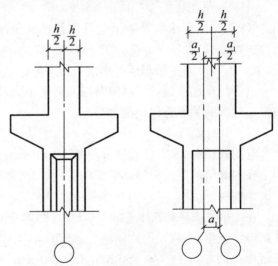
图 14-41　等高跨中柱与纵向定位轴线的关系
h—上柱高度

600 mm,以满足屋架或屋面大梁的支承长度,且上柱不带牛腿,构造简单。

(2) 高低跨中柱与纵向定位轴线的关系

① 设一条定位轴线。当高低跨处采用单柱时,如果高跨吊车起重量为 $Q \leqslant 20$ t/5 t,则高跨上柱外缘和封墙内缘与纵向定位轴线重合(图 14-42(a))。

② 设两条定位轴线。当高跨吊车起重量较大,如 $Q \geqslant 30$ t/5 t,其上柱外缘与纵向定位轴线不能重合时,应采用两条定位轴线。高跨轴线与上柱外缘之间设联系尺寸 a_c,低跨定位轴线与高跨定位轴线之间的插入距离为插入距 a_i,为简化屋面构造,其定位轴线应自上柱外缘、封墙内缘通过,即插入距 a_i 等于联系尺寸 a_c(图 14-42(b))。此时同一柱子的两条定位轴线分属高低跨。当封墙采用墙板结构时可按图 14-42(c)、(d)处理。

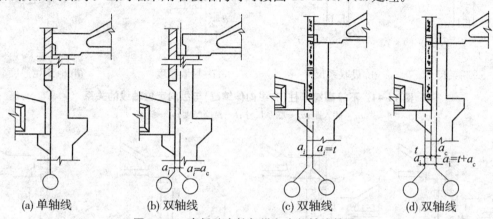

(a) 单轴线　　(b) 双轴线　　(c) 双轴线　　(d) 双轴线

图 14-42　高低跨中柱与纵向定位轴线的关系

a_i—插入距;a_c—联系尺寸;t—封墙厚度

3) 纵向伸缩缝、防震缝处柱与纵向定位轴线的关系

当工业厂房宽度较大时,沿宽度方向须设置纵向伸缩缝,以解决横向变形的问题。等高工业厂房需设置纵向伸缩缝时可采用单柱并设两条定位轴线。伸缩缝一侧的屋架或屋面梁搁置在活动支座上(图 14-43),此时,$a_i = a_e$。不等高工业厂房设置纵向伸缩缝时一般设置在高低跨处。

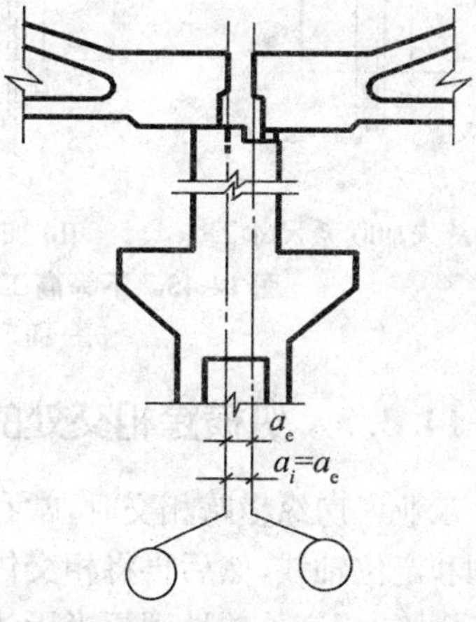

当采用单柱处理时,低跨的屋架或屋面梁可搁置在设有活动支座的牛腿上,高低跨处应采用两条纵向定位轴线,其间设插入距 a_i。此时插入距 a_i 在数值上与伸缩缝宽度 a_e、联系尺寸 a_c、封墙厚度 t 的关系如图 14-44 所示。

图 14-43　等高跨中柱单柱(有纵向伸缩缝)与纵向定位轴线的关系

高低跨采用单柱处理,结构简单,吊装工程量少,但柱外形较复杂,制作不便,尤其是当两侧高低悬殊或吊车起重量差异较大时不宜采用,此时可结合伸缩缝或防震缝采用双柱结构方案。

当伸缩缝或防震缝处采用双柱时,应采用两条纵向定位轴线并设插入距。柱与纵向定位轴线的关系可分别按各自的边柱处理(图 14-45)。此时,高低跨两侧的结构实际上是各自独立、自成系统的,仅是互相靠拢,以便下部空间相通,有利于组织生产。

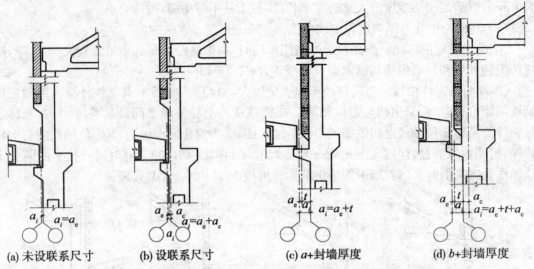

(a) 未设联系尺寸　　(b) 设联系尺寸　　(c) a+封墙厚度　　(d) b+封墙厚度

图 14-44　不等高跨单柱(有纵向伸缩缝)与纵向定位轴线的关系

a_i—插入距；a_c—联系尺寸；t—封墙厚度；a_e—缝宽

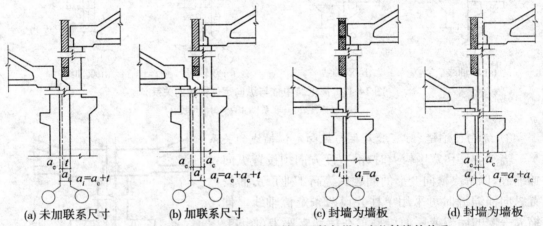

(a) 未加联系尺寸　　(b) 加联系尺寸　　(c) 封墙为墙板　　(d) 封墙为墙板

图 14-45　不等高工业厂房纵向伸缩缝处双柱与纵向定位轴线的关系

a_i—插入距；a_c—联系尺寸；t—封墙厚度；a_e—缝宽

14.3.3　纵横跨相交处的定位轴线

工业厂房纵横跨相交时,常在相交处设变形缝,使纵横跨各自独立。纵横跨应有各自的柱列和定位轴线,然后再将相交体都组合在一起。对于纵跨,相交处的处理相当于山墙处；对于横跨,相交处的处理相当于边柱和外墙处的处理。纵横跨相交处采用双柱单墙处理,相交处外墙不落地,成为悬墙,属于横跨。相交处两条定位轴线间插入距 $a_i = a_e + t$ 或 $a_i = a_e + t + a_c$（图 14-46）。当封墙为砌体时,a_e 值为变形缝的宽度；当封墙为墙板时,a_e 值取变形缝的宽度或吊装墙板所需净空尺寸的较大者。有纵横相交跨的工业厂房建筑,其定位轴线编号常是以跨数较多部分为准统一编排。

以上所述定位轴线的标定,主要适用于装配式钢筋混凝土结构或混合结构的单层工业厂房建筑,对于钢结构工业建筑,可参照《厂房建筑模数协调标准》(GBJ 6-86)执行。

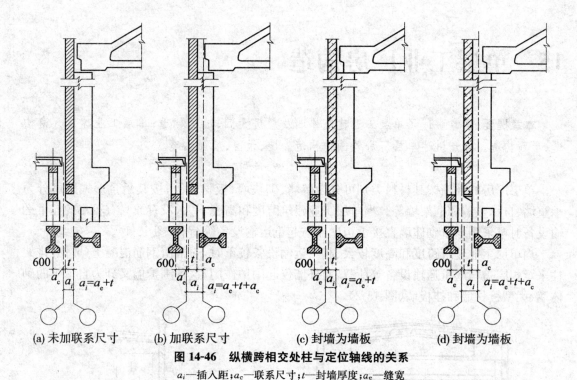

图 14-46　纵横跨相交处柱与定位轴线的关系

a_i—插入距；a_c—联系尺寸；t—封墙厚度；a_e—缝宽

复习思考题

1. 厂房的平面设计与什么因素有关？
2. 在剖面设计中应考虑哪些问题？
3. 如何进行厂房的天然采光和自然通风设计？
4. 钢筋混凝土单层厂房的定位轴线如何标定？

15 单层工业厂房构造

本章提要: 本章讲述了单层工业建筑外墙及厂房大门、地面构造;单层工业建筑天窗构造、屋面构造。重点讲述单层厂房外围护构造外墙、天窗、屋面构造。

单层厂房的外墙按其材料类别可分为砖墙、砌块墙、板材墙等;按其承重形式则可分为承重墙、自承重墙和框架墙等。当单层工业建筑跨度和高度不大,没有或只有较小的起重运输设备时可采用承重砌体墙直接承担屋盖与起重运输设备等荷载(图15-1)。

当单层工业建筑跨度和高度较大,起重运输设备较重时,通常由钢筋混凝土(或钢)排架柱来承担屋盖与起重运输设备等荷载,而外墙仅起围护作用,这种围护墙又分为自承重的砌体墙、大型板材墙和挂板墙(图15-2)。

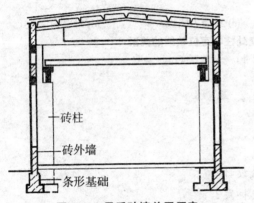

图 15-1 承重砖墙单层厂房

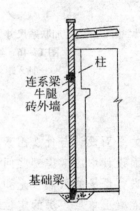

图 15-2 自承重砖墙单层厂房

15.1 外墙构造

15.1.1 承重砌体墙

承重砖墙的高度一般不宜超过 11 m。为了增加其刚度、稳定性和承载能力,通常平面每隔 4~6 m 间距应设置壁柱。

承重的砌体墙经济实用,但整体性差,抗震能力弱,使其使用范围受到很大的限制。根据《建筑抗震设计规范》(GB 50011-2001)规定,它只适用于以下范围:
(1) 单跨和等高多跨且无桥式吊车的车间、仓库等。
(2) 6~8 度设防时,跨度不大于 15 m 且柱顶标高不大于 6.6 m。
(3) 9 度设防时,跨度不大于 12 m 且柱顶标高不大于 4.5 m。

15.1.2 自承重的砌体墙

自承重的砌体墙是单层厂房常用的外墙形式之一，适用于跨度、高度、风荷载和振动荷载较大的大中型厂房。可以由砖或其他砌块砌筑。

1) 自承重墙的下部构造

厂房基础一般较深，自承重砌体墙采用带形基础常不够经济，且会由于和排架柱基础沉降不一致而导致墙面开裂。所以通常自承重墙直接支承在基础梁上，基础梁支承在杯形基础的杯口上，这样可以避免墙、柱、基础交接的复杂构造，同时加快施工进度，方便构件的定型化和统一化。

根据基础埋深不同，基础梁有不同的搁置方式(图 15-3)。无论采取哪种形式，基础梁顶面的标高通常低于室内地面 50 mm、高于室外地面 100 mm，车间室内外高差为 150 mm，可以防止雨水倒流，也便于设置坡道并保护基础梁。

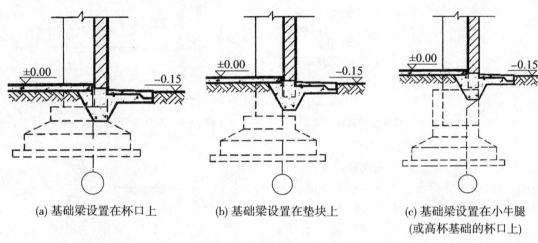

(a) 基础梁设置在杯口上　　(b) 基础梁设置在垫块上　　(c) 基础梁设置在小牛腿 (或高杯基础的杯口上)

图 15-3　自承重砖墙下部构造

2) 墙和柱的相对位置及连接构造

(1) 墙和柱的相对位置

排架柱和外墙的相对位置通常有四种构造方案(图 15-4)，其中方案(a)构造简单、施工方便、热工性能好，便于厂房构配件的定型化和统一化，采用最多；方案(b)把排架柱局部嵌入墙内，比前者稍节约土地，可在一定程度上加强柱列的刚度，但基础梁等构配件复杂，施工麻烦；方案(c)和(d)基本相同，虽可加强排架柱的刚度，但结构外露，易受气温变化影响，基础梁等构配件复杂化，施工不便。

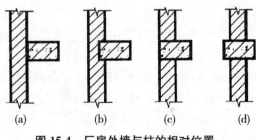

图 15-4　厂房外墙与柱的相对位置

(2) 墙和柱的连接构造

为使自承重墙与排架柱保持一定的整体性与稳定性，必须加强墙与柱的连接，其中最常见的做法是采用钢筋拉结(图 15-5)。这种连接方式属于柔性连接，它既保证了墙体不离开柱子，同时又使自承重墙的重量不传给柱子，从而维持墙与柱子的相对整体关系。

(3) 女儿墙的拉结构造

女儿墙是墙体上部的外伸段，其厚度一般不小于 240 mm，其高度应满足安全和抗震要求。在非地震区，宜设置高度 1 m 左右的女儿墙或护栏。在地震区或受振动影响较大的厂房，女儿墙高度不应超过 500 mm，并设钢筋混凝土压顶。女儿墙拉结构造见图 15-6 所示。

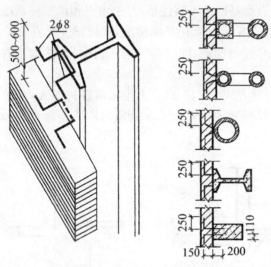

图 15-5　墙与柱的连接

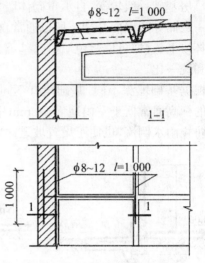

图 15-6　女儿墙与屋面的连接

(4) 抗风柱的连接构造

厂房山墙比纵墙高，且墙面随跨度的增加而增加，故山墙承受的水平风荷载也较纵墙大。一般应设置钢筋混凝土抗风柱来保证自承重山墙的刚度和稳定性。抗风柱的间距以 6 m 为宜，个别可采用 4.5 m 和 7.5 m 柱距。抗风柱的下端插入基础杯口，其上端通过一个特制的"弹簧"钢板与屋架连接，使两者之间只传递水平力而不传递垂直力（图 15-7）。

3) 连系梁构造

单层厂房在高度范围内没有楼板层相连，一般靠设置连系梁与厂房的排架柱子联系，以增强厂房的纵向刚度，此外，还通过它向柱列传递水平风荷载，并承担上部墙体的荷载。连系梁多采用预制装配式和装配整体式的构造方式，跨度一般为 4~6 m，支承在排架柱外伸的牛腿上，并通过螺栓或焊接与柱子连接（图 15-8）。若梁的位置与门窗过梁一致并在同一水平面上能交圈封闭时可兼做过梁和圈梁。

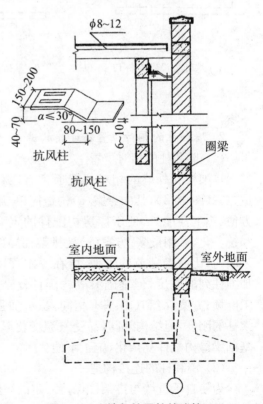

图 15-7　山墙与抗风柱的连接

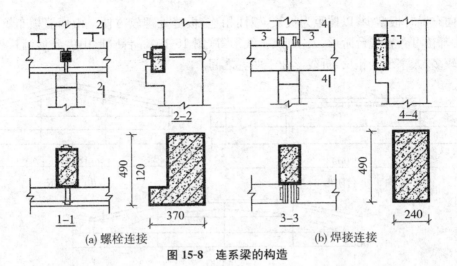

图 15-8　连系梁的构造

15.1.3　大型板材墙

采用大型板材墙可成倍地提高工程效率,加快建设速度,同时它还具有良好的抗震性能,因此大型板材墙是我国工业建筑应优先采用的外墙类型之一。

1) 墙板的类型

墙板的类型很多,按其受力状况分为承重墙板和非承重墙板;按其保温性能分为保温墙板和非保温墙板;按所用材料分为单一材料墙板和复合材料墙板;按其规格分为基本板、异形板和各种辅助构件;按其在墙面的位置分为一般板、檐下板和山尖板等。

2) 墙板的布置

大型板材墙板布置有横向布置、竖向布置和混合布置三种方案。在实际工程中,横向布置应用较多,混合布置次之,竖向布置用得较少。排列板材要尽量减少板材的类型(图 15-9)。

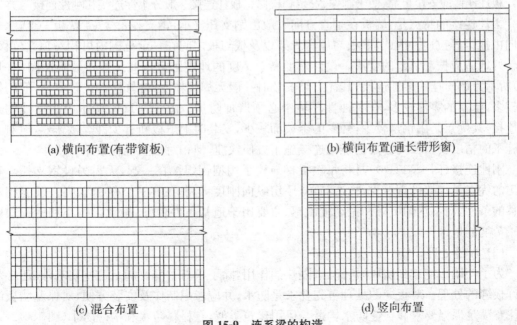

图 15-9　连系梁的构造

横向布置时板型少,以柱距为板长,板柱相连,板缝处理较方便。山墙墙板布置与侧墙同,山尖部位可布置成台阶形、人字形、折线形等(图15-10)。台阶形山尖异形墙板少,但连接用钢较多,人字形则相反,折线形介于两者之间。

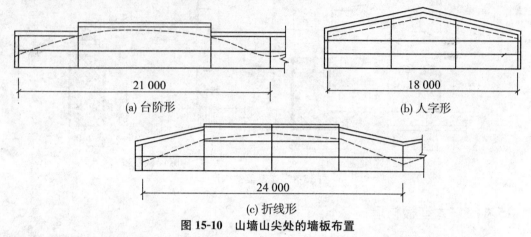

图15-10 山墙山尖处的墙板布置

3) 墙板的规格

单层厂房基本板的长度应符合我国《厂房建筑模数协调标准》(GBJ 6-86)的规定,并考虑山墙抗风柱柱距,一般墙板的长和高采用300 mm为扩大模数,有4 500 mm、6 000 mm、7 500 mm、12 000 mm等规格。根据生产工艺的需要,也可采用9 000 mm的规格。如6 m柱距一般选用1 200 mm或900 mm高,12 m柱距选用1 800 mm或1 500 mm高。基本板高度应符合3M模数,规定为800 mm、1 500 mm、1 200 mm和900 mm四种。基本板厚度应符合1/5M模数,并按结构计算确定。

4) 墙板连接

(1) 板柱连接

板柱连接应安全可靠,便于制作、安装和检修。板柱连接一般分柔性连接和刚性连接两类。

柔性连接的特点是:墙板在垂直方向一般由钢支托支承,钢支托每3~4块板一个,水平方向由挂钩等拉连。因此,墙板与厂房骨架以及板与板之间在一定范围内可相对独立位移,能较好地适应振动引起的变形。设计烈度高于7度的地震区宜用此法连接墙板。图15-11(a)所示为螺栓挂钩柔性连接,其优点是安装时一般无焊接作业,维修换件也较容易,但用钢量较多,暴露的零件较多,在腐蚀性环境中必须严加防护。图15-11(b)所示为角钢挂钩柔性连接,其优点是用钢量较少,暴露的金属面较少,安装时上下板间有少许焊接作业,但对土建施工的精度要求较高。角钢挂钩连接施工方便快捷,但相对独立位移较差。

刚性连接(图15-11(c))是将每块板材与柱子用型钢焊接在一起,无需另设钢支托。其突出的优点是连接件钢材少,构造简单,厂房纵向刚度大,施工迅速。但由于失去了能相对位移的条件,对不均匀沉降和振动较敏感,主要用于地基条件较好、振动影响小和地震烈度小于7度的地区。

(2) 板缝处理

为了使墙板能起到防风雨、保温、隔热的作用,除了板材本身要满足这些要求外,还必须做好板缝的处理。对板缝的处理首先要求是防水,并应考虑制作及安装方便,对保温墙板尚应注意满足保温要求。板缝防水构造与民用建筑类似,有材料防水和构造防水(图15-12)。

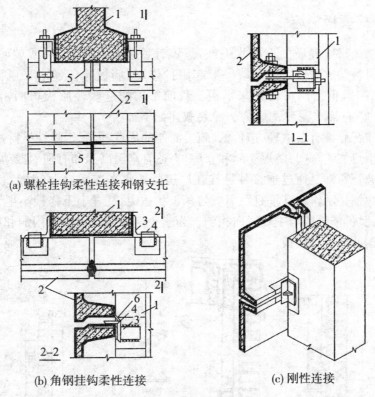

(a) 螺栓挂钩柔性连接和钢支托

(b) 角钢挂钩柔性连接

(c) 刚性连接

图 15-11 墙板与柱连接

1—柱；2—墙板；3—柱侧预焊角钢；4—墙板上预焊角钢；5—钢支托；6—上下板连接筋（焊接）

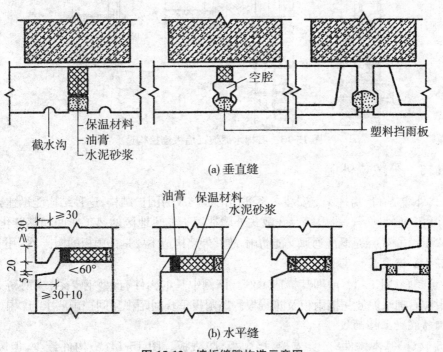

(a) 垂直缝

(b) 水平缝

图 15-12 墙板缝隙构造示意图

15.1.4 轻质板材墙

轻质板材墙是指用轻质的石棉水泥波瓦、镀锌铁皮波形瓦、塑料或玻璃钢瓦、压型钢（铝）板等轻质材料做成的墙。这种墙一般起围护作用，墙板除传递水平风荷载外不承受其他荷载，墙身自重也由厂房骨架来承担。目前常用的这些轻质板材墙，它们的连接构造基本相同，现以石棉水泥波瓦墙为例简要叙述如下。

石棉水泥波瓦墙具有自重轻、造价低、施工简便的优点，但属于脆性材料，易受破坏。多用于南方中小型热加工车间、防爆车间和仓库，不适宜高温高湿和有强烈振动的车间。

石棉水泥波瓦通常是通过连接件悬挂在厂房骨架水平连系梁上（图15-13），连系梁采用钢筋混凝土和钢材制作。其垂直距离应与瓦长相适应，瓦缝上下搭接不小于100 mm，左右搭接为一个瓦垄，搭缝应与主导风向相顺。为避免碰撞损坏，墙角、门洞和勒脚等部位可采用砌筑墙或钢筋混凝土墙板。

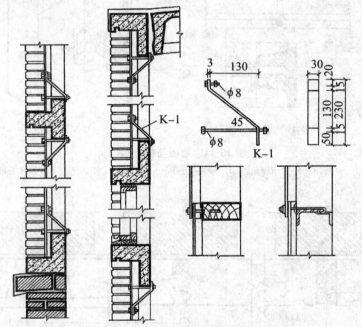

图 15-13　石棉水泥波瓦墙板连接构造

15.1.5 开敞式外墙

开敞式外墙是在厂房柱子上安装一系列挡雨板形成的围护结构，这种结构能迅速排出烟尘和热量，有利于通风、换气、避雨等。开敞式外墙适用于炎热地区的热工车间和某些化工车间。开敞式外墙的主要特点是既能通风又能防雨，故其外墙构造主要是挡雨板的构造，常用的有：

1) 石棉水泥波瓦挡雨板

其特点是轻，图15-14(a)即其构造示例。该例中基本构件有：型钢支架（或钢筋支架）、型钢檩条、中波石棉水泥波瓦挡雨板及防溅板。挡雨板垂直间距视车间挡雨要求与飘雨角而定。

2) 钢筋混凝土挡雨板

图15-14(b)基本构件有三：支架、挡雨板、防溅板。图15-14(c)构件最少，但风大雨多时飘雨多。室外气温很高、风沙大的干热带地区不应采用开敞式外墙。

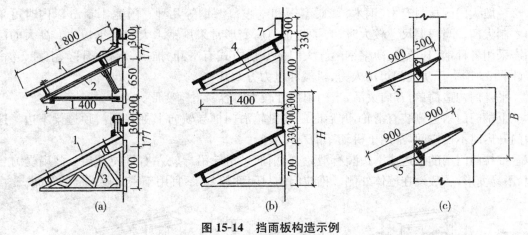

图 15-14 挡雨板构造示例

1—石棉水泥波瓦;2—型钢支架;3—圆钢筋轻型支架;4—轻型混凝土挡雨板及支架;
5—无支架钢筋混凝土挡雨板;6—石棉水泥波瓦防溅板;7—钢筋混凝土防溅板

15.2 厂房大门构造

15.2.1 厂房大门的尺寸与类型

工业厂房大门主要是供人流、货流通行及疏散之用,因此门的尺寸应根据所需运输工具类型、规格、运输货物的外形并考虑通行方便等因素来确定。一般门的宽度应比满装货物时的车辆宽 600~1 000 mm,高度应高出 400~600 mm。常用厂房大门的规格尺寸如表 15-1 所示。

表 15-1 厂房大门尺寸 单位:mm

运输工具	洞口宽							洞口高
	2 100	2 100	3 000	3 300	3 600	3 900	4 200 4 500	
3t 矿车	■							2 100
电瓶车		■						2 400
轻质卡车			■					2 700
中型卡车				■				3 000
重型卡车					■			3 900
汽车起重机						■		4 200
火 车							■	5 100 5 400

一般大门的材料有木、钢木、普通型钢和空腹薄壁钢等几种。门宽 1.8 m 以内时可采用木制大门。当门洞尺寸较大时,为了防止门扇变形常采用钢木大门或钢板门。高大的门洞需采用各种钢门或空腹薄壁钢门。大门的开启方式有平开、推拉、折叠、升降、上翻、卷帘等(图 15-15)。厂房大门可用人力、机械和电力方式开关。

平开门构造简单,开启灵活,当门扇尺寸较大时容易下垂变形。

上翻门门扇边侧装有滑轮,开启时门扇滑轮沿门框导轨向上翻起到门顶过梁下边。这种门开启时不占空间,常用于机动车的车库大门。

推拉门门扇的上边或下边装有滑轮,门扇通过滑轮沿导轨左右推拉开启。门扇受力合理、不易变形,一般设在墙体外侧。推拉门的封闭性较差,不宜用于密封要求高的车间。

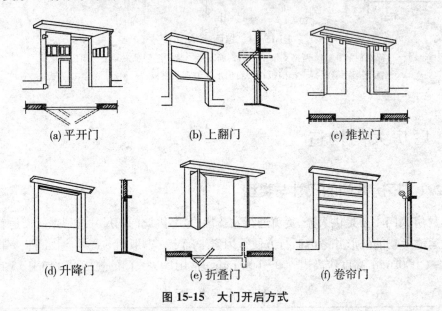

图 15-15 大门开启方式

升降门开启时整个门扇沿边侧导轨向上平移升起,不占使用空间。门洞上部须给门扇留出足够的空间。升降门有手动开启方式和电动开启方式。

折叠门由几个窄门扇通过门扇边侧的铰链组合而成,开启时利用门扇上下滑轮沿导轨左右移动并使门扇折叠。这种门占用空间少、开启方便,适用于较大的门洞。

卷帘门的门扇由多片冲压成型的金属页片连接而成,安装在门洞上部,转轴转动,将门扇卷起开启门扇。这种门有手动开启方式和电动开启方式,有较好的防火、防盗性能。卷帘门适用于门洞宽不超过 7 m 的门,门洞高度不受限制。

15.2.2 厂房大门的一般构造

1) 平开门

平开门由门扇、铰链和门框组成。门洞尺寸一般不宜大于 3.6 m×3.6 m,门扇可由木、钢或钢木组合而成。门框有钢筋混凝土和砌体两种(图 15-16)。当门洞宽度大于 3 m 时设钢筋混凝土门框。洞口较小时可采用砌体砌筑门框,墙内砌入有预埋铁件的混凝土块。一般每个门扇设两个铰链。图 15-17 所示为常用钢木平开大门构造示例。

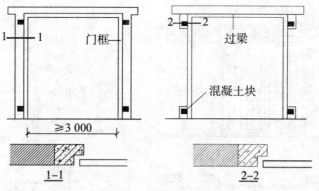

图 15-16 厂房大门门框

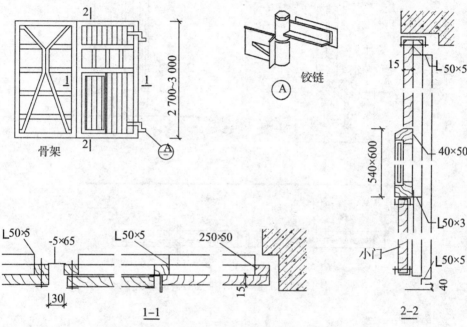

图 15-17 钢木平开大门构造示例

2) 推拉门

推拉门由门扇、门轨、地槽、滑轮和门框组成。门扇可采用钢木门、钢板门、空腹薄壁钢门等。推拉门的支承方式分为上挂式和下滑式两种,当门扇高度小于 4 m 时用上挂式,当门扇高度大于 4 m 时多用下滑式,在门洞上下均设导轨,下面的导轨承受门扇的重量。推拉门位于墙外时需设雨篷。图 15-18 为上悬式钢木推拉门构造示例。

3) 卷帘门

卷帘门主要由帘板、导轨和传动装置组成。帘板由铝合金页板组成。工业建筑中的帘板常采用页板式,页板可用镀锌钢板或合金铝板轧制而成,页板之间用铆钉连接。页板的下部采用钢板和角钢增强刚度,并便于安设门锁。页板的上部与卷筒连接,开启时,页板沿着门洞两侧的导轨上升并卷在卷筒上。门洞的上部安设传动装置,传动装置分手动和电动两种。大型卷帘门必要时可在卷帘门扇上设置供单人通行的小门扇。电动式卷帘门构造如图 15-19 所示。

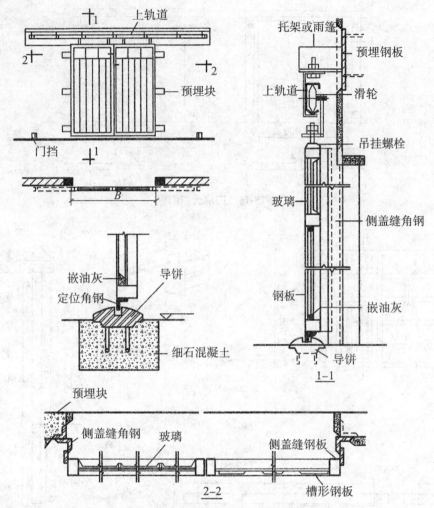

图 15-18 上悬式钢木推拉门构造示例

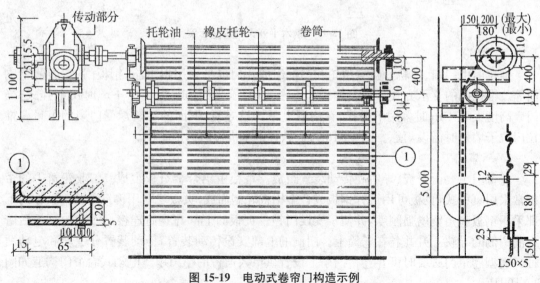

图 15-19 电动式卷帘门构造示例

15.2.3 特殊要求的门

1) 防火门

防火门用于加工易燃品的车间或仓库。根据耐火等级的选用要求,门扇可以采用钢板、木板外贴石棉板再包以镀铁皮、木板外直接包镀锌铁皮等构造措施。目前常见的防火门采用形式如图 15-20、图 15-21 所示。其中自重下滑防火门是将门上导轨做成 5%～8% 的坡度,火灾发生时易熔合金片熔断后,重锤落地,门扇依靠自重下滑关闭。

图 15-20 自动控制联动系统启闭防火卷帘门

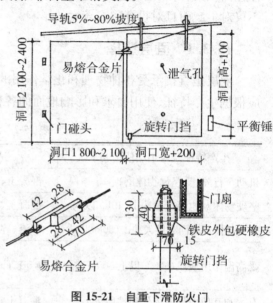

图 15-21 自重下滑防火门

2) 保温门、隔声门

一般保温门和隔声门的门扇常采用多层复合板材,在两层面板间填充保温材料或吸声材料。门缝密闭处理和门框的裁口形式对保温、隔声和防尘有很大影响,通常采用的措施是在门缝内粘贴填缝材料,如橡胶管、海绵橡胶条、泡沫塑料条等。还应注意裁口形式,斜面裁口比较容易关闭紧密,可避免由于门扇胀缩而引起的缝隙不密合。一般保温门和隔声门的节点构造如图 15-22 所示。

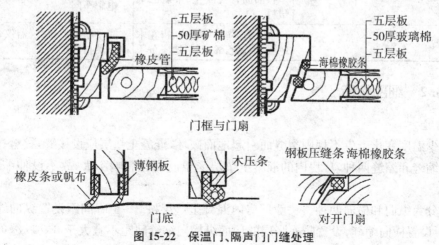

图 15-22 保温门、隔声门门缝处理

15.3 厂房地面构造

厂房地面与民用建筑地面构造基本相同,一般由面层、垫层和地基组成。但厂房的地面往往面积大、荷载重,还要满足各种生产使用要求。因此,合理地选择厂房地面材料及构造不仅对生产而且对投资都有较大的影响。

15.3.1 面层选择

面层是直接承受各种物理和化学作用的表面层,它与车间的工艺生产特点有直接关系,应根据生产特征、使用要求和影响地面的各种因素来选择。面层的选用可参见表15-2。

表 15-2 地面面层选择

生产特征及对垫层使用要求	适宜的面层	生产特征举例
机动车行驶、受坚硬物体磨损	混凝土、铁屑水泥、粗石	车行通道、仓库、钢绳车间等
坚硬物体对地面产生冲击(10kg以内)	混凝土、块石、缸砖	机械加工车间、金属结构车间等
坚硬物体对地面有较大冲击(50kg以上)	矿渣、碎石、素土	铸造、锻压、冲压、废钢处理等
受高温作用地段(500℃以上)	矿渣、凸缘铸铁板、素土	铸造车间的熔化浇铸工段、轧钢车间加热和轧机工段、玻璃熔制工段
有水和其他中性液体作用地段	混凝土、水磨石、陶板	选矿车间、造纸车间
有防爆要求	菱苦土、木砖沥青砂浆	精苯车间、氢气车间、火药仓库等
有酸性介质作用	耐酸陶板、聚氯乙烯塑料	硫酸车间的净化、硝酸车间的吸收浓缩
有碱性介质作用	耐碱沥青混凝土、陶板	纯碱车间、液氨车间、碱熔炉工段
不导电地面	石油沥青混凝土、聚氯乙烯塑料	电解车间
要求高度清洁	水磨石、陶板马赛克、拼花木地板、聚氯乙烯塑料、地漆布	光学精密器械、仪器仪表、钟表、电讯器材装配

15.3.2 细部构造

1) 缩缝

为减少温度变化产生不规则裂缝而引起地面破坏,混凝土垫层应设接缝,接缝按其作用可分为伸缩缝和缩缝两种,厂房内的混凝土垫层受温度变化影响不大,故不设伸缩缝,只做缩缝。

缩缝分为纵向和横向两种。一般厂房内混凝土垫层按 3~6 m 间距设置纵向缩缝,6~12 m 间距设置横向缩缝,设置防冻胀层的地面纵横向缩缝间距不宜大于 3 m。缝的构造形式有平头缝、企口缝、假缝（图 15-23），一般多为平头缝。企口缝适合于垫层厚度大于 150 mm 的情况，假缝只能用于横向缩缝。

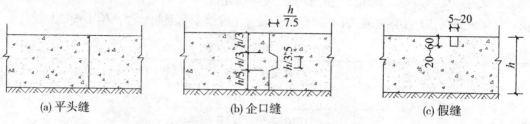

图 15-23　混凝土垫层缩缝构造示意图

2）变形缝

地面变形缝的位置应与建筑物的变形缝一致。同时，在地面荷载差异较大和受局部冲击荷载的部分亦应设变形缝。变形缝应贯穿地面各构造层次，并用嵌缝材料填充（图 15-24）。

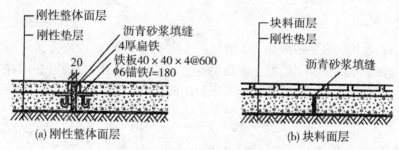

图 15-24　地面变形缝构造示意图

3）交接缝

两种不同材料的地面，由于强度不同，接缝处易遭受破坏，此时应根据不同情况采取措施。当防腐地面与非防腐地面交接时应在交接处设置挡水，以防止腐蚀性液体泛流（图 15-25(a)）。厂房内铺有铁轨时，为使铁轨不影响其他车辆和行人的通行，轨顶应与地面相平，铁轨附近宜铺设块材地面，其宽度应大于枕木的长度，以便维修和安装（图 15-25(b)）。

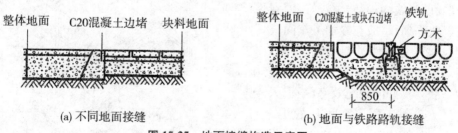

图 15-25　地面接缝构造示意图

15.3.3　垫层的设置与选择

垫层是承受并传递地面荷载至地基的构造层次，可分为刚性和柔性两类。刚性垫层（混凝土、沥青混凝土、钢筋混凝土）整体性好、不透水、强度大，适用于荷载大且要求变形小的地面；柔性垫层（砂、碎石、矿渣、三合土等）在荷载作用下产生一定的塑性变形，造价较低，适用于承受冲击和强振动作用的地面。

垫层的厚度主要由作用在地面上的荷载确定,地基的承载能力对它也有一定的影响,对于较大荷载需经计算确定。地面垫层的最小厚度应满足表 15-3 的规定。混凝土垫层需考虑温度变化促使垫层内产生附加应力的影响,防止混凝土收缩变形引起地面产生不规则裂缝。

表 15-3 垫层最小厚度

垫层名称	材料强度等级或配合比	厚度(mm)
混凝土	≥C10	80
三合土	1:3:6(熟化石灰:砂:碎砖)	100
灰土	3:7或2:8(熟化石灰:粘性土)	100
碎石、沥青碎石、矿渣	—	80
砂、煤渣	—	60

15.3.4 地基

地面应铺设在均匀密实的地基上。当地基土层不够密实时,应用夯实、掺骨料、铺设灰土层等措施加强。地面垫层下的填土应选用砂土、粉土、粘性土以及其他有效填料,不得使用过湿土、淤泥、腐植土、冻土、膨胀土和有机物含量大于 8% 的土。

15.4 单层工业厂房天窗构造

15.4.1 矩形天窗

矩形天窗主要由天窗架、天窗扇、天窗屋面板、天窗侧板及天窗端壁等构件组成,如图 15-26 所示。矩形天窗具有中等照度,光线均匀,防雨较好,窗扇可开启以兼作通风,故在冷加工车间广泛应用。缺点是构件类型多,自重大,造价高。

为了获得良好的采光效率,矩形天窗的宽度 b 宜等于厂房跨度 L 的 $1/3 \sim 1/2$,天窗高宽比 h/b 为 0.3 左右,相邻两天窗的轴线间距 L_0 不宜大于工作面至天窗下缘高度 H 的四倍(图 15-27)。

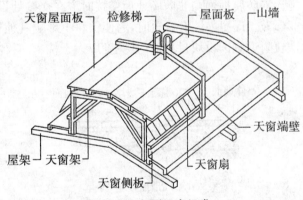

图 15-26 矩形天窗组成

1) 天窗架

天窗架是天窗的承重构件,支承在屋架上弦上,常用钢筋混凝土或型钢制作。钢筋混凝土天窗架与钢筋混凝土屋架配合使用,一般为Π形或W形,也可做成双Y形(图 15-28(a))。天窗架的宽度应根据采光、通风要求，以及屋面板的尺寸和天窗架必须支承在屋架节点上等因素确定。标准的天窗架宽度采用3M倍数，即6 000 mm、9 000 mm、12 000 mm等。目前我国工业厂房建筑构配件标准图中常用的Ⅱ形和W形钢筋混凝土天窗架的尺寸见表15-4所示。

钢天窗架重量轻、制作及吊装方便，除用于钢屋架外，也可用于钢筋混凝土屋架。钢天窗架常用的形式有桁架式和多压杆式两种（图15-28(b)）。

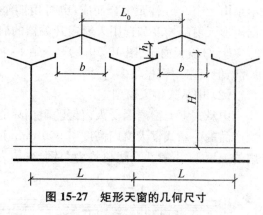

图15-27 矩形天窗的几何尺寸

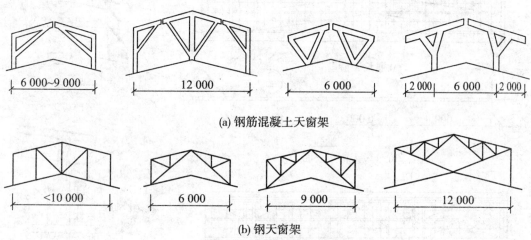

图15-28 天窗架形式示例

表15-4 常用钢筋混凝土天窗架尺寸   单位：mm

天窗架形式	Ⅱ形							W形	
天窗架跨度（标志尺寸）	6 000				9 000			6 000	
天窗扇高度	1 200	1 500	2×900	2×1 200	2×900	2×1 200	2×1 500	1 200	1 500
天窗架高度	2 070	2 370	2 670	3 270	2 670	3 270	3 870	1 950	2 250

2）天窗扇

天窗扇的主要作用是采光、通风和挡雨，常用木材、钢材及塑料制作。其中钢天窗扇应用最广，其开启方式有上悬式和中悬式两种。前者防雨性能较好，但开启角度不能大于45°，故通风较差；后者开启角度可达60°～80°，故通风流畅，但防雨性能欠佳。

（1）上悬式钢天窗扇

我国J815定型上悬钢天窗扇的高度有900 mm、1 200 mm、1 500 mm（标志尺寸）三种，根据需要，可组合成表15-4所示的各种高度。上悬式钢天窗扇可采用通长布置和分段布置两种。

① 通长天窗扇（图15-29(a)）由两个端部固定窗扇和若干个中间开启窗扇连接而成，图

示系由三个 6 m 柱距组合而成,也可由四个、五个、六个等柱距组合而成,其组合长度应根据矩形天窗的长度和选用天窗扇开关器的启动能力确定。

② 分段天窗扇(图 15-29(b)),是在每个柱距内分别设置天窗扇,其特点是开启和关闭灵活,但窗扇用钢量较多。

(2) 中悬式钢天窗扇

中悬式钢天窗扇因受天窗架的阻挡只能分段设置,一个柱距内仅设一樘窗扇。我国定型产品的中悬式钢天窗扇高度有 900 mm、1 200 mm 和 1 500 mm 三种,可按需要组合。窗扇的上冒头、下冒头及边梃均为角钢,窗芯为 T 型钢,窗扇转轴固定在两侧的竖框上。

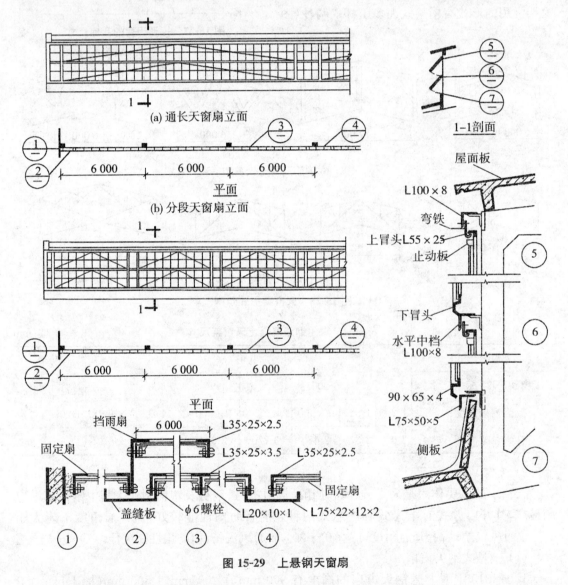

图 15-29 上悬钢天窗扇

3) 天窗端壁

矩形天窗两端的承重围护构件称为天窗端壁(图 15-30)。通常采用预制钢筋混凝土端壁板或钢天窗架石棉水泥瓦端壁。前者用于钢筋混凝土屋架;后者多用于钢屋架。为了节省材料,钢筋混凝土天窗端壁常做成肋形板代替钢筋混凝土天窗架,支承天窗屋面板。端壁板及天窗架与屋架上弦的连接均通过预埋铁件焊接。寒冷地区的钢筋混凝土端壁板,当为冷加工车间或需要保温的车间时,应在其内表面加设保温层。

4) 天窗屋顶和檐口

天窗的屋顶构造一般与厂房屋顶构造相同。当采用钢筋混凝土天窗架,无檩体系大型屋面板时,其檐口构造有两类:①带挑檐的屋面板:无组织排水的挑檐出挑长度一般为500 mm(图15-31(a))。②设檐沟板:有组织排水可采用带檐沟屋面板(图15-31(b)),或者在天窗架端部预埋铁件焊接钢牛腿,支承天沟(图15-31(c))。

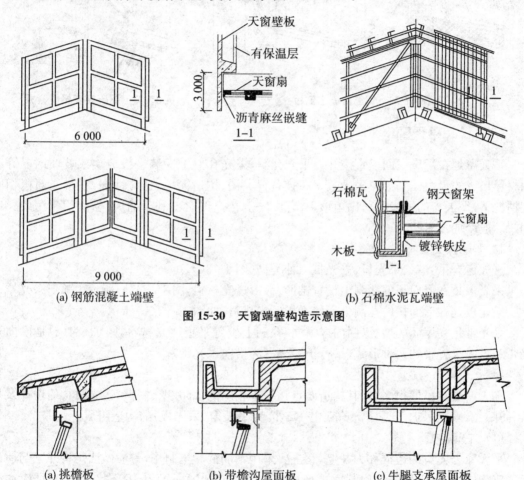

图15-30 天窗端壁构造示意图

图15-31 钢筋混凝土天窗檐口

5) 天窗侧板

在天窗扇下部需设置天窗侧板,侧板的作用是防止雨水溅入车间及防止因屋面积雪挡住天窗扇。从屋面至侧板上缘的距离一般为300 mm,积雪较深的地区可采用500 mm。侧板的形式应与屋面板构造相适应。当屋面为无檩体系,如当采用钢筋混凝土门字形天窗架、钢筋混凝土大型屋面板时,侧板可采用长度与天窗架间距相同的钢筋混凝土槽形板(图15-32(a))或采用钢筋混凝土小型侧板(图15-32(b))。当屋面为有檩体系时,侧板常采用石棉瓦、压型钢板等轻质材料,如图15-33 所示。

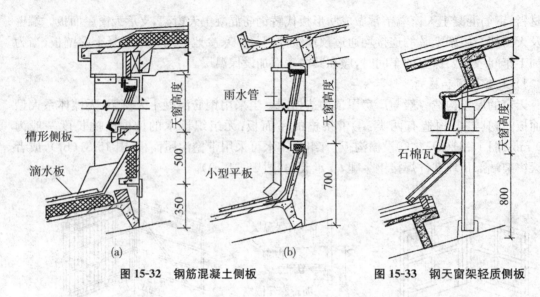

图 15-32 钢筋混凝土侧板　　　　图 15-33 钢天窗架轻质侧板

15.4.2 平天窗

平天窗是在厂房屋面上直接开设采光孔洞，采光孔洞上安装平板玻璃或玻璃钢罩等透明材料形成的天窗。平天窗采光效率高且布置灵活、构造简单、适应性强，在采光面积相同的情况下，平天窗的采光效率比矩形天窗高 2～3 倍。但它不利于通风，易受积尘污染。适用于一般冷加工车间。

1) 平天窗类型

平天窗有采光罩、采光板、采光带三种类型(图 15-34)。

采光罩是在屋面板的孔洞上设置锥形、弧形透光材料，图 15-34(a)所示为弧形采光罩。

采光板是在屋面板的孔洞上设置平板透光材料，如图 15-34(b)所示。

采光带是在屋面的通长(横向或纵向)孔洞上设置平板透光材料，图 15-34(c)是横向采光带和纵向采光带的两种形式(平行于屋架者为横向采光带)。

2) 平天窗的构造

平天窗类型虽然很多，但其构造要点是基本相同的，即井壁、横档、透光材料的选择及搭接、防眩光、安全保护、通风措施等。图 15-35 为平天窗(采光板)的构造组成。

(1) 井壁构造

平天窗采光口的边框称为井壁，它主要采用钢筋混凝土制作，一般做法是将井壁与屋面板浇成整体，也可以将两者预制后再现场焊接。井壁高度一般为 150～250 mm，且应大于积雪深度。图 15-36(a)、(b)分别为整浇井壁和预制井壁的构造示例。

(2) 玻璃搭接构造

平天窗的透光材料主要采用玻璃。当采用两块或两块以上玻璃时玻璃之间必须搭接，一般有卡钩不封口搭接、水泥砂浆封口搭接、塑料管封口搭接和油膏或油灰封口搭接四种方法。玻璃搭接需要满足防水要求，其搭接长度应不小于 100 mm(图 15-37)。

(3) 透光材料

透光材料可采用安全玻璃、有机玻璃和玻璃钢等。由于玻璃的透光率高，光线质量好，所以采用玻璃最多。从安全性能看，可考虑选择钢化玻璃、夹层玻璃、夹丝玻璃等。从热工性能方面来看,可考虑选择吸热玻璃、反射玻璃、中空玻璃等。如果采用非安全玻璃,应在其下设金属安全网。若采用普通平板玻璃,应避免直射阳光产生眩光及辐射热,可在平板玻璃下方设遮阳格片。

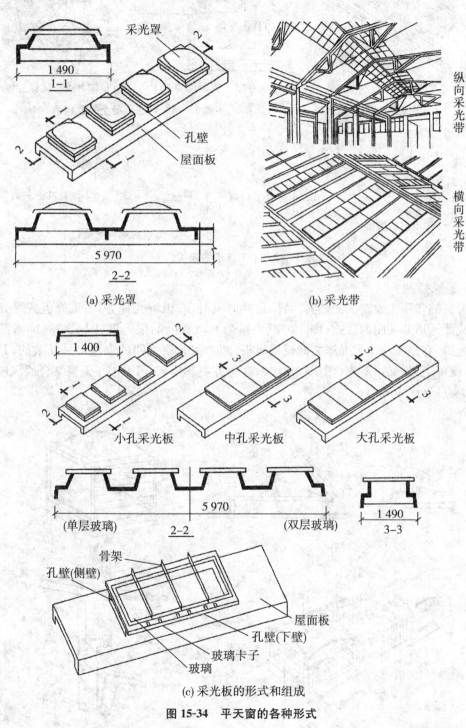

图 15-34 平天窗的各种形式

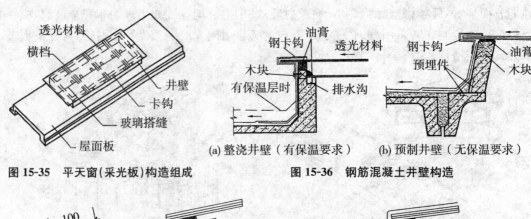

图 15-35　平天窗(采光板)构造组成　　　　图 15-36　钢筋混凝土井壁构造

图 15-37　上下玻璃搭接构造

（4）通风措施

平天窗的作用主要是采光，若需兼作自然通风时，有以下几种方式：采光板或采光罩的窗扇做成能开启和关闭的形式（图 15-38(a)）；带通风百叶的采光罩（图 15-38(b)）；组合式通风采光罩，它是在两个采光罩之间设挡风板，两个采光罩之间的垂直口是开敞的，并设有挡雨板，既可通风，又可防雨（图 15-38(c)）；在南方炎热地区，可采用平天窗结合通风屋脊进行通风的方式（图 15-38(d)）。

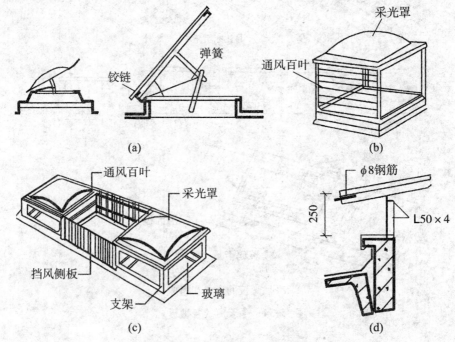

图 15-38　平天窗架的通风构造

15.4.3 矩形通风天窗

用做通风的矩形天窗,为使天窗能稳定地排风,应在天窗口外加设挡风板。除寒冷地区采暖的车间外,其窗口开敞,不装设窗扇,为了防止飘雨,须设置挡雨设施。

矩形通风天窗由矩形天窗及其两侧的挡风板构成。

1) 挡风板的形式及构造

挡风板由面板和支架两部分组成。

面板材料常采用石棉水泥瓦、玻璃钢瓦、压型钢板等轻质材料,支架的材料主要采用型钢及钢筋混凝土。挡风板按固定形式有立柱式挡风板和悬挑式挡风板(图15-39)。

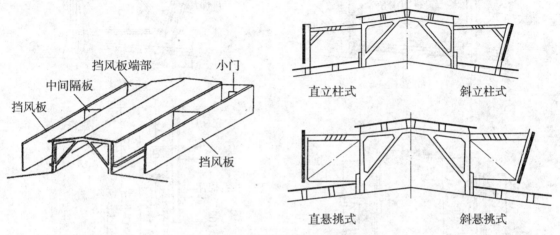

图 15-39 矩形通风天窗及挡风板形式

(1) 立柱式

当屋面为无檩体系时,采用立柱式(图15-40)。钢或钢筋混凝土立柱支承在屋面板纵肋处的柱墩上并用支撑与天窗架连接以增加其稳定性,但立柱式挡风板与天窗架的距离受到屋面板布置的限制。当屋面为有檩体系时,立柱可支承在檩条上,但该构造处理复杂,很少采用。

(2) 悬挑式

挡风板支架固定在天窗架上,屋面不承受挡风板的荷载,因此挡风板与天窗之间的距离不受屋面板的限制,布置灵活。但悬挑式挡风板增加了天窗架的荷载,且对抗震不利(图15-40)。

以上两种方式支承的挡风板都可垂直或倾斜布置。

2) 挡雨设施

(1) 挡雨方式及挡雨片的布置

天窗的挡雨可分为水平口、垂直口设挡雨片以及大挑檐挡雨三种方式(图15-41)。挡雨方式和挡雨角(指挡雨片或挑檐遮挡雨滴的角度,以 α 表示)不同,对天窗排风性能产生的影响也不同。在挡雨角相同的情况下,水平口设挡雨片及大挑檐式挡雨的天窗,其通风性能一般比垂直口设挡雨片好。

挡雨片的间距和数量可用作图法求出。图15-42为水平口挡雨片的作图法。先定出挡雨片的宽度与水平夹角,画出高度范围 h,然后以天窗口下缘"A"点为作图基点,按图中的 1、2、3…各点作图,顺序求出挡雨片的间距,直至等于或略小于挡雨角为止,即可定出挡雨片应采用的数量。

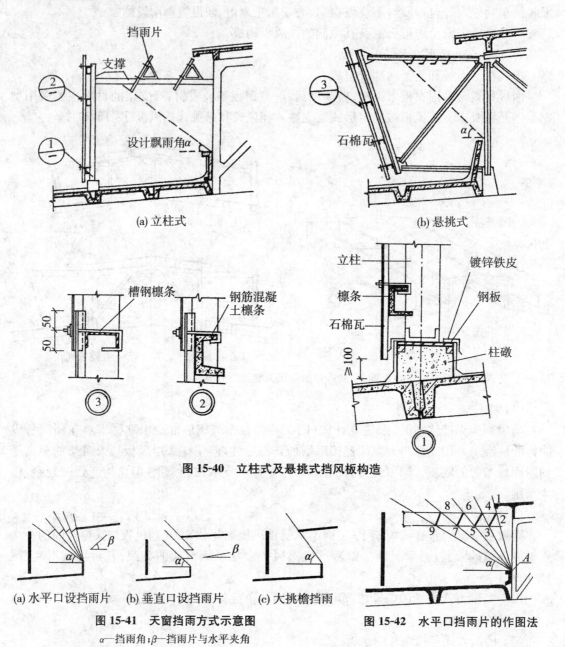

图 15-40　立柱式及悬挑式挡风板构造

图 15-41　天窗挡雨方式示意图
α—挡雨角;β—挡雨片与水平夹角

图 15-42　水平口挡雨片的作图法

挡雨角 α 的大小应根据当地的飘雨角及生产工艺对防雨的要求确定。有挡风板的天窗,挡雨角可增加约 10°,一般按 35°～45°选用;风雨较大地区按 30°～35°选用;生产上对防雨要求较高的车间及台风暴雨地区,α 可酌情减小或使排风区完全处于遮挡区内。

（2）挡雨片构造

挡雨片所采用的材料有石棉瓦、钢丝网水泥板、钢筋混凝土板、薄钢板、瓦楞铁等。当天窗有采光要求时可改用铅丝玻璃、钢化玻璃、玻璃钢波形瓦等透光材料。其构造作法如图15-43所示。

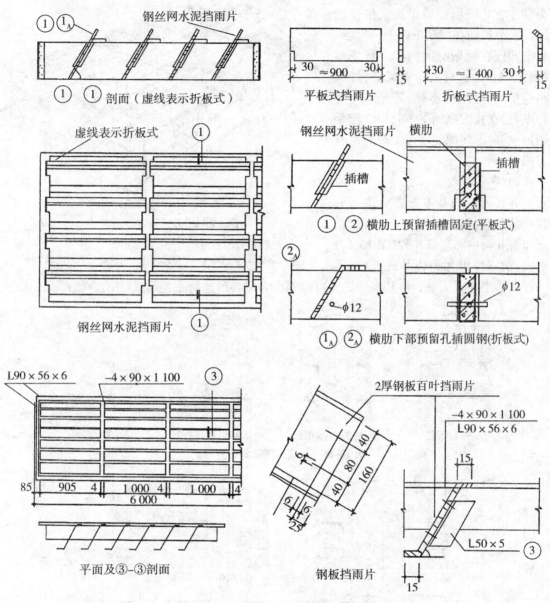

图15-43 钢丝网水泥板及钢板挡雨片

15.4.4 下沉式天窗

下沉式天窗是在拟设置天窗的部位把屋面板下移铺在屋架的下弦上，从而利用屋架上下弦之间的空间构成天窗。与矩形通风天窗相比，下沉式天窗省去了天窗架和挡风板，降低了厂房的高度，减轻了屋盖、柱子和基础的荷载，因而用料较省，造价也相应降低，但增加了构造和施工的复杂程度。

下沉式天窗根据其下沉部位的不同，可分为纵向下沉、横向下沉和井式下沉三种类型。其中井式天窗的构造最为复杂，最具有代表性，下面主要以它为例介绍下沉式天窗的构造做法。

井式天窗是下沉式天窗的一种类型。它是将屋面拟设天窗位置的屋面板下沉铺在屋架下弦上，形成一个个凹嵌在屋架空间内的井状天窗（图15-44）。它具有布置灵活、排风路径短捷、通风性能好、采光均匀等特点，已在我国热加工车间中广泛采用，一些局部热源的冷加工车间也有应用。

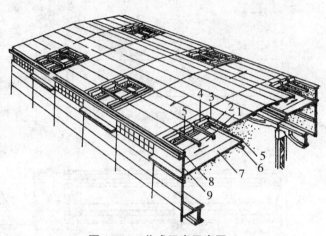

图15-44 井式天窗示意图

1—水平口；2—垂直口；3—泛水口；4—挡雨片；5—空格板；6—檩条；7—井底板；8—天沟；9—挡风侧墙

1) 布置形式

井式天窗的基本布置形式可分为一侧布置、两侧对称布置、两侧错开布置和跨中布置等几种（图15-45）形式，前三种可称为边井式天窗，后一种称为中井式天窗。由基本布置又可排列组合成各种连跨布置形式（图15-46）。

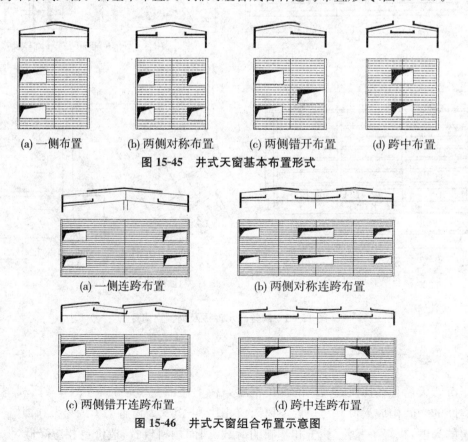

(a) 一侧布置　　(b) 两侧对称布置　　(c) 两侧错开布置　　(d) 跨中布置

图15-45 井式天窗基本布置形式

(a) 一侧连跨布置　　(b) 两侧对称连跨布置

(c) 两侧错开连跨布置　　(d) 跨中连跨布置

图15-46 井式天窗组合布置示意图

2) 井底板

井底板的布置有以下两种方式：

(1) 横向布置。井底板平行于屋架布置,图 15-47(a)是边井式天窗横剖面图。它的一端支承在天沟板上,另一端支承在檩条上,檩条搁在两榀屋架的下弦节点上;图 15-47(b)是中井式天窗横剖面图,它是井底板支承在两端的檩条上,檩条均支承在屋架的下弦节点上。井式天窗垂直口高度受屋架结构高度的限制,为了增大垂直口的面积可采用下卧式檩条、槽形檩条或 L 形檩条(图 15-48)以降低板的标高,增大净空高度。

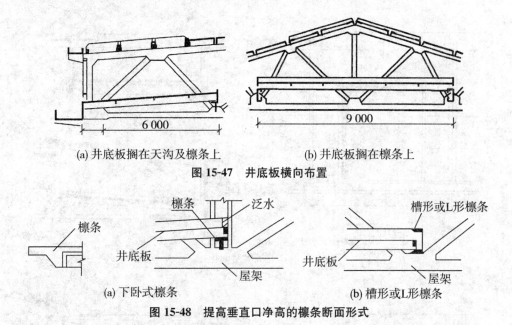

(a) 井底板搁在天沟及檩条上　　(b) 井底板搁在檩条上

图 15-47　井底板横向布置

(a) 下卧式檩条　　(b) 槽形或L形檩条

图 15-48　提高垂直口净高的檩条断面形式

(2) 纵向布置。井底板垂直于屋架。图 15-49(a)是中井式天窗横剖面图,井底板两端支承在屋架的下弦上。为了方便搁置,井底板应做成卡口板或出肋板(图 15-50)。也可采用 F 形断面板,由 F 板的纵肋支承在屋架下弦节点上,图 15-49(b)为边井式天窗横剖面图。

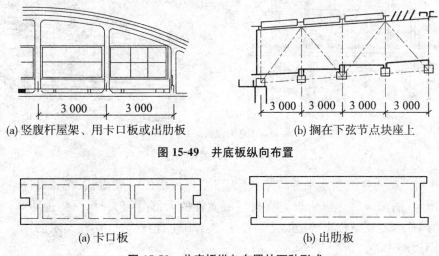

(a) 竖腹杆屋架、用卡口板或出肋板　　(b) 搁在下弦节点块座上

图 15-49　井底板纵向布置

(a) 卡口板　　(b) 出肋板

图 15-50　井底板纵向布置的两种形式

3) 井口板及挡雨设施

井式天窗主要起通风作用,不采暖的厂房井口不设窗扇而做成开敞式,但应做挡雨设施。井口板是开口上的铺板,它是挡雨设施的组成部分,它有以下三种构造形式:

(1) 井口作挑檐。井口作挑檐的一种方法,是沿厂房纵向由相邻屋面板加长挑出悬臂板,横向增高设屋面板,形成井口的挑檐(图 15-51(a))。这种方式构造简单,吊装方便,但屋面刚度较差。另一种方法是在井口设置檩条,在檩条上固定挑檐板(图 15-51(b))。这种方法用料较省,但构件的类型较多。

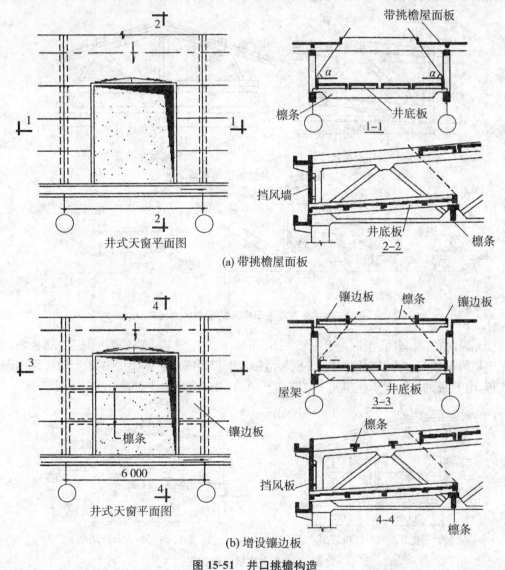

图 15-51 井口挑檐构造

(2) 井口设挡雨片。当水平井口不大,为了获得较多的通风面积,在井口设空格板,板上装置挡雨片(图 15-52)。空格板是将大型屋面板的大部分板去掉,保留边肋和两端少量的板,将挡雨片固定在空格板的边肋上。常用的挡雨片有石棉瓦、钢丝网水泥片、钢板挡雨片和玻璃钢挡雨片等。

(3) 垂直口设挡雨片。垂直口设挡雨片的构造做法与单层厂房开敞式外墙挡雨板构造相似,一般设一层或两层挡雨板。常用的有钢支架支承石棉瓦或钢丝网水泥瓦的挡雨板(图15-53)。

4) 窗扇设置

有采暖要求的厂房需在井口处设窗扇,可在垂直口或水平口设窗扇。在沿厂房长度的纵向垂直口上,可设置中悬或上悬窗扇;与厂房长度方向垂直的横向垂直口,由于受屋架腹杆的影响,只能设置上悬窗扇。

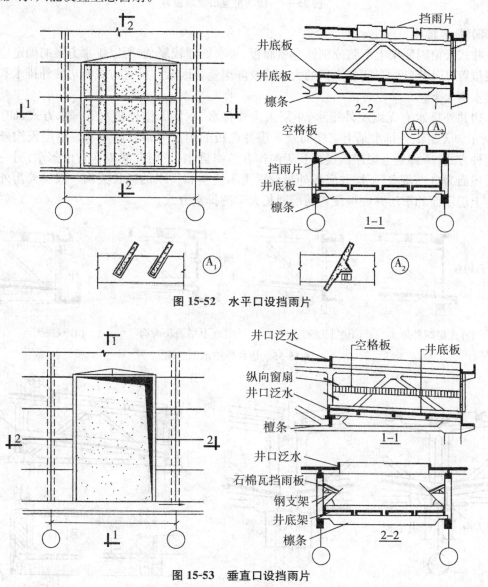

图 15-52 水平口设挡雨片

图 15-53 垂直口设挡雨片

由于屋架坡度的影响,横向垂直口是倾斜的,窗扇设置较困难,故窗扇有两种做法:一种是将窗扇做成与屋架上弦平行的平行四边形窗扇;另一种是矩形窗扇,可选用标准窗扇组合(图15-54)。

水平口设置窗扇比较方便,但不如垂直口设窗扇密闭。

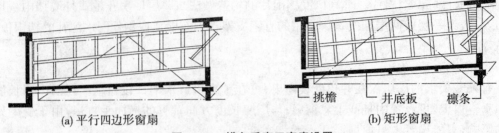

(a) 平行四边形窗扇　　　　　　　　(b) 矩形窗扇

图 15-54　横向垂直口窗扇设置

5）排水措施

井式天窗因屋架上下弦分别铺有屋面板，排水处理较复杂，所以排水方案的确定应考虑天窗位置、厂房高度、车间灰尘量的大小以及降雨量等因素。排水方式有边井外排水和连跨内排水两大类。

边井外排水有无组织外排水、单层天沟外排水、双层天沟外排水等排水方式，如图 15-55 所示。无组织外排水是上层屋面及下层井底板的雨水分别自由落水。单层天沟外排水有两种方式：一种是上层屋面设通长天沟作有组织排水，下层井底板作自由落水；另一种是上层屋面为自由落水，下层井底板外缘设置用于清尘和排水的通长天沟。双层天沟外排水是在上层屋面和下层井底板设置两层通长天沟的排水方式。

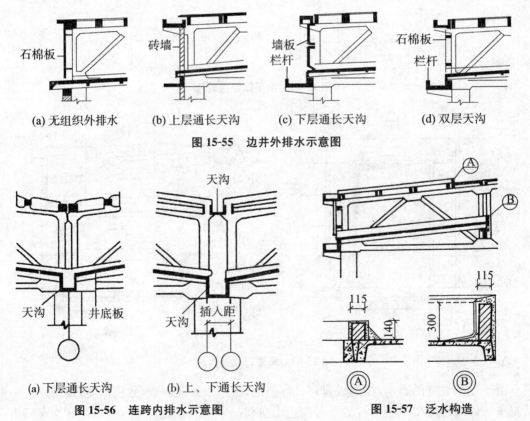

连跨内排水，是当相邻两跨布置井式天窗时出现内排水，按以下几种方式进行处理：①上下层屋面设间断式天沟（图 15-56(a)）；②上下层屋面均设通长天沟，或下层设通长天

沟,上层为间断天沟(图 15-56(b));③屋面泛水:为防止上部层面雨水流至井底板上,在井口周围做 150~200 mm 高的泛水(图 15-57),同时,为防止落在井底板上的雨水溅湿井内,井底板周边应做高度不小于 300 mm 的井底板泛水。

6) 屋架选择

屋架形式影响井式天窗的布置和构造(表 15-5)。梯形屋架适用于跨边布置井式天窗。拱形或折线形屋架因端部较低,只适用于跨中布置井式天窗。屋架下弦要搁置井底檩条或井底板,宜采用双竖杆屋架、无竖杆屋架或全竖杆屋架。

表 15-5 用于井式天窗的屋架形式

类 型	双竖杆屋架	无竖杆屋架	全竖杆屋架
平行弦			
梯 形			
拱 形			
折线形			
三角形			

15.5 单层厂房屋面构造

单层工业厂房屋面的基本构造与民用房屋基本相同,但也存在一定的差异:一是单层厂房屋面面积大,接缝多,且多跨厂房各跨间还会有高差,对排水不利;二是屋面上常设有各种天窗、天沟、檐沟、雨水管等,构造复杂;三是屋面受日晒、雨淋、冷热气候等自然条件和振动、高温、腐蚀、积灰等因素的影响,若屋面的排水、防水处理不当便容易出现裂漏现象而影响生产和厂房的耐久性。因此,解决好屋面的排水和防水是厂房屋面构造的主要问题。

15.5.1 屋面基层类型及组成

屋面基层分有檩体系与无檩体系两种(图 15-58)。有檩体系是在屋架(或屋面梁)上弦搁置檩条,在檩条上铺小型屋面板(或瓦材)。无檩体系是在屋架(或屋面梁)上弦直接铺设大型屋面板。目前,在工程实践中无檩体系广为应用。屋面基层结构常用的大型屋面板及檩条如图 15-59 所示。

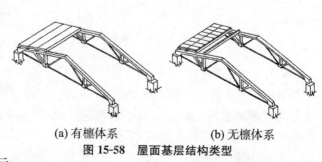

(a) 有檩体系　　(b) 无檩体系
图 15-58 屋面基层结构类型

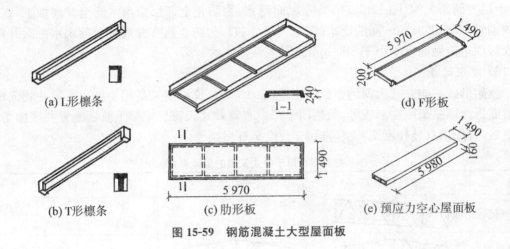

图 15-59 钢筋混凝土大型屋面板

15.5.2 屋面排水方式与排水坡度

1) 排水方式

屋面排水方式应结合厂房的剖面形式、生产工艺特点、地区气候状况、技术经济条件等因素来选择。屋面排水方式基本上可分为无组织排水和有组织排水两大类。

(1) 无组织排水

无组织排水也称自由落水(图 15-60),是使雨水顺屋坡流向屋檐,然后自由泻落到地面。无组织排水的特点是在屋面上不设天沟,厂房内部也不需设置雨水管及地下雨水管网,构造简单,施工方便,造价经济。它适用于降雨量不大的地区、檐高较低的单跨或多跨厂房的边跨屋面以及工艺上有特殊要求的厂房。

无组织排水屋面的檐口须设挑檐。挑檐长度一般不宜小于 500 mm,辅助厂房或天窗的挑檐长度可减小到 300 mm。

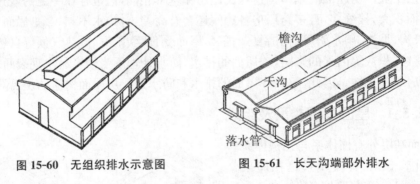

图 15-60 无组织排水示意图　　图 15-61 长天沟端部外排水

(2) 有组织排水

有组织排水是通过屋面上的天沟、雨水斗、雨水管等有组织地将雨水疏导到散水坡、雨水明沟或雨水管网。根据排水组织及位置的不同,有组织排水通常可分为长天沟外排水、檐沟外排水、内落水和内落外排水等几种形式。

① 长天沟外排水。长天沟外排水是沿厂房屋面的长度做贯通的天沟,并利用天沟的纵向坡度将雨水引向端部山墙外部的雨水竖管排出(图 15-61)。这种方式构造简单,施工方

便,造价较低,但受地区降雨量、汇水面积、纵向坡度等因素影响,天沟长度受到限制,全长一般以不超过 100 m 为宜。长天沟板端部应做溢流口,以防止在暴雨时因竖向雨水管来不及泄水而发生天沟漫水现象。

② 檐沟外排水。当厂房较高或降雨量较大,不宜作无组织排水时,可在厂房檐口处做檐沟外排水。即在檐口处设置檐沟板用来汇集雨水,并安装雨水斗连接雨水竖管,如图 15-62 所示。檐沟外排水可弥补内落水的缺点,又可免去自由落水的局限性,具有构造简单、施工方便的优点,因此在南方地区采用较多。

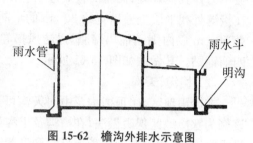

图 15-62 檐沟外排水示意图

③ 内落水。如图 15-63 所示,将屋面汇集的雨水引向中间跨天沟和边墙天沟处,再经雨水斗引入厂房内的雨水竖管及地下雨水管网。内排水不受厂房高度限制,屋面排水组织灵活,适用于多跨厂房。在严寒多雪地区,采用内落水可防止因结冻胀裂引起屋檐和外部雨水管的破坏。

④ 内落外排水。在多跨厂房内可用水平悬吊管将雨水斗连通到外墙的雨水竖管处,悬吊管穿过外墙,使雨水在墙外经竖管排入地下雨水管网或明沟内(图 15-64)。这种方式可避免在厂房内部敷设雨水地沟,对工艺设备布置较为有利。

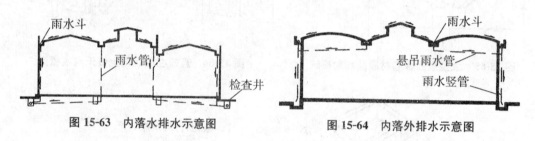

图 15-63 内落水排水示意图　　图 15-64 内落外排水示意图

2) 排水坡度

屋面具有合适的坡度才能使雨水顺利地排除,合理的排水坡度与屋面的防水材料、屋盖构造、屋架形式、地区降雨量等都有密切关系。我国厂房现在常用的屋面防水方式有油毡卷材防水、构件自防水和刚性防水等。构件自防水屋面中又有嵌缝式和搭盖式两种形式。不同的防水方式对屋面坡度的要求也不同。

15.5.3 屋面防水

单层厂房屋面防水主要有卷材防水、构件自防水和各种波形瓦(板)屋面防水等类型。

1) 卷材防水

卷材屋面在单层厂房中的做法与民用房屋类似,但屋面基层稍有不同。单层厂房卷材屋面基层必须保证一定的刚度和不易变形的要求才能保证防水质量。由于屋面荷载大、振动多、机械作用频繁,因此变形的可能性大,一旦基层刚度不足或变形过大,则卷材易被拉裂或从接缝处被拉开,难以保证防水质量。

下面仅以基层用 6 m×1.5 m Ⅱ 型装配式预应力钢筋混凝土屋面板为例,说明单层厂房卷材屋面的构造特点。

(1) 接缝

大型屋面板的接缝必须嵌填密实。实践证明，屋面板长边主肋交接缝只需将缝嵌好，一般不另作其他处理；而屋面板短边端肋相接处如不妥善处理，卷材有被拉裂的可能。一般是在接缝处找平层上盖以宽约 30 cm 的干铺油毡条，为定位，可一面点粘（或条粘）；但在檐口处 50 cm 以内则满铺玛琋脂，以防风揭卷材。在干铺油毡条上，再按常规二毡三油或三毡四油铺贴。其做法如图 15-65 所示。

(2) 檐沟、天沟

在少雨地区，屋顶檐沟及中间天沟可直接在屋面板上用垫坡形成，图 15-66 为其示例，该例为寒冷地区保暖做法，在檐沟及干沟处不做保温层，既便于利用室内传热溶雪化冰，使排水畅通，又便于在屋面板上打洞和设置铁水盘，并适当降低雨水斗位置，使泄水畅通。图 15-67 为天沟或檐沟雨水斗的构造示例。在多雨地区，为增加沟的汇水量，宜设断面为槽形的天沟及檐沟，其做法可参考图 15-68、图 15-69。

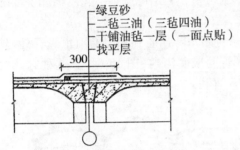

图 15-65 大型屋面板卷材屋面端肋接缝

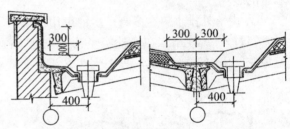

图 15-66 直接在屋面板上做天沟或檐沟

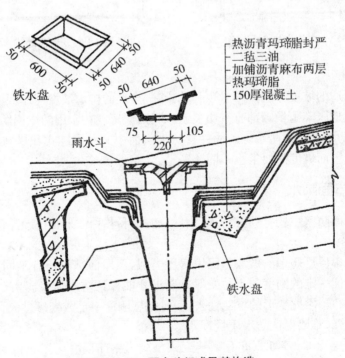

图 15-67 雨水斗组成及其构造

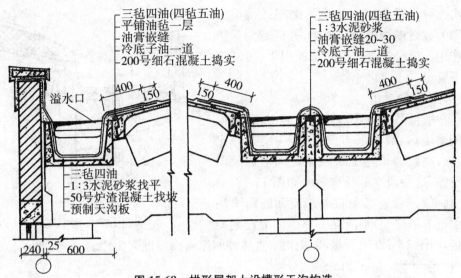

图 15-68　拱形屋架上设槽形天沟构造

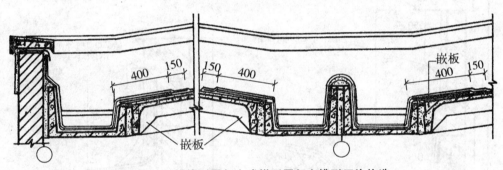

图 15-69　折线形屋架上或梯形屋架上槽形天沟构造

平行等高跨中间天沟用双沟式，是因为施工吊装方便。如用较宽单天沟，则只有待相邻两跨屋架安装后才能吊天沟板。沟与屋面板的接缝处是防水的薄弱部位，应做加强防水处理，见图 15-69。为保证沟内不致有过多积水，可设溢水口，溢水口通常设在山墙上。等高跨中间天沟处如有变形缝，可按图 15-70 方式处理。

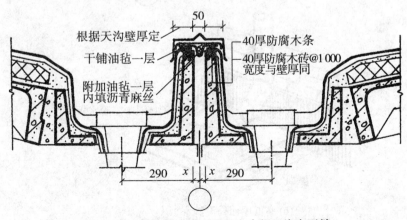

图 15-70　折线形或梯形屋架上中间天沟变形缝

檐沟亦可设置在屋架挑出的牛腿或挑梁上（图15-71），此时檐沟可兼作挑檐，并能起到保护外墙的作用。雨水管直接沿外墙面引下，可减少室内地下管道。

（3）高低跨处泛水

在厂房平行高低跨处如无变形缝时，若用墙梁承受侧墙墙体，墙梁下需设牛腿，牛腿有一定高度，因此，高跨墙梁与低跨屋面之间形成一段较大的空隙，这一段空隙泛水做法如图15-72(a)所示，在高低跨处，若必须将上部屋面的雨水用雨水管引至下部屋面，则应在下部屋面上设混凝土滴水板，如图15-72(b)所示，以免雨水直接冲刷屋面而降低耐久性。

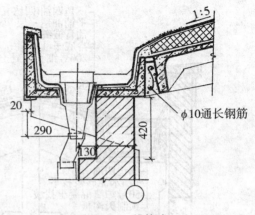

图15-71 挑檐沟

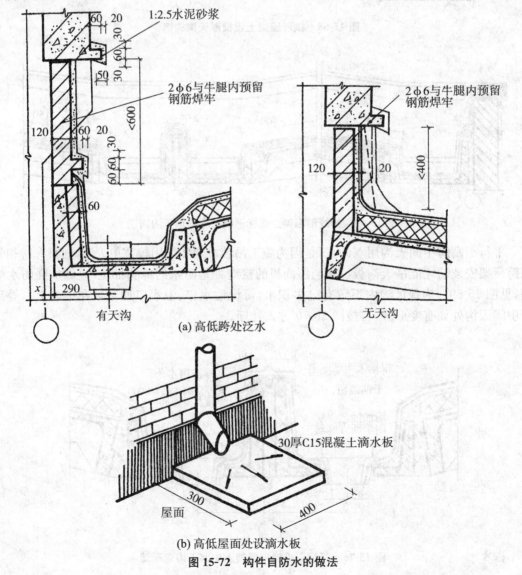

(a) 高低跨处泛水

(b) 高低屋面处设滴水板

图15-72 构件自防水的做法

2) 构件自防水

构件自防水屋面是利用屋面板本身的密实性和平整度(或者再加涂防水涂料),大坡度,再配合油膏嵌缝及油毡贴缝或者靠板与板相搭接来盖缝等措施,以达到防水的目的,因此其不宜用于振动较大的厂房。这种防水施工程序简单,省材料,造价低,目前多用于南方地区。

构件自防水屋面,按照板缝的构造方式可分为嵌缝(脊带)式和搭盖式两种基本类型。

(1) 嵌缝(脊带)式

采用油膏嵌缝的构件自防水屋面,是在改进油毡防水和刚性防水的基础上发展起来的。即将大型屋面板上部的找平层、防水层取消,直接在大型屋面板的板缝中嵌灌防水油膏,同时,依靠板面本身的平整度和密实性进行防水(必要时加防水涂料),见图15-73所示。为改进上述构造的板缝防水性能,在其上面再粘贴卷材防水层(一布二油或二毡三油)就构成了脊带式防水。

为增强屋面的整体刚度,无论是板的纵缝、横缝还是脊缝均应灌以水泥砂浆或细石混凝土,其表面应低于板面20~30mm,以保证嵌灌油膏的深度。为增加油膏与混凝土的粘结力,在嵌灌油膏之前须将槽口清扫干净,并满涂冷底子油一遍。

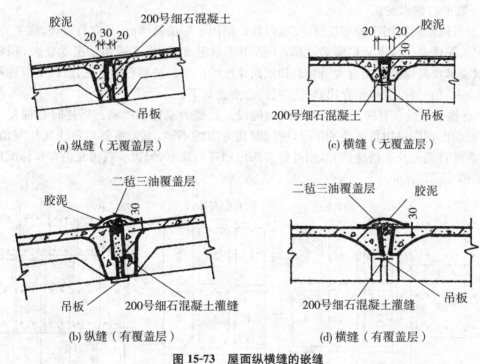

图 15-73 屋面纵横缝的嵌缝

(2) 搭盖式

搭盖式构件自防水的特点是利用屋面板的搭接构造解决板缝间的防水问题。它不需在屋面上铺设油毡,构件在加工厂制作,现场吊装后屋面的防水工程即告完成,因而改善了施工条件,加快了施工进度。

搭盖式构件自防水,按屋盖的结构体系分,可分为无檩式和有檩式两种。前者构件仍属大型屋面板,如F板等;后者为轻型构件,如钢筋混凝土槽瓦等。图15-74为F形屋面板示意图。

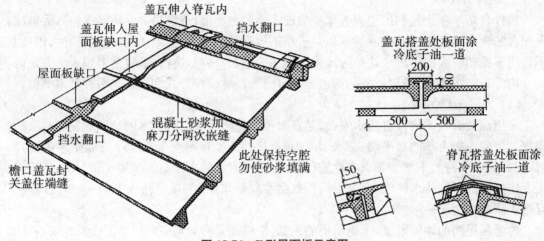

图 15-74　F 形屋面板示意图

3) 瓦屋面

(1) 波形石棉水泥瓦

波形石棉水泥瓦属于轻型瓦材,在国内外广泛用于屋面及墙面,具有自重轻、施工简便、耐水、耐火等优点。缺点是易脆裂变形,不适用于温湿突变,也不适用于振动较大、积灰较多、防水要求较高以及屋面有大量管道和烟囱穿过的厂房。波形石棉水泥瓦(以下简称石棉瓦)分大、中、小三种瓦形,屋脊用脊瓦。其构造要点如下:

① 石棉瓦铺设。石棉瓦应逆主导风向铺设。瓦缝力求搭接严密。搭接时石棉瓦纵横缝相交处会出现四块边角重叠的情况,应随铺瓦方向的不同,事先将斜对角的瓦片割角,如将上下两排石棉瓦长边搭缝错开,则可免去四角相碰的缺点,但边缘石棉瓦仍有非标准尺寸出现,如图 15-75 所示。

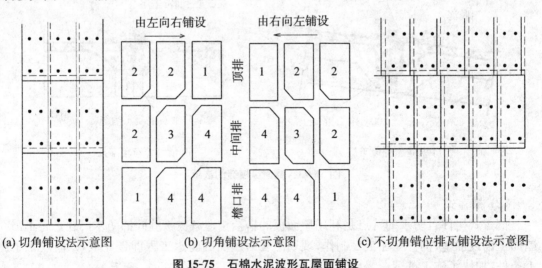

(a) 切角铺设法示意图　　(b) 切角铺设法示意图　　(c) 不切角错位排瓦铺设法示意图

图 15-75　石棉水泥波形瓦屋面铺设

② 石棉瓦的固定。如图 15-76 所示,石棉瓦与檩条通过钢筋钩或扁钢钩固定。钢筋钩上端带螺纹,钩的形状可根据檩条形式而变化。带钩螺栓的垫圈宜用沥青卷材、塑料、毛毡、

橡胶等弹性材料制作。带钩螺栓比扁钢钩连接牢固,宜用来固定檐口及屋脊处的瓦材,但不宜旋拧过紧,应保持石棉瓦与檩条之间略有弹性,使石棉瓦受风力、温度、应力影响时有伸缩余地。

与波形石棉水泥瓦同类型的屋面构件还有很多,如沥青玻璃纤维瓦、波形塑料瓦、波形玻璃钢瓦等等,它们的构造原理基本相同。

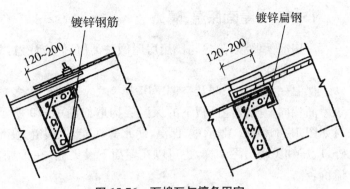

图 15-76 石棉瓦与檩条固定

(a) 小波瓦楞钢板　　(b) 大波瓦楞钢板　　(c) V形钢板　　(d) W形钢板

图 15-77 压型钢板板型

(2) 压型钢板

压型钢板是用 0.6~1.6 mm 厚的镀锌钢板或冷轧钢板经辊压或冷弯成各种不同形状的多楞形板材,它的特点是质轻、耐久、美观、易于加工、安装简便,但耗用钢材多,造价高。

镀锌薄钢板有平板型,也有冷压成各种形状的,但以瓦楞板和压型折板为主(图 15-77)。钢板内外表面可加合成树脂涂料面层。这种面层具有耐热、耐腐蚀的保护作用。压成 V 形和 W 形的钢板屋面的特点是波峰高,自身刚度较大,因此檩距可以加大(亦可直接铺设在钢梁上,跨度可达 10 m)而节约钢材。V 形折板还可直接用特殊螺栓固定在檩条上,节点连接较为牢固。图 15-78 为 V 形钢折板屋面构造举例。

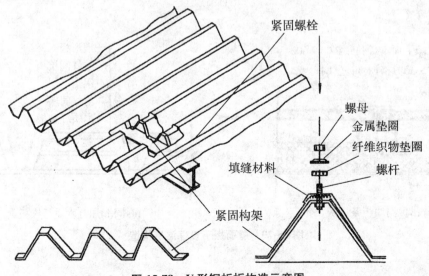

图 15-78 V 形钢折板构造示意图

15.5.4 屋面保温、隔热

厂房屋面保温、隔热与民用房屋做法类似,但应注意以下问题:

(1) 保温

保温一般只在采暖及空调厂房中考虑。保温层大多数设在屋面板上,其做法与民用建筑屋面相同。设在屋面板下的保温层构造如图 15-79 所示,主要用于构件自防水。夹心板材如图 15-80 所示,兼承重、保温、防水等功能,但裂缝、变形、冷桥问题尚需进一步解决。此外,厂房和民用房屋一样,也可以在屋面下设天棚,在天棚内设保温层,这是较好的方法,但造价较高。

(2) 隔热

厂房屋面隔热,除有空调的厂房外,一般只是在炎热地区较低矮的厂房才作隔热处理。如厂房屋面高度大于 9 m 可不隔热,主要靠通风解决屋面散热问题。当厂房屋面高度小于或等于 9 m,但大于 6 m,且高度大于跨度的 1/2 时不需隔热;若高度小于或等于跨度的 1/2 时可隔热;如厂房屋面高度小于或等于 6 m,则需隔热。单层厂房屋面的隔热,可采用民用建筑的屋面隔热措施。

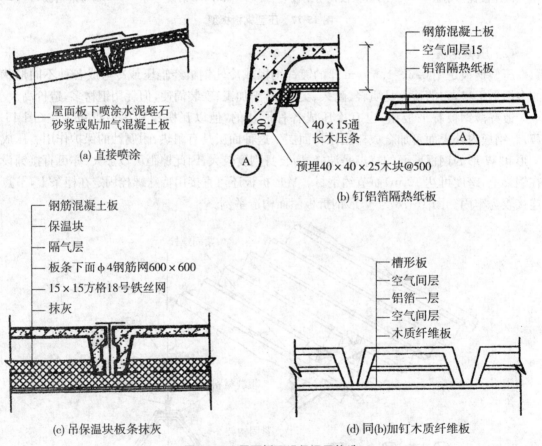

图 15-79 屋面板下设保温层构造

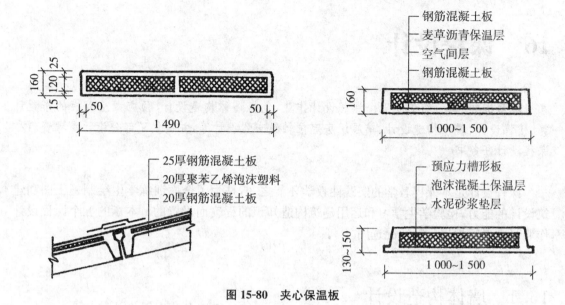

图 15-80 夹心保温板

复习思考题

1. 单层厂房大门构造有什么要求？常用大门构造有哪些？
2. 厂房地面构造应注意哪些问题？
3. 常用大型板材墙有哪些类型？开敞形式外墙适用于什么车间？
4. 矩形天窗的构造组成如何？常用的矩形天窗布置有什么要求？
5. 矩形天窗的天窗架如何支承？其尺寸如何考虑？
6. 矩形避风天窗挡风板的支承方式有哪几种？
7. 单层厂房屋面防水做法与民用建筑相比有哪些不同？
8. 多跨屋面排水方式有哪些？如何选择排水方式？

16　课程设计

本章提要：本章组织了五个课程设计作业,包括墙体构造设计、预应力空心板的布置计算、楼梯设计、屋顶构造设计、单层厂房定位轴线布置设计等,并提供了部分设计参考资料和课程设计任务书。

课程设计是本课程教学的实践性教学环节之一,是为了全面训练学生绘制施工图和建筑设计的能力,检验学生学习和运用建筑构造知识的程度而设置的。本章的五个课程设计作业可由老师根据实际情况选用。

16.1　墙体构造设计

墙体构造设计是建筑构造设计的主要内容之一,通过本次设计,掌握除屋顶檐口以外的墙身剖面构造设计的原理和方法,熟练掌握勒脚、散水、防潮层、窗及窗过梁、窗台、楼地层的常见构造做法,熟悉墙体与楼板的位置关系,并增强图纸表达能力。

16.1.1　设计条件

(1) 某砖混结构办公楼层高为 3.30 m,室内外地面高差为 0.45 m,窗洞口尺寸为 1 500 mm×1 500 mm。附图给出建筑的平面、立面及剖面的方案设计图。

(2) ±0.000 以下墙基采用 MU10 以上砖,M5.0 水泥砂浆砌筑。±0.000 以上采用 MU7.5 多孔砖,M2.5 水泥砂浆砌筑。墙厚均为 240 mm。

(3) 楼板采用预制钢筋混凝土板,卫生间为现浇钢筋混凝土板。

(4) 设计所需的其他条件由学生自定。

16.1.2　设计内容及要求

(1) 用 A3 图纸一张,按建筑制图标准规定,绘制 1-1 剖面图自下而上从外墙基础墙身经窗台至二层楼面板处(如图 16-1 所示)墙身节点的大样示意,比例为 1∶100。

(2) 节点详图①——墙脚和地坪层构造

① 画出墙身、勒脚、散水、防潮层、室内外地坪、踢脚板和内外墙面抹灰,剖切到的部分用材料图例表示。

② 用引出线注明勒脚做法,标注勒脚高度。

③ 用多层构造引出线注明散水各层做法,标注散水的宽度、排水方向和坡度值。

④ 表示出防潮层的位置,注明做法。

⑤ 用多层构造引出线注明地坪层的各层做法。

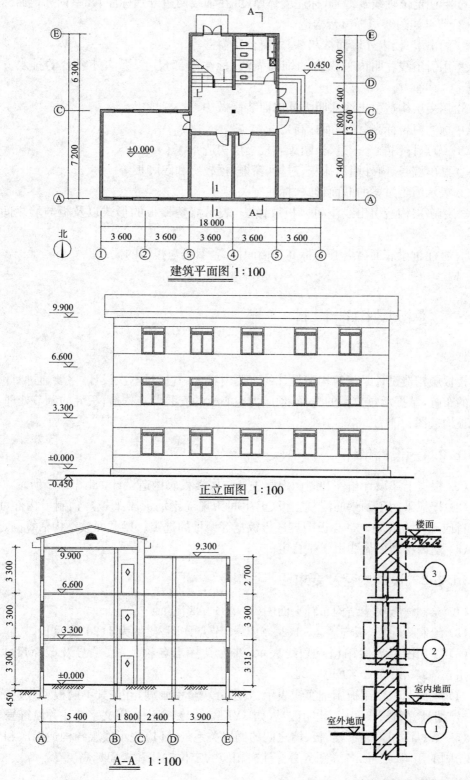

图 16-1　墙身大样构造设计示意图

⑥ 标注定位轴线及编号,标注墙体厚度(在轴线两边分别标注)和室内外地面标高。

(3) 节点详图②——窗台构造

① 画出墙身、内外墙面抹灰、内外窗台和窗框等。

② 用引出线注明内外窗台的饰面做法,标注细部尺寸,标注外窗台的排水方向和坡度值。

③ 用多层构造引出线注明内外墙面装修做法。

④ 标注窗台标高(结构面标高)。

(4) 节点详图③——过梁、圈梁和楼板层构造

① 画出墙身、内外墙面抹灰、过梁、窗框、楼板层和踢脚板等。

② 表示清楚过梁的断面形式,标注有关尺寸。

③ 用多层构造引出线注明楼板层做法,表示清楚楼板的形式以及板与墙之间的相互关系。

④ 标注过梁底面(结构面)标高和楼面标高,圈梁与楼板的关系。

16.2 楼板层构造设计

楼板层构造设计是建筑构造设计的主要内容之一,通过本次设计,主要通过对预应力空心板的布置,掌握承重方案的选择,预应力空心板的安装节点构造;板缝的调节处理,训练绘制楼板构造图的能力。

16.2.1 设计条件

(1) 根据上述设计条件和附图内容进行二层楼板层构造设计,如图 16-2 所示。

(2) 楼板采用预制钢筋混凝土板(卫生间为现浇钢筋混凝土板),预制板构件可参考教材资料或预应力混凝土空心板图集进行板宽等型号的选定。梁截面按结构估算确定。

(3) 室内楼地面做法由学生自定。

16.2.2 设计内容及要求

(1) 绘制楼板层梁结构布置平面图(1:100),A3 图纸。

(2) 绘制梁与板,板与墙 1—1、2—2、3—3 节点详图,比例为 1:20 或 1:10。

(3) 平面图上大梁用粗点划线表示,并为其标出名称代号、编号及截面尺寸,如:L1 (250 mm×250 mm)($b×h$)。

(4) 平面图上预制板用细实线表示,要求分块全室画满,并按其不同板型分别标注其名称代号、编号、荷载、长度,并注明数量(如 6YKB3691),现浇板用文字标注并以符号表示。

(5) 节点详图除表示梁、板、墙之间的搁置关系外,还应表示楼层各构造层次和墙面、踢脚等粉刷的用料、尺寸,各详图务必标注出相应的定位轴线和楼面标高。

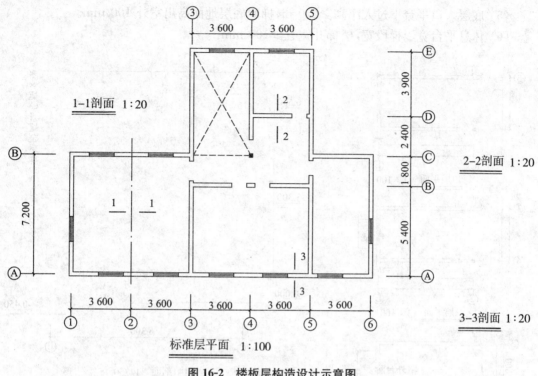

图 16-2 楼板层构造设计示意图

16.3 钢筋混凝土楼梯构造设计

楼梯是建筑构造设计的主要内容之一。通过楼梯的构造设计,使学生掌握楼梯方案的选择方法及楼梯设计的主要内容,培养绘制楼梯施工图的能力。

16.3.1 设计条件

(1) 根据上述设计条件及附图内容进行钢筋混凝土板式楼梯构造设计,如图 16-3 所示。
(2) 楼梯间双扇门 1 500 mm×2 100 mm(高),窗 1 500 mm×1 800 mm(高),雨篷挑出净宽 1 200 mm,雨篷长(500 mm+门宽+500 mm),入口台阶长宽尺寸与雨篷尺寸相适应。
(3) 楼梯的平台梁、梯口梁、栏杆、扶手等尺寸按结构和使用要求而定。

16.3.2 设计内容及要求

(1) 绘制楼梯底层、标准层、顶层平面图(1:100),A3 图纸。
(2) 绘制楼梯间剖面图 1:50。
(3) 平面图要画出平台、梯段准确步数,上下行走线,梯段部切线并表明其尺寸及梯段,楼梯井净宽以及定位轴线和平面标高。
(4) 剖面图除要画明梯段剖面和投影面外,还要标出各梯段的高度(步数×步高)、墙面外台阶、雨篷和窗户,不用标注尺寸。

(5) 底层入口平台下过人净高≥2.0 m,梯间底层地面高出室外 100 mm。

(6) 休息平台宽≥梯段宽,楼梯井宽宜≥100 mm。

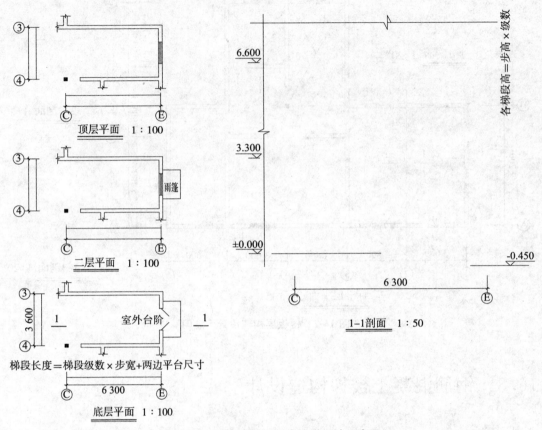

图 16-3　钢筋混凝土板式楼梯设计示意图

16.4　屋面排水及节点设计

屋面排水及节点设计是屋面设计的重要组成部分。通过本次设计,使学生掌握屋顶有组织排水设计的方法和屋顶构造节点详图设计,训练绘制屋顶节点施工图的能力。

16.4.1　设计条件

(1) 根据上述设计条件和附图内容进行屋面排水及节点的构造设计,如图 16-4 所示。

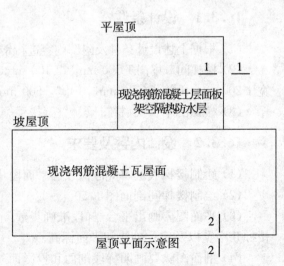

图 16-4　屋顶平面排水及节点构造设计示意图

(2) 坡屋顶,采用现浇钢筋混凝土屋面板,山墙可做悬山或硬山,顶棚用预制平顶板;平屋顶用现浇板,柔性或刚性防水层,其上做屋面架空隔热层。

(3) 坡屋顶和平屋顶均做钢筋混凝土天沟(檐沟或女儿墙檐沟),为有组织排水。

16.4.2 设计内容及要求

(1) 绘制屋顶平面图(1∶100),表示出排水分区、排水坡度、雨水口位置。要求绘制檐沟轮廓线或女儿墙檐沟的轮廓线、建筑物的分水线,标注出屋面各坡度方向和坡度值。

(2) 绘制天沟构造 1-1、2-2 详图。

16.5 单层厂房定位轴线布置

通过绘制平面图和平面节点详图,掌握单层厂房定位轴线布置的原则和方法。

16.5.1 设计条件

(1) 图 16-5 为某金工装配车间平面形式。纵向三跨是机械加工工段,跨度分别为 12 m、18 m、18 m;横跨是装配工段,跨度为 24 m。纵横跨相交处设置变形缝,变形缝宽 30 mm。每跨内的起重运输设备为桥式吊车,吊车工作制为中级,吊车起重量 Q、吊车跨度 L_K 和轨顶标高 H_1 如图 16-5 所示。

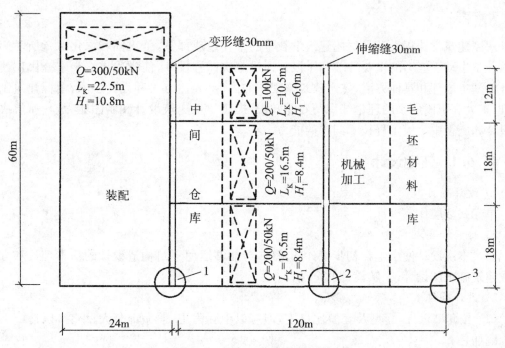

图 16-5 某金工装配车间平面形式

(2) 结构类型：装配式钢筋混凝土排架结构。
(3) 外墙采用普通砖墙，墙厚 240 mm。
(4) 屋面采用卷材防水，排水方式为有组织排水。

16.5.2 设计内容及要求

本设计 A2 图纸一张，完成下列内容：
(1) 平面图比例 1:200
① 进行柱网布置。
② 划分定位轴线并进行轴线编号。
③ 布置围护结构及门窗，入口处布置坡道。
④ 绘出吊车轮廓线、吊车轨道中心线，标注吊车吨位 Q，吊车跨度 L_K，吊车轨道中心线与纵向定位轴线间的关系尺寸。
⑤ 外部标注两道尺寸（即总尺寸和轴线尺寸）以及端部柱中心线与横向定位轴线的关系尺寸、边柱外缘与纵向定位轴线的关系尺寸等局部尺寸。
(2) 平面节点详图，比例 1:20~1:50
绘出图中标注位置的三个节点①、②、③详图。要求标注横向定位轴线和纵向定位轴线及其编号，表示清楚外墙、柱与定位轴线的关系，标注有关尺寸。

16.6 房屋建筑学课程设计任务书

房屋建筑学课程设计是房屋建筑学教学的重要组成部分，是巩固和深化课堂所学知识和培养学生动手能力的重要环节和手段。通过本次课程设计，使学生进一步掌握民用建筑设计的基本原理和具体方法，熟悉建筑施工图的内容、表达方式和设计步骤，掌握建筑制图标准，扩大和巩固所学的理论知识与专业知识，提高学生建筑设计和制图能力，具有解决建筑设计和施工中一般工程技术问题的能力。

16.6.1 住宅设计

1) 设计题目
单元式多层住宅设计。
2) 目的和要求
通过本次设计使学生在初步设计的基础上，能够运用建筑构造设计的基本理论和方法完成建筑施工图设计，了解设计的全过程。
3) 设计条件
(1) 按套型设计，套型及套型比自定，但应以中套为主，兼做部分大、小套，以适应不同的家庭居住。
(2) 各套型使用面积应不小于下列规定：小套 34 m²；中套 45 m²；大套 56 m²。
(3) 每套必须是独门独户，并应设卧室、厨房、卫生间及储藏空间等。

卧室和起居室：卧室的面积不宜小于下列规定：双人卧室 10 m²；单人卧室 6 m²；兼起居的卧室 12 m²。起居室的面积不宜小于 10 m²。卧室和起居室应有直接采光，自然通风。

厨房：应设置炉灶、洗涤池、案台等，并考虑储藏设施。厨房面积不应小于 3.5 m²（燃料为煤气）或 4 m²（燃料为加工煤）。厨房应有外窗或开向走廊的窗户。

卫生间：应设置大便器和洗浴设施。卫生间的面积不应小于下列规定：外开门 1.80 m²；内开门 2.00 m²。无通风窗口的卫生间必须设置通风道。

（4）层高为 2.80 m 或 3.30 m，层数为 5 层，结构形式为砖混结构。

4）设计图纸任务

完成建筑施工图设计，图纸幅面规格 A2 2~3 张。

图纸内容及数量如下表所示：

序号	图纸内容	比例	备注
1	底层平面图	1:100	要求标注齐全
2	标准层平面图	1:100	要求标注齐全
3	屋顶平面图	1:100	表示排水系统
4	立面图、侧立面图	1:100	
5	剖面图	1:100	剖经楼梯
6	节点详图	1:50 或 1:20	墙身细部、天沟、女儿墙泛水等自选两处
7	设计说明		

5）各图具体要求

（1）平面图

① 室外三道尺寸线及定位轴线编号。

② 门窗编号及尺寸，门扇开启方式和方向。

③ 楼梯台阶准确步数，主要尺寸，平台标高，上下行走线及梯段剖切线。

④ 室内外主要标高、剖切线、房间名称和指北针。

（2）立面图

① 标注竖向各洞口、砌体标高。

② 首、尾及转折处定位轴线编号。

③ 用文字标注外墙面各装修材料。

（3）剖面图（下端剖到基础墙为止）

① 绘出剖切到或投影可见的建筑构件。

② 标注室内外地面、楼面、平台面、门窗洞口顶面和底面以及檐口底面或女儿墙顶面等处的标高。

③ 标注建筑总高、层高以及门窗洞口和窗间墙等细部尺寸、主要轴线编号。

④ 节点详图索引符号。

（4）屋顶平面图

① 坡屋顶坡面组织、平屋顶流水坡划分，排水方向。坡度数值，天沟纵向坡及分水线，集水口位置。

② 必要的定位轴线及层面标高，相关定位轴线尺寸。

(5) 节点详图
① 注明各细部构造的尺寸。
② 用文字说明构造的用料及施工要求。
③ 标注主要标高及定位轴线。
6) 课程设计指导
(1) 建筑施工图设计
① 平面设计
开间、进深尺寸的确定必须满足 3M 模数系列要求,开间采用 2 100 mm、2 400 mm、2 700 mm、3 000 mm、3 300 mm、3 600 mm、3 900 mm、4 200 mm;进深采用 3 000 mm、3 300 mm、3 600 mm、3 900 mm、4 200 mm、4 500 mm、4 800 mm、5 100 mm、5 400 mm、5 700 mm、6 000 mm。

户内空间组合:各房间应有良好的通风采光条件,尽可能避免使用上相互干扰。

单元组合:采用一梯两户或一梯三户的平面组合。

② 立面设计
立面整体的尺度和比例关系,通过对住宅的细部如女儿墙、窗、阳台、出入口等的处理,得到美观的效果。

③ 剖面设计
a. 确定住宅层数。
b. 层高取 2.8 mm、3.3 mm。

(2) 建筑施工图的绘制
① 建筑平面图
a. 图名、比例。
b. 标注室内外尺寸、楼地面标高及详图的索引符号。
c. 表示墙、柱、门窗位置及编号,轴线编号。
d. 表示楼梯位置、上下方向及主要尺寸。
e. 表示阳台、雨篷、散水、明沟等位置及尺寸。
f. 在首层平面上画出剖面图的剖切符号及编号、指北针。
g. 屋顶平面图应画出女儿墙、檐沟、屋面坡度、分水线、索引符号等。
h. 尺寸标注

外部尺寸:为便于识图和施工,一般在图形的下方及左侧注写三道尺寸。三道尺寸线间应留有适当距离(一般为 7~10 mm,但第三道尺寸线应离图形最外轮廓线 10~15 mm),以便于注写数字。

第一道尺寸:表示外轮廓的总尺寸,即从一端外墙边到另一端外墙边的总长或总宽。
第二道尺寸:表示线间的距离,用以说明房间的开间和进深的尺寸。
第三道尺寸:表示各细部的位置和大小,如门窗洞口宽度、墙柱的大小等。

内部尺寸:为了说明建筑物内部门窗洞、孔洞、墙厚和固定设施(如厕所、盥洗室、工作台、搁板等)的大小和位置以及为了说明室内楼地面的高度所标注的相对于±0.000 的标高。

② 建筑立面图

a. 图名、比例。
b. 标注外墙各主要部位的标高和各详图的索引符号。
c. 标注室外地面线及房屋的勒脚、台阶、花台、门、窗、雨篷、阳台,室外楼梯、墙、柱,外墙的檐口、屋顶、雨水管、墙面的装饰构件等。
d. 用图例、文字或列表说明外墙面的装修材料及做法。
e. 在立面图中一般只画出建筑物两端或分段的轴线及编号,以便与平面图对照识读。

建筑立面的外轮廓线用粗实线画出,立面上凹进或凸出墙面的轮廓线、门窗洞口、较大的建筑构配件的轮廓线用中实线画出,较小的建筑构配件或装修线如门窗扇、雨水管、墙面引条线、文字说明的引出线均用细实线绘制。

③ 建筑剖面图
a. 图名、比例。
b. 标注外墙各主要部位的标高和各详图的索引符号。
c. 标注室外地面线及房屋的勒脚、台阶、门、窗、雨篷、阳台、墙、外墙的檐口、屋顶、雨水管、墙面的装饰构件等。
d. 表示楼、地面各层的构造。

④ 节点详图
a. 图名、比例。
b. 表达出楼梯栏杆扶手、屋面檐口部分的构造连接方法和相对位置、详细尺寸及各种材料及其规格。
c. 构造层次及制作方法说明等。

(3) 设计说明
简单扼要地说明本建筑以下问题:
① 选用结构类型、层高、户型、户型面积和建筑总面积。
② 各组成部件的构造要点。
③ 装修特点及要求。

(4) 图纸规格及图签、门窗统计表
图纸规格 A2,图签可参考如下格式,门窗统计表按建筑制图标准由学生自定。

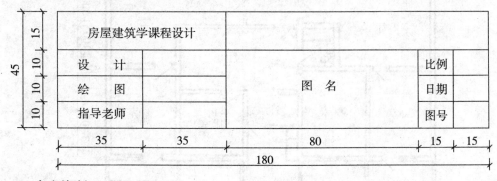

(5) 参考资料
①《房屋建筑学》教材。
②《民用建筑设计通则》(GB 50352-2005)。

③《房屋建筑制图标准》(GB/T 50001-2001)(GB/T 50103-2001)。
④《建筑设计资料集》(1)、(4)。
⑤《全国通用及各地区建筑标准设计图集》2006。
⑥《住宅建筑规范》(GB 50386-2005)。
⑦《建筑防火设计规范》(GB 50016-2006)。
(6) 参考方案图(图16-6)

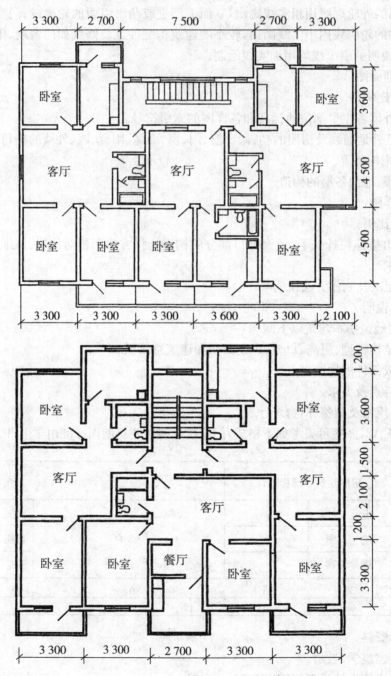

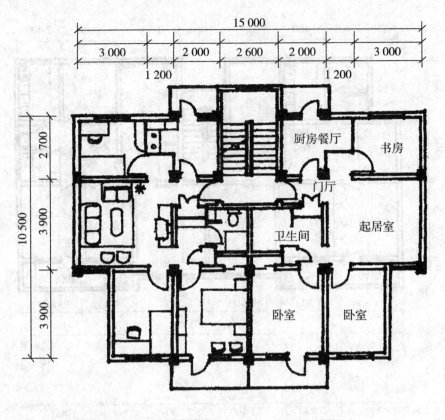

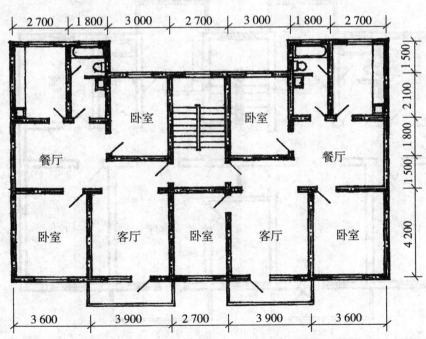

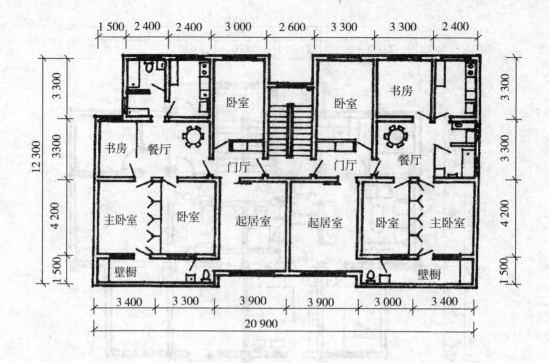

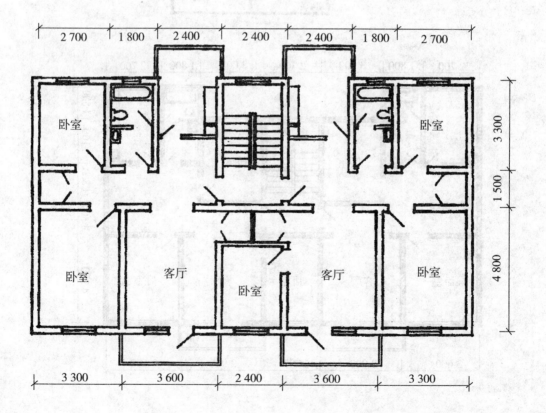

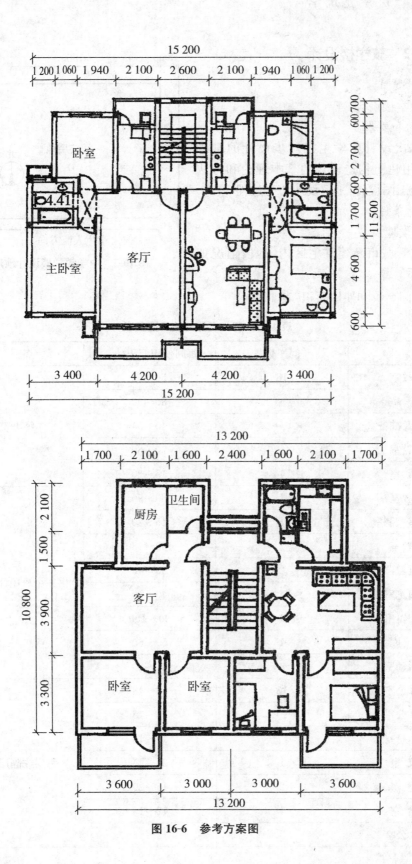

图 16-6 参考方案图

16.6.2 教学楼设计

1）设计题目

中学教学楼设计。

2）目的和要求

通过本次设计使学生在初步设计的基础上，能够运用建筑构造设计的基本理论和方法完成建筑施工图设计，了解设计的全过程。

3）设计条件

（1）建设地点

学校位于城市新建住宅区内，地段情况如图16-7所示。

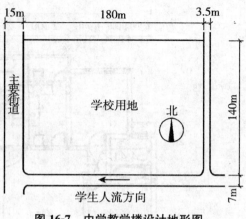

图 16-7 中学教学楼设计地形图

（2）房间名称和使用面积（表16-1）

表 16-1 房间名称与使用面积表

房间名称	间 数	每间使用面积(m²)	备 注
普通教室	18	56～62	
实验室	4	80～90	
实验仪器及准备室	4	40～54	每班50人
音乐教室	1	70～80	
乐器室	1	15～20	
语言教室	1	80～90	
语言教室控制室	1	15～20	
合班教室	2	150～180	
放映室兼电教器材室	2	30～40	供三个班用（阶梯教室）
教师阅览室	1	40～50	
学生阅览室	1	90～100	
书库	1	50～60	
科技活动室	4	15～20	
党政办公室	13	14～18	
教师办公室	10	14～18	
教师休息室		14～18	
会议室	1	35～45	每层或隔层设一间
保健室	2	15～20	
广播室	1	12～16	
社团办公室	3	12～16	

续表 16-1

房间名称	间数	每间使用面积(m²)	备注
体育器材室	1	35~45	每层或隔层设一间
总务仓库	1	35~45	
卫生间		按规定标准计算	

(3) 总平面布置

① 教学楼：占地面积按设计。

② 传达值班室：20 m²。

③ 食堂：140 m²。

④ 单身教职工宿舍：100 m²。

⑤ 开水房：25 m²。

⑥ 汽车库：60 m²。

⑦ 自行车棚：90 m²。

⑧ 运动场地：设 250~400 m 环形跑道（两组 100 m 直跑道）的田径场 1 个，篮球场 2 个，排球场 1 个。

⑨ 绿化用地（包括成片绿地和室外自然科学园地）：按每个学生不小于 1 m² 计算。

(4) 建筑标准

① 层数：3~5 层。

② 净高：普通教室 3.3 m；实验室 3.3 m；合班教室 3.6 m；办公用房 2.8 m。

③ 耐火等级：二级。

④ 结构形式：砖混结构（可局部采用框架）。

⑤ 卫生标准：设室内厕所（水冲式），教职工厕所与学生厕所分设，男女学生比例为 1:1，厕所卫生器具数量指标应符合下列规定：女生按每 25 人设一个大便器（或 1 100 mm 长大便槽）计算，男生按每 50 人设一个大便器（或 1 100 mm 长大便槽）和 1 000 mm 长小便槽计算，每 90 人应设一个洗手盆（或 600 mm 长盥洗槽），厕所内应设污水池和地漏。

4) 设计内容及要求

绘制 A1 图纸 2~3 张，完成下列内容：

(1) 平面图

各层平面，比例为 1:100 或 1:150。

① 画出教室、实验室和厕所的固定设备，标注房间名称。

② 标注各部分尺寸。

外部尺寸：三道尺寸（即总尺寸、轴线尺寸、墙段和门窗洞口尺寸）以及底层室外台阶、坡道、散水等尺寸。

内部尺寸：内部墙段、门窗洞口和墙厚等细部尺寸。

③ 标注室内外地面标高、各层楼面标高。

④ 标注轴线及轴线编号、门窗编号、剖切符号和详图索引符号等。

⑤ 注写图名和比例。

(2) 立面图

主要立面和侧立面,比例为1:100或1:150。

① 标明建筑外形以及门窗、雨篷、外廊等构配件的形式和位置,注明外墙饰面材料和做法。

② 标注边轴线及编号,注写图名和比例。

(3) 剖面图

1～2个,比例1:100或1:150。

① 绘出剖切到或投影可见的固定设备。

② 标注室内外地面、楼面、平台面、檐口等处的标高。

③ 标注建筑总高、层高以及门窗洞口和窗间墙等细部尺寸。

④ 标注主要轴线及编号、详图索引号,注写图名和比例。

(4) 屋顶平面图

比例为1:200或1:300。

① 表示出各坡面交线、檐沟或女儿墙和天沟、雨水口、屋面上人孔等位置,标注排水方向和坡度。

② 标注屋面标高(结构上表面标高),标注屋面上人孔等突出屋面部分的有关尺寸。

③ 标注各转角处的定位轴线及编号。

④ 外部标注两道尺寸(即轴线尺寸、雨水口到邻近轴线的距离或雨水口的间距)。

⑤ 标注详图索引符号,注写图名和比例。

(5) 详图

3～4个,比例自选。要求表示清楚各部分的构造关系,标注有关细部尺寸、标高、轴线编号以及做法说明等。

(6) 门窗明细表和设计说明

5) 参考资料

(1)《房屋建筑学》教材。

(2)《民用建筑设计通则》(GB 50352－2005)。

(3)《房屋建筑制图标准》(GB/T 50001－2001)(GB/T 50103－2001)。

(4)《建筑设计资料集》(1)、(4)。

(5)《全国通用及各地区建筑标准设计图集》2006。

(6)《中小学校建筑设计规范》(GBJ 99－86)。

(7)《建筑防火设计规范》(GB 50016－2006)。

参考文献

1. 建筑设计资料集编委会. 建筑设计资料集(第二版)(1～10集). 北京:中国建筑工业出版社,1994
2. 中华人民共和国建设部. 民用建筑设计通则(GB 50352—2005). 北京:中国建筑工业出版社,2005
3. 建筑设计防火规范(GB 50016—2006). 北京:中国计划出版社,2006
4. 高层民用建筑设计防火规范(GB 50045—95). 北京:中国计划出版社,2005
5. 中华人民共和国建设部. 住宅设计规范(GB 50096—1999). 北京:中国建筑工业出版社,2003
6. 中华人民共和国建设部. 住宅建筑规范(GB 50368—2005). 北京:中国建筑工业出版社,2006
7. 中南地区建筑标准设计协助组. 中南建筑配件图集. 北京:中国建筑工业出版社,1999
8. 董晓峰. 房屋建筑学. 武汉:武汉理工大学出版社,2009
9. 崔艳秋,姜丽荣. 房屋建筑学课程设计指导(第二版). 北京:中国建筑工业出版社,2009
10. 同济大学,西安建筑科技大学,东南大学,重庆大学. 房屋建筑学. 北京:中国建筑工业出版社,2005
11. 李必瑜. 房屋建筑学. 武汉:武汉工业大学出版社,2000
12. 胡建琴,崔岩. 房屋建筑学. 北京:清华大学出版社,2007
13. 赵研. 房屋建筑学. 北京:高等教育出版社,2002
14. 赵毅. 房屋建筑学(第一版). 重庆:重庆大学出版社,2007
15. 袁雪峰,张海梅. 房屋建筑学(第三版). 北京:科学出版社,2005
16. 舒秋华. 房屋建筑学. 武汉:武汉理工大学出版社,2006
17. 郑忱. 房屋建筑学. 北京:中央广播电视大学出版社,1994
18. 许传华. 房屋建筑学. 合肥:合肥工业大学出版社,2005
19. 赵研,陈卫华,姬慧. 建筑构造. 北京:中国建筑工业出版社,2002
20. 李必瑜,刘建荣. 建筑构造(上、下册). 北京:中国建筑工业出版社,2005
21. 刘昭如. 建筑构造设计基础(第二版). 北京:科学出版社,2008
22. 杨维菊. 建筑构造设计(上、下册). 南京:东南大学出版社,2005
23. 鲁一平,朱向军,周刃荒. 建筑设计. 北京:中国建筑工业出版社,1991
24. 骆宗岳,徐友岳. 建筑设计原理与建筑设计. 北京:中国建筑工业出版社,1999